Rainer Höh

Wohnmobil-Handbuch

003wh rh

„Mit dem Wohnmobil ist man überall zu Hause –
und nirgends angebunden."

Altes Landfahrer-Motto

Impressum

Rainer Höh
Reise Know-How Wohnmobil-Handbuch

erschienen im
Reise Know-How Verlag Peter Rump GmbH
Osnabrücker Str. 79, 33649 Bielefeld

4., neu bearbeitete und aktualisierte Auflage 2020

Mitarbeit an dieser Auflage: Stefan und Jennifer Höh
Gestaltung
Umschlag: Wayan Rump (Layout);
amundo media GmbH (Realisierung)
Inhalt: Günter Pawlak (Layout);
amundo media GmbH (Realisierung)
Fotos: siehe Bildnachweis S. 275

Lektorat: Katja Schmelzer
Lektorat (Aktualisierung): amundo media GmbH

Druck und Bindung:
mediaprint solutions GmbH, Paderborn

Printed in Germany

ISBN 978-3-8317-3442-9

Die Deutsche Nationalbibliothek verzeichnet diese Publikation in der Deutschen Nationalbibliografie. Detaillierte bibliografische Daten sind im Internet über http://dnb.dnb.de abrufbar.

Dieses Buch ist erhältlich in jeder Buchhandlung Deutschlands, der Schweiz, Österreichs, Belgiens und der Niederlande. Bitte informieren Sie Ihren Buchhändler über folgende Bezugsadressen:
Deutschland
Prolit GmbH, Postfach 1109,
D-35461 Fernwald (Annerod)
sowie alle Barsortimente
Schweiz
AVA Verlagsauslieferung AG
Postfach 27, CH-8910 Affoltern
Österreich
Mohr Morawa Buchvertrieb GmbH
Sulzengasse 2, A-1230 Wien
Niederlande, Belgien
Willems Adventure, www.willemsadventure.nl

Wer im Buchhandel trotzdem kein Glück hat, bekommt unsere Bücher auch über unseren **Büchershop im Internet: www.reise-know-how.de**

Wir freuen uns über Kritik, Kommentare und Verbesserungsvorschläge, gern auch per E-Mail an info@reise-know-how.de.

Alle Informationen in diesem Buch sind vom Autor mit größter Sorgfalt gesammelt und vom Lektorat des Verlages gewissenhaft bearbeitet und überprüft worden.

Rainer Höh

WOHNMOBIL-HANDBUCH

Vorwort

„Große Freiheit“ oder „kleine Fluchten“ – das Wohnmobil ist stets die ideale Basis. Für viele ist es die Verkörperung ihres Traums vom modernen Nomadentum: Völlig frei und ungebunden unterwegs sein und von nichts und niemandem abhängig – wer träumt nicht davon? Aber sind solche Reisen überhaupt bezahlbar? Und falls ja, sollte man ein Wohnmobil mieten oder besser kaufen? Neu oder gebraucht? Oder sollte man ein Fahrzeug sogar selbst zum Wohnmobil ausbauen?

Rechnet es sich letztlich oder ist ein Hotelurlaub günstiger? Und was ist mit den Nachteilen? Ist es nicht furchtbar eng mit der ganzen Familie in solch einer „Kiste“? Wie ist solch ein „Dickschiff“ überhaupt zu fahren, wenn man bisher nur einen PKW gewohnt ist? Wird man damit in verwinkelten Altstädten möglicherweise „stecken bleiben“? Ist es nicht gefährlich, so in freier Natur zu übernachten?

Und wie ist das überhaupt mit der Autarkie? Wie lang reichen Strom und Wasser? Wie schnell ist die Toilettenkassette voll? Wo kann man die Wasservorräte ergänzen und wo das Abwasser entleeren? Und ist das dann überhaupt noch Urlaub oder artet es schon in Arbeit aus?

Tausend Fragen stellen sich dem Neuling. Das Wohnmobil-Reisen lockt wegen der Freiheit und Unabhängigkeit, die es verspricht, schreckt aber zugleich wegen der möglichen Kosten, des Aufwands und der Ungewissheit oder gar Unsicherheit, die mit dieser Freiheit verbunden sein könnten.

Etwas Ungewissheit muss wohl sein, wenn das Reisen seinen Reiz bewahren soll, aber ein wenig muss man sich schon vorbereiten und wissen, worauf man sich einlässt, um das Risiko (zumindest das einer Enttäuschung) kalkulierbar zu halten.

Genau dabei soll das vorliegende Büchlein helfen. Der Autor ist seit annähernd 40 Jahren mit dem Wohnmobil unterwegs und hat dabei vielfältige Erfahrungen gesammelt. Er war beruflich

201wh jsh

[>] Per Pick-up-Camper unterwegs im kanadischen Yukon Territory

und privat unterwegs, allein und mit Familie, im Süden und im Norden, in Städten und am Strand. Dabei ist er sowohl mit eigenen als auch mit gemieteten Fahrzeugen gereist, mit einfachen, selbst ausgebauten Campingbussen, mit Bulli, Nasenbär, Dickschiff und Pick-up-Camper. Er war in allen Winkeln Europas unterwegs, aber auch kreuz und quer in Nordamerika – von Arizona bis nach Alaska – und das zu jeder Jahreszeit, im Winter ebenso wie im Sommer. Selbst Alaska hat er mitten im Winter bereist und ist dabei auf schlecht geräumten Schotterpisten bis zum Yukon gelangt. In dieses Buch hat er all seine Erfahrungen dieser Reisen anschaulich und übersichtlich einfließen lassen. Das Resultat ist ein praktisches Handbuch, das man vorher lesen und in dem man unterwegs nachschlagen kann, damit die Wohnmobil-Reise von Anfang an zu einem Erlebnis wird und nicht zu einem (vielleicht kostspieligen!) Reinfall.

Gute Reise!

Rainer Höh

Inhalt

▷ Auf manchen Wohnmobil-Stellplätzen stehen die Fahrzeuge in Reih und Glied

230wh jsh

202wh jsh

Grund-sätzliches

◁ Ob Kulturreise oder Sport- und Natururlaub, das Wohnmobil bietet immer eine geeignete Basis

Vor- und Nachteile des Wohnmobils

Zugegeben: Eine Wohnmobil-Reise macht mehr „Arbeit“ als ein Hotelurlaub und möglicherweise ist sie sogar teurer als eine Mietwagen-/Hotel-Reise. Was also spricht dafür? Eine ganze Menge! Allem voran, dass es wohl keine unabhängigere und naturnähere Art des Reisens gibt, wenn man größere Strecken zurücklegen und auf Komfort nicht ganz verzichten will. Wer sich für die Übernachtung in Motels entscheidet, muss jeden Abend eine Stadt ansteuern, ein Zimmer finden und sein Gepäck hineinschleppen. Zumindest in der Hauptsaison sollte jede Übernachtung im Voraus gebucht werden und damit ist man sklavisch an seinen Routen- und Zeitplan gebunden. Keine Möglichkeit, an einem Ort länger zu bleiben, weil es dort so schön ist. Keine Chance, einen längeren Abstecher zu machen, weil Überraschendes lockt. Der Reisemobilist hingegen steht just zur gleichen Zeit in malerischer Berg- oder Waldlandschaft an einem Seeufer und erlebt einen eindrucksvollen Sonnenuntergang, lernt andere Camper kennen oder brutzelt auf dem Grill seine Abendmahlzeit. Genau für das, was die Faszination des Reisens ausmacht, nämlich ungebunden zu sein, nahe an der Natur und den Menschen sowie offen für die Verlockungen des Neuen, dafür steht das Wohnmobilreisen.

[>] Naturnah und ungebunden: Picknick auf der kroatischen Insel Cres

Hinzu kommen praktische Überlegungen. Im Wohnmobil hat man alles dabei, was man braucht, und ist überall und jederzeit zu Hause. Hat man Hunger, so muss man kein Restaurant suchen, sondern kocht sich in schönster Natur mit Blick auf Berge oder Meer das, worauf man gerade Appetit hat (und spart obendrein eine Menge Geld). Hat man genug gesehen und ist müde, so muss man nicht bis zum gebuchten Motel fahren, sondern steuert lediglich den nächsten Campingplatz an oder übernachtet auf einem Parkplatz in freier Natur. Unterwegs kann sich der Reisemobilist jederzeit einen Snack oder ein erfrischendes Getränk aus dem Kühlschrank holen, während andere noch am Kiosk Schlange stehen und x-mal so viel bezahlen. Haben sich die Kinder mit Eis bekleckert – kein Problem, denn Waschraum und Dusche sind an Bord. Fahrrad oder Kanu kann man mitnehmen und muss nicht lange nach einer Mietgelegenheit suchen. Und „last, but not least“: Auch zur nächsten Toilette hat der Reisemobilist nie mehr als einige Schritte zu bewältigen, was vor allem bei Reisen mit Kindern ein nicht zu unterschätzender Vorteil ist!

Gewiss, ein Wohnmobil-Urlaub ist nicht billig. Die Faszination ist groß, aber die Kosten sind es auch. Da lohnt es, sich vorher gründlich zu informieren, sonst riskiert man eine Fehlinvestition in fünfstelliger Höhe! Ist man überhaupt ein „Wohnmobil-Typ“ oder wäre man besser mit Hotel oder Wohnwagen bedient? Und falls ja – welche Art von Wohn- oder Reisemobil ist die richtige?

Camper oder nicht?

Um herauszufinden, ob ein Wohnmobil das Richtige ist, müssen zunächst einige Fragen geklärt werden. Dabei gilt: Wer sich für Camping nicht begeistern kann, für den ist das Reisen mit dem Wohnmobil sicher nicht das Richtige. Trotz des höheren Komforts bleibt Wohnmobilurlaub auch Campingurlaub. Stellen Sie sich und allen, mit denen Sie Urlaub machen wollen, folgende Fragen:

- Sollte Urlaub gleich Nichtstun sein?
- Legen Sie Wert auf Komfort und Bedienung?
- Bevorzugen Sie eine elegante Atmosphäre?
- Haben Sie schon immer gerne gezeltet?
- Können Sie gemütlich und ohne Eile in den Urlaub gondeln?
- Sind Sie im Urlaub gerne aktiv?
- Sind Sie praktisch veranlagt und improvisieren Sie gerne?
- Gefällt es Ihnen draußen in der Natur?
- Genießen Sie es, mit der Familie und Freunden zusammen zu sein?
- Macht es Ihnen nichts aus, auch mal eine Toilettenkassette zu entleeren?

Falls Sie die ersten drei Fragen mit „nein" und die übrigen mit „ja" beantworten können, werden Sie mit dem Wohnmobil/Wohnwagen sicher glücklicher werden als im Hotel. Ist es umgekehrt, war dieses Buch wohl eine Fehlinvestition. Es hat Ihnen aber eine mehrere Tausend Mal höhere Fehlinvestition erspart!

172wh rh

Wohnmobil oder Wohnwagen?

173wh rh

Der Unterschied ist größer, als man glaubt, und lässt sich auf einen einfachen Nenner bringen: Beim **Wohnmobil** liegt der Schwerpunkt auf der zweiten Worthälfte, beim **Wohnwagen** auf der ersten. Wer also z. B. gern auf einen Campingplatz am Meer fährt, um sich dort für vier Wochen oder länger häuslich einzurichten, der sollte sich für einen Wohnwagen entscheiden. Wer hingegen mobil und unabhängig durch die Gegend streifen will, heute hier, morgen dort, längs durch die Alpen oder rings um die Ostsee, der ist fraglos mit einem Wohnmobil besser bedient. Gewiss gibt es auch allerlei Abstufungen dazwischen. Deshalb hier zunächst ein Überblick über die Vor- und Nachteile beider Varianten:

◁ Aufgereiht: Strandstellplatz in der Bretagne

Vorteile

Wohnwagen	Wohnmobil
Günstiger (etwa 50% der Kosten bei Anschaffung und 40 % im Unterhalt)[1]	Wohnraum ist auch während der Fahrt nutzbar[2]
Geräumiger und komfortabler	Leichter zu fahren und zu manövrieren
Kein Zweitfahrzeug erforderlich[1]	Schneller (bis 3,5 t kein Tempolimit)[3]
Zugfahrzeug im Urlaub individuell für Einkauf, Ausflüge etc. einsetzbar	Unabhängig von Campingplätzen durch Freistehen unterwegs
Problemlos mit Vorzelt kombinierbar	Für Gespanne gesperrte Bergstraßen können meist befahren werden[4]
Weniger Fahrgeräusche im Innenraum	Anhänger für Boot u. a. möglich
	Hohe Flexibilität und Unabhängigkeit, besonders bei Reisen mit Kindern ein unschätzbares Plus!

Nachteile

Wohnwagen	Wohnmobil
Wohnraum während der Fahrt nicht nutzbar	In Anschaffung und Unterhalt deutlich teurer[1]
Deutlich schwieriger zu fahren und zu manövrieren, da länger und instabiler[5]	Am Campingplatz ist man weniger mobil, z. B. für Einkäufe oder Ausflüge[2]
Langsamer, Tempo 80; in Ausnahmefällen Tempo 100[3]	Meist ist im Alltag ein Zweitfahrzeug erforderlich[1]
Freistehen erlaubt, aber schwieriger	Weniger Platz, Schlaf- u. Wohnkomfort
Mitnahme von Anhängern (z. B. mit Boot) nicht möglich	Unterwegs lautere Fahrgeräusche im Innenraum
Manche Passstraßen nicht befahrbar[4]	

1 Ein kompaktes Wohnmobil, das man auch im Alltag fahren kann, erfordert **kein** Zweitfahrzeug und ist daher auch deutlich günstiger.
2 Ausnahmen sind **Sondermodelle** wie etwa Pick-up-Camper.
3 Für Wohnmobile **über 3,5 t** zGG gilt ebenfalls das Tempolimit 100 km/h.
4 Wohnmobile mit langem Radstand haben unter Umständen einen deutlich größeren **Kurvenradius**.
5 Beachten Sie, dass ein durchschnittliches Gespann mit ca. 11–12 m rund **doppelt so lang** ist wie ein durchschnittliches Wohnmobil!

Arten des Wohnmobil-Reisens

Um das geeignete Fahrzeug mit der passenden Ausstattung zu finden (und einen teuren Fehlkauf zu vermeiden!), sollte man vorher möglichst konkrete Vorstellungen davon haben, **wie** man das Wohnmobil überwiegend **nutzen** möchte: Ob man vor allem auf idyllisch in der Natur gelegenen Parkplätzen – dann sollte man hinsichtlich Strom und Wasservorrat möglichst lange autark sein – oder meist auf Campingplätzen übernachten möchte – dann reichen knappe Vorräte und vielleicht wäre man dann sogar mit dem Wohnwagen besser bedient. Nach der Frage, ob Sie nur im Sommer Urlaub machen oder auch im Winter campen wollen, richten sich u. a. Größe, Isolierung, Heizung, Lüftung und Wasserversorgung. Je nachdem, ob man fast täglich den Standort wechseln will oder den Urlaub lieber an nur einem schönen Platz verbringt, muss man bei seinem Fahrzeug mehr Gewicht auf Mobilität und Fahreigenschaften legen oder aber auf Größe und Wohnkomfort. Wer hingegen überwiegend in nördliche Breiten reist, muss damit rechnen, dass er mehr Zeit im Fahrzeug verbringen wird als ein Strandurlauber am Mittelmeer, der den ganzen Tag im Freien ist.

Wer sein Fahrzeug als mobile Basis zum Surfen, Skifahren oder Paddeln nutzt, will ein kompaktes, wendiges Fahrzeug, mit dem er auch schwierigere Stellen errreicht. Wer nur einmal im Jahr für drei Wochen Urlaub macht, wird vollkommen andere Vorstellungen haben als jemand, der sein Wohnmobil jedes Wochenende nutzen möchte. Und ein Rentnerehepaar mit viel Zeit für Reisen hat andere Bedürfnisse als der Familienurlauber, der wiederum ein ganz anderes Fahrzeug, einen anderen Grundriss und eine andere Ausstattung braucht als ein junges Paar, das ein Jahr lang auf Fernreise gehen will.

Welcher Wohnmobil-Typ soll es sein?

Das Spektrum unterschiedlicher Anforderungen an ein Fahrzeug ist breit. Und ebenso vielfältig und unübersichtlich ist das Angebot an unterschiedlichen Wohnmobil-Typen und -Modellen. Eine Übersicht in das Durcheinander zu bringen und Ihnen bei der Auswahl des geeigneten Fahrzeugs behilflich zu sein, ist eines der Hauptanliegen dieses Buches. Zunächst soll ein schematischer Überblick die Frage „Welches Fahrzeug für welchen Zweck?“ klären.

Bevor Sie sich für ein bestimmtes Wohnmobil entscheiden, sollten Sie folgende grundsätzliche Fragen beantworten:

- Für wie **viele Personen** muss das Fahrzeug Platz bieten? Es gibt wahre Raumkünstler, die noch mit zwei Kindern im VW-Bus verreisen, aber generell ist es besser, wenn Sie das Wohnmobil etwas größer wählen – insbesondere für Fahrten in Regionen ohne Sonnengarantie.
- Soll das Wohnmobil **auch im Alltag** genutzt werden oder ist ein PKW als Zweitwagen erforderlich? Als alleiniges Fahrzeug sind ausgebaute Kleinbusse und Pick-ups sowie eventuell noch kleinere Alkovenmodelle geeignet.
- Wo können Sie das Wohnmobil zu Hause **abstellen** und im Winter unterstellen?
- Welcher **Art von Reisen** soll es überwiegend dienen? Wie lange und in welche Regionen wollen Sie reisen? Danach richten sich u. a. Größe, Zuladung, Heizung/Klima, Isolierung und Ausstattung des Fahrzeugs.
- Wollen Sie überwiegend **frei stehen** oder auf **Campingplätzen** (Vorräte an Gas, Strom und Wasser)?
- Wie viel **Komfort** soll sein? – Jeden Abend Betten bauen oder Festbetten? Separate Dusche oder nur ein Waschbecken?
- Sind Sie ein standorttreuer Strandurlauber (Schwerpunkt **Wohnkomfort**) oder bevorzugen Sie eher Rundreisen (Schwerpunkt **Fahrkomfort**)?
- Welches **Zubehör** soll mitgenommen werden und welche Vorrichtungen sind dafür erforderlich? – Fahrräder, Motorroller, Kleinwagen? Surfbrett, Kanu, Jacht etc.?

Die ausführliche Tabelle auf der rechten Seite kann Ihnen dabei behilflich sein, das passende Wohnmobil für Ihre bevorzugte Art der Urlaubsreise zu finden.

Reisende	Art der Reise	Wohnmobilart	Beachten
Familie mit Kindern	**Strandurlaub** (Camping)	**Alkovenmodell**	genügend Schlafplätze und Zuladekapazität; robuste und pflegeleichte Ausstattung; Markise
	Rundreisen (Freistehen)	**Alkovenmodell** oder großer **Kastenbau**	Raum- und Ladekapazität; Strom-, Gas-, Wasservorrat; gute Fahreigenschaften
Rentner (-paare)	**Rundreisen** in ganz Europa; Städte, Kultur	**integriertes** oder **teilintegriertes Modell**	geräumiges Modell mit festem Heckbett, großem Waschraum und komfortabler Ausstattung wie eine Zweitwohnung
	längere Reisen abseits der Hauptrouten (Skandinavien, Berge etc.)	kompakter **Kastenwagen** oder **Pick-up** mit Wohnaufbau	wendiges, robustes Fahrzeug; gute Fahreigenschaften; Strom-, Gas-, Wasservorrat; Zuladekapazität
Paar oder **Single**	**Sportreisen** (Fahrzeug als „Basislager")	Kastenwagen mit bescheidener Ausstattung	gute Fahreigenschaften; Platz für Sportgeräte und Ausrüstung
	Fernreisen über sehr langen Zeitraum mit kleinem Budget	**Kastenwagen** gebraucht oder Selbstbau oder **Allrad-Pick-up** mit Wohnkabine	robuste, wendige Basis; gute Fahreigenschaften; Ladekapazität; Strom-, Gas- und Wasservorat
	Winter-camping	**Alkovenmodell** oder guter **Integrierter/ Teilintegrierter**	Isolierung, Lüftung; innenliegende bzw. beheizbare Wasser-/Abwasser-tanks; isolierte, sinnvoll verlegte Wasserleitungen; Strom-, Gas-, Wasservorrat; Abtrennung des Fahrer-raums, Platz für Winterausrüstung

Kaufen oder mieten?

Auch diese Frage lässt sich in den allermeisten Fällen klar und einfach beantworten:

Wer noch wenig oder gar keine Erfahrung hat, sollte unbedingt erst ein Wohnmobil mieten!

Selbst wenn man noch so wild entschlossen sein sollte, sich ein eigenes Wohnmobil anzuschaffen, so ist es dennoch ratsam, zunächst einige Erfahrungen mit gemieteten Fahrzeugen zu sammeln. Es gibt einfach zu viele Fragen und Unwägbarkeiten, die sich nur durch praktisches Ausprobieren wirklich klären lassen – und das Risiko eines Fehlkaufs mit hohen Verlusten ist einfach zu groß!

Ausnahme: Wer für wenige Tausend Euro einen gebrauchten Kleinbus kauft und mit einfachen Mitteln für wenig Geld ausstattet, der fährt damit natürlich günstiger, als wenn er vorher ein Wohnmobil mietet und dafür fast so viel bezahlt wie für seinen anspruchslosen Ausbau.

Hat man bereits Erfahrung, weiß man sicher, dass man für den Wohnmobil-Urlaub geschaffen ist, und hat man herausgefunden, welche Art von Wohnmobil den eigenen Vorstellungen entspricht, dann hängt die Entscheidung über Kauf oder Miete in erster Linie davon ab, ob rein **rechnerische** oder mehr **emotionale Argumente** schwerer wiegen und **wie häufig und lange** man es nutzen wird. Soll das Wohnmobil nur 3–4 Wochen im Jahr seinen praktischen Zweck erfüllen und möglichst kostengünstig sein oder wird das „Nomadenleben" zu Passion? Im ersten Fall wird

man eher mieten, da sich ein eigenes Wohnmobil rechnerisch dann kaum lohnt.

Im zweiten Fall wird man sich eher für einen Kauf entscheiden, denn der „mobile Zweitwohnsitz" soll individuell ausgestaltet werden und möglichst jederzeit startklar zur Verfügung stehen. Eine wichtige Rolle spielt auch die Frage, ob man an die Hauptsaison gebunden ist, denn in der Nebensaison kann die Miete für ein Wohnmobil um 50–60 % niedriger sein.

Nüchtern gerechnet kostet ein neu gekauftes Wohnmobil inkl. Wertverlust, Wartung, Zinsen etc. im Durchschnitt etwa 5000 € pro Jahr. Für den gleichen Preis kann man ein entsprechendes Fahrzeug etwa zwei Monate lang mieten!

Fazit: Je öfter und länger Sie das Wohnmobil nutzen und je mehr Sie auf die Hauptsaison angewiesen sind, desto eher rechnet sich ein Kauf. Je weniger Urlaub Sie haben und je mehr Sie die Nebensaison nutzen können, desto vorteilhafter wird die Miete. Aber was spricht sonst für Kauf oder Miete?

009wh rh

Vorteile des Mietens

- In den meisten Fällen deutlich **günstiger.**
- **Kein Risiko** eines teuren Fehlkaufs.
- Wohnmobilreisen in **Übersee** sind einfacher möglich.
- Man kann beliebig zwischen Wohnmobil- und Hotel-Urlaub **wechseln.**
- Man kann stets das für die jeweilige Reise **optimale Fahrzeug** mieten.
- **Kein Aufwand** mit Stellplatz, Wartung, An-/Abmelden, Winter etc.

Vorteile des Kaufs

- Man kann das Fahrzeug **individuell ausgestalten** und nachrüsten.
- Man kann **jederzeit startklar** sein und auch die Wochenenden nutzen.
- Man kann **ohne Vorplanung** spontan verreisen.
- Man **kennt das Fahrzeug,** ist mit Abmessungen und Fahrverhalten vertraut und kann kleine Probleme unterwegs leichter selbst beheben.
- Mit **Kindern** reist man im eigenen Fahrzeug entspannter, da eventuelle Verschmutzungen und Beschädigungen nicht unbedingt gereinigt bzw. behoben werden müssen.

[<] Mit dem gemieteten Pick-up-Camper in den Rocky Mountains von Colorado

Tipps für das Mieten eines Wohnmobils

Wo mieten?

Privatvermieter bieten ihre Wohnmobile oft über Internetportale an und sind deutlich billiger als gewerbliche Vermieter, haben aber meist ältere Fahrzeuge mit höherem Pannenrisiko und können nur selten ein Ersatzfahrzeug bieten.

Vermietringe sind Unternehmen, die Fahrzeuge privater Anbieter im Auftrag vermieten. Folglich haben auch sie oft ältere Modelle, können aber im Schadensfall meist ein Ersatzfahrzeug stellen. **Gewerbliche Vermieter** haben die höheren Preise, aber dafür einen modernen und gepflegten Fahrzeugpark, der kaum älter als zwei Jahre ist. Bei Pannen werden Ersatzfahrzeuge gestellt. Größere Unternehmen haben ein ganzes Netz von Stationen, sodass man dort mieten kann, wo man reisen möchte, und z. B. per Bahn anreist oder das Fahrzeug an einer Station abholt und an einer anderen zurückgibt. **Tipp „Schnuppertour":** Wer noch keine Erfahrung hat, sollte vor der ersten großen Reise wenigstens einmal vorher ein Wohnmobil für eine Kurzreise im Nahbereich mieten, um erste Erfahrungen zu sammeln.

Mietkosten

Das Spektrum der Mietpreise reicht von etwa vierzig bis zu mehreren Hundert Euro pro Tag und ist stark saisonabhängig. Außerhalb der Hauptsaison sind die Preise oft um 50–60 % günstiger. Für einen ausgebauten Kleinbus oder ein kleineres Alkoven-Modell zahlt man je nach Saison etwa 60–120 € und für einen luxuriöseren Integrierten etwa 120–200 €. Hinzu kommen oft Extrakosten für Versicherung und gefahrene Kilometer, 80–150 € für die Grundausstattung (Campinggas etc.) und Endreinigung oder Aufschläge für Sonderausstattungen (z. B. Fahrradhalter, Campingmöbel).

Was bei Mietmobilen zu beachten ist

- **Vergleichen** Sie verschiedene Anbieter und fragen Sie nach Sondertarifen (z. B. Wochenende, Vor-/Nachsaison, Langzeitmiete).
- Welche **Versicherung** ist im Mietpreis enthalten bzw. extra zu bezahlen? Haftpflicht, Teil- oder Vollkasko? Und mit welcher Selbstbeteiligung?
- Wie viele **Freikilometer** pro Tag sind enthalten? Und wie viel müssen Sie pro Zusatzkilometer bezahlen?
- Welche sonstigen **Zusatzkosten** entstehen (Bereitstellungspauschale, Extras, Endreinigung etc.)?
- Welche **Kontrollen/Wartungen** müssen Sie unterwegs durchführen (z. B. Ölwechsel)?
- Bis zu welcher **Uhrzeit** muss das Fahrzeug am letzten Tag zurückgegeben werden? – Achtung: Eine Überziehung kann unter Umständen sehr teuer werden!
- Sind alle wichtigen mündlichen **Vereinbarungen** klar und deutlich im Mietvertrag festgehalten?

011wh rh

- Wählen Sie das Fahrzeug lieber etwas größer als zu knapp. Die Erfahrung hat gezeigt, dass die Beengtheit in kleineren Fahrzeugen oft zu Problemen führt. Manche Betten sind nur für Kinder geeignet. Sind zwei **Paare** oder größere **Gruppen** zusammen unterwegs, so ist es meist sinnvoller, zwei kleinere als ein großes Reisemobil zu mieten. Das ist zwar teurer, aber wenn man vier Wochen in einem beengten Fahrzeug unterwegs ist, kann das auch gute Beziehungen belasten.

^ Mit dem Mietmobil in der Wüste von New Mexico

Fahrzeugübernahme

Notieren Sie sich vorher alle Fragen, die Sie bei der Fahrzeugübernahme stellen wollen. Vor allem sollten Sie sich für die **Einweisung** viel Zeit nehmen, auch wenn Sie darauf brennen, endlich loszufahren. 1–2 Stunden sind gewiss nicht zu viel, wenn man zum ersten Mal ein Reisemobil mietet. Stellen Sie Fragen und lassen Sie sich alles so lange erklären, bis Sie sicher sind, dass Sie die Handhabung von Heizung, Kühlschrank, das Auffüllen und Entleeren der Tanks etc. verstanden haben. Wenn gerade viel Betrieb herrscht, versuchen manche Vermieter, die Einweisung abzukürzen. Da hilft nur eins: Immer wieder beharrlich nachfragen!

Checkliste bei Fahrzeugübernahmen

- Wo sind Füllstutzen und Hauptventil des Gastanks bzw. die Gasflaschen?
- Sind alle Ablassventile geschlossen?
- Wie wird das Abwasser entleert und wo sind die Schieber und der Schlauch?
- Sind Frischwasser, Gas, WC-Chemikalien etc. an Bord?
- Wie wird der Kühlschrank ein-, aus-, umgestellt?
- Wie funktionieren Boiler, Herd, Generator, Klimaanlage etc.?
- Wo sind Reserverad, Radkreuz und der Wagenheber?
- Wie werden Öl, Kühlwasser, Scheibenwaschanlage etc. kontrolliert und nachgefüllt?
- Ist das Fahrzeug vollgetankt?
- Wo befindet sich der Ordner mit den Gebrauchsanweisungen für alle Geräte?
- Ist eine Liste mit Servicestationen, Vertragshändlern an Bord und haben Sie für Notfälle die Telefonnummer des Vermieters dabei?
- Überprüfen Sie das Fahrzeug und den Innenraum auf Schäden (Lackkratzer, Zigarettenlöcher im Polster etc.) und achten Sie darauf, dass die Schäden im Mietvertrag vermerkt werden (sonst könnte man später Sie dafür haftbar machen).
- Überprüfen Sie zudem die Vollständigkeit der Campingausstattung, denn wenn Sie ein paar Hundert Kilometer gefahren sind, werden Sie nicht umkehren wollen, weil die Kochtöpfe fehlen.

> Gebrauchtes Schnäppchen mit Hingucker-Effekt

Mieten im Ausland

Für Wohnmobilreisen außerhalb von Europa ist ein Mietmobil in den meisten Fällen die bequemste und preisgünstigste Lösung.

Mancher meint, ein besonderes Schnäppchen machen zu können, indem er den „Zwischenhandel" ausschaltet und direkt im Reiseland bucht. Diese Überlegung ist einleuchtend – aber falsch! Tatsächlich sind die Angebote der europäischen Vermittler meist deutlich günstiger, da die Vermittler sehr günstige Konditionen bekommen und einen Teil davon an ihre Kunden weitergeben. Außerdem haben Sie dann einen Ansprechpartner im Inland und in Streitfällen gilt das Reiserecht des eigenen Landes.

Besonders wenn man in der Hauptsaison reisen will, ist es wichtig, **sehr frühzeitig zu reservieren** – für Sommerreisen am besten bereits im Winter zuvor.

Bei einer frühzeitigen Reservierung kommt man bei vielen Anbietern meist in den Genuss günstiger Tarife. Achtung: Vor Ort ist es in der Hauptsaison kaum möglich, ein Reisemobil zu mieten. Adressen von Vermittlern findet man im Internet, z.B. unter:

- **ADAC-Reisen,** www.adacreisen.de
- **Adventure Travel,** www.usareisen.com
- **CA Ferntouristik,** www.fti.de
- **Canusa Touristik,** www.canusa.de
- **CRD International,** www.crd.de
- **Explorer,** www.explorer.de
- **Karawane,** www.karawane.de
- **Meso,** www.meso-berlin.de
- **Pioneer Erlebnisreisen,** www.pioneer-tours.de

Neu oder gebraucht?

„Ein neues Wohnmobil zu kaufen ist rausgeschmissenes Geld“, sagen manche – nicht ohne guten Grund. Das leuchtet rasch ein, wenn man die Preise betrachtet und den rapiden Wertverlust von rund 25 % im ersten Jahr und etwa halb so viel in den folgenden Jahren. Das bedeutet, dass ein Neufahrzeug für 80.000 € im Jahr darauf schon nur noch 60.000 € wert ist – und nach zwei Jahren nur noch ca. 52.500 €! Nach vier Jahren bezahlen Sie für das gleiche Fahrzeug nur noch den halben Preis. Es mag einige Kratzer, Beulen oder andere Gebrauchsspuren aufweisen, besitzt aber noch den gleichen Nutzwert wie das Neufahrzeug – und Sie können es in der Regel durchaus noch wenigstens 10–20 Jahre nutzen. Daher wird meist schon der Blick auf den Kontostand die Entscheidung zugunsten eines Gebrauchten beeinflussen. Besonders für Neueinsteiger ist ein gebrauchtes Wohnmobil sicherlich die bessere Lösung. Vielleicht werden Sie nach 1–2 Jahren merken, dass Wohnmobilurlaub doch nicht ihren Träumen entspricht oder Sie sind davon begeistert und wollen sich verbessern. In beiden Fällen würden Sie bei einem Neufahrzeug für 80.000 € nach zwei Jahren 30.000 € verlieren, bei einem zum halben Preis erworbenen Gebrauchten hingegen nur etwa 10.000 €!

Familien mit Kindern werden sich noch aus einem weiteren Grund lieber für einen Gebrauchten entscheiden. Wenn die Kleinen auf den Polstern toben und hie und da eine Schramme

010wh rh

setzen, schadet das dem Gebrauchten weniger als einem Nagelneuen.

Gebrauchte Wohnmobile findet man heute vorwiegend auf Internetplattformen, aber auch in privaten Kleinanzeigen, bei Wohnmobil-Vermietern und -Händlern und auf speziellen Wohnmobilmärkten, auf die z. B. in der jeweiligen Regionalzeitung und überregional in Camping- und Wohnmobil-Zeitschriften hingewiesen wird. Gebrauchte Wohnmobile im Internet werden unter anderem hier angeboten:

- **www.autoscout24.de**
- **www.caraworld.de**
- **www.ebay-kleinanzeigen.de**
- **www.mobile.de**
- **www.reisemobil-international.de/markt**
- **www.wohnmobil-galerie.de**

Ein **Neufahrzeug** zu kaufen kann sich vor allem für zwei Personengruppen als sinnvoll erweisen:

- **Für ältere und erfahrene Wohnmobilisten,** die genau wissen, was sie wollen, die genügend Geld und viel Zeit haben, um das Fahrzeug intensiv zu nutzen.
- **Für Selbstständige,** die das Fahrzeug beruflich nutzen und daher sowohl die Vorsteuer (19 % USt.) vom Finanzamt erstattet bekommen, als auch den Wertverlust abschreiben können.

Ein **Neufahrzeug** hat die klaren Vorteile, dass man zum einen genau das Fahrzeug, genau die Einrichtung (Möbeldekor, Polsterbezüge etc.) und genau die Sonderausstattung bekommt, die man haben möchte. Zum anderen hat man die Garantie, dass man stets das neueste Modell nach dem aktuellsten Stand der Technik erhält, denn die Entwicklung geht auch im Wohnmobilbau ständig weiter und macht immer wieder beträchtliche Fortschritte.

204wh hy

Tipps für den Wohnmobil-Kauf

- Überlegen Sie vorher gründlich, was für einen **Typ,** welche **Größe** und welche **Ausstattung** Sie brauchen – und lassen Sie sich nicht vom Händler davon abbringen.
- Wenn Sie sich auf ein **bestimmtes Modell** festlegen, fällt es leichter, die Preise zu vergleichen.
- Eine günstige Zeit für den Kauf ist der **Herbst,** wenn die Vermieter und auch Privatbesitzer ihre Gebrauchten verkaufen wollen, während das Kaufinteresse erst im Frühjahr richtig erwacht.
- Bei Neufahrzeugen ist ein **Rabatt** auf den Listenpreis von ca. 10 % möglich, auf Messen bis 12 %; im Winter sind die Rabatte am höchsten.
- Ist der Hersteller nicht mehr bereit, auf ein Neufahrzeug weitere Preisnachlässe zu gewähren, so ist manchmal doch noch eine Vergünstigung in Form einer **Zusatzausstattung** (z. B. Markise, Dachreling oder Ähnliches) drin.
- Jede **Sonderausstattung** und auch alle zugesicherten Merkmale (beispielsweise die Nutzlast) müssen im Kaufvertrag stehen!
- Fahrzeuge **kleiner Firmen** sind oft günstiger zu bekommen – aber dann später auch ungünstiger wieder zu verkaufen.
- Modelle **großer Hersteller** sind ausgereifter, zuverlässiger und eher teurer, haben aber auch einen höheren Wiederverkaufswert.
- **Selbstausbauten** sind oft sehr günstig zu bekommen – aber achten Sie besonders streng auf die Qualität und Funktionalität des Ausbaus!
- **Exoten** verursachen gewiss einiges Aufsehen, aber auch beträchtliche Kosten im Unterhalt (z. B. Spritverbrauch, Reparaturen, Ersatzteile) und Probleme beim Wiederverkauf!
- **Benziner** sind selten und sehr wenig gefragt. Sollten Sie unbedingt einen haben wollen, können Sie ihn sehr günstig erwerben – aber kaum wieder verkaufen!
- Auch Informationen über **Vorbesitzer** und die bisherigen Reisen können sehr aufschlussreich sein. Ältere Besitzer z. B. gehen meist sorgsamer mit ihrem Fahrzeug um und Langstrecken sind für den Dieselmotor schonender.
- **Messepreise** beziehen sich auf Rabatte, die bei Kaufabschluss auf einer Messe gewährt werden, aber nicht zwangsläufig auf **Ausstellungsfahrzeuge,** für die höhere Rabatte möglich sind.
- Vor jeder Reisesaison sind **gebrauchte Wohnmobile** besonders **begehrt.** Wer einen Gebrauchten günstiger erwerben will, sucht nach Ende der Saison.
- Gute und hilfreiche Tipps zum Kauf gebrauchter Wohnmobile bietet z. B. Promobil auf seiner Website www.promobil.de/kaufberatung/gebrauchte-wohnmobile-was-beachten-checkliste-kauf

< Neufahrzeug mit viel Komfort

Welche Arten von Wohnmobilen gibt es?

Während es auf die bisherigen Fragen recht einfache und klare Antworten gab, gerät man mit der Frage nach dem am besten geeigneten Wohnmobil auf ein sehr weites Feld. Das Spektrum der Anforderungen ist enorm: vom Strandurlaub zur Nordlandreise oder Wüstenexpedition, vom Kompaktmobil, das auch für den Alltag geeignet ist, bis zum riesigen Luxusliner, vom vielseitig einsetzbaren Modell bis zum Spezialmobil und vom preisgünstigen Familienfahrzeug bis zum geländegängigen Action-Mobil. Ebenso vielfältig und unübersichtlich ist das Angebot an Typen und Modellen, an Basisfahrzeugen und Aufbauten, an Ausstattung und Zubehör etc.

An der Basis des Entscheidungsbaumes steht die Frage nach der erforderlichen **Größe des Fahrzeugs,** von der wiederum abhängig ist, ob das Fahrzeug auch im Alltag genutzt werden kann und ob seine Vorzüge mehr im Bereich der ersten oder zweiten Worthälfte liegen: mehr Wohnkomfort oder mehr Mobilität.

Es gibt grundsätzlich zwei Kategorien: **Kompaktfahrzeuge** mit einer Länge von bis zu 5,50 m und mit dem Schwerpunkt auf Mobilität, die nicht unbedingt ein Zweitfahrzeug erfordern, sowie **Fahrzeuge mit Wohnaufbau,** bei denen sich die Priorität mit zunehmender Länge immer mehr von der Mobilität auf den Wohnkomfort verschiebt und die für den Alltag ein Zweitfahrzeug erforderlich machen. Beide Kategorien untergliedern sich in eine Reihe weiterer Typen mit spezifischen Vor- und Nachteilen.

Wenn Sie ein Fahrzeug suchen, das in erster Linie Mobilität bietet, vielseitig einsetzbar ist und auch im Alltag genutzt werden kann, so kommen ausgebaute Kleinbusse (Kastenwagen), auch „Freizeitmobile" genannt, oder Pritschenwagen (Pick-ups) mit abnehmbarer Wohnkabine in Frage. Je nach Modell bieten sie Platz für 2 bis 4 Personen. Die kleineren dieser Fahrzeuge sind nicht länger als 5 m, passen in jede Parklücke und fahren sich praktisch wie ein PKW. Dafür haben sie keinen separaten Waschraum, knappe Stauräume und begrenztere Vorräte an Gas und Wasser. Stehhöhe, also ein Hochdach oder **Aufstelldach,** sollte auch bei dieser Kategorie Voraussetzung sein.

Aufstell- oder Hubdach

Bei Fahrzeugen mit dieser Option kann im Wohnbereich, oder zumindest in einem Teil davon, das Dach nach oben aufgestellt werden, sodass man zum Kochen, Anziehen etc. aufrecht stehen kann. Fahrzeuge mit Aufstelldach sind daher nicht höher als 2 m und passen in jede Garage, jedes Parkhaus und jede Waschanlage. Außerdem kann man damit die Quer-

▷ Ein Klassiker unter den Reisemobilen: der VW-Bus – hier mit Allradantrieb und Hubdach

203whjsh

stangen unterfahren, die Reisemobile von vielen Parkplätzen aussperren. Allerdings bestehen die Seitenwände des Aufstelldachs aus dünnem Stoff und bieten kaum Wärmedämmung.

Alkoven

Abgeleitet vom arabischen Wort für „Schlafnische" bezeichnet dieser Begriff treffend die Schlafkoje über dem Fahrerhaus, die meist auch nach vorn übersteht und den Alkovenfahrzeugen daher auch den Spitznamen „Nasenbären" eingetragen hat.

Diese Modelle eignen sich besonders für jüngere Leute, Soloreisende oder Paare, als **Freizeitmobil,** für Kurzreisen oder für den Urlaub auf dem Campingplatz. Größere Kastenwagen bis 5,50 m (Breite max. 2 m) und Pritschenwagen mit Wohnkabine können (knappen!) Platz für bis zu 4 Erwachsene oder 2 Erwachsene und 3 Kinder bieten, haben einen Waschraum und Reserven für einige Tage Unabhängigkeit. Bei überwiegend standortgebundenem Urlaub kann man das Platzangebot durch ein Vorzelt erweitern. Für mehr Unabhängigkeit kann man Modelle mit Treibstoffheizung (Diesel oder Benzin) und/oder

Solaranlage wählen. Beides ist sowohl einzeln als auch kombiniert möglich und sinnvoll, um die Gas- und Batteriereserven zu schonen.

Wer mit mehr als drei bis vier Personen verreist, Wert auf Wohnkomfort legt und nicht jeden Winkel erkunden möchte, sondern lieber an schönen Plätzen etwas länger verweilen will, der wird sich für ein **Fahrzeug mit Wohnaufbau** entscheiden (**Alkoven,** teilintegriert oder integriert, s. Kapitel „Ausbaumobil oder Aufbaumobil?" Seite 30) und braucht dann zusätzlich einen PKW für den Alltag. Dafür bieten diese Typen auch Platz für größere Familien sowie deutlich mehr Raum und Wohnkomfort. Den zusätzlichen Raum gewinnen sie nicht so sehr durch mehr Länge, sondern vielmehr durch zusätzliche Breite (etwa. 2,20–2,30 m), sodass platzsparende und fest eingebaute Querbetten möglich sind, evtl. auch durch etwas mehr Höhe sowie insbesondere dadurch, dass die Seitenwände senkrecht aufsteigen und nicht nach innen geneigt sind. Daher sind diese Fahrzeuge sperriger, bei längerem Radstand auch weniger wendig und haben einen deutlich höheren Luftwiderstand, was das Tempo verringert und den Verbrauch erhöht. Andererseits ist mehr Platz für Stauraum und Vorräte vorhanden. Zudem lassen sich die Außenwände besser isolieren (Wintercamping). Geräumige Alkovenmodelle mit fünf bis sechs Schlafplätzen müssen nicht viel teurer sein als die deutlich engeren Kastenwagen.

Weitere Eigenschaften sowie die Vor- und Nachteile beider Kategorien werden im Kapitel „Ausbaumobil oder Aufbaumobil?" (s. S. 30) beschrieben.

Selbstausbau

Um Kosten, Ansprüche und individuelle Vorstellungen auf einen gemeinsamen Nenner zu bringen, kann man auch einen (evtl. gebrauchten) Kastenwagen kaufen und selbst ausbauen. Geeignete Fahrzeuge sind z. B. der VW Bus T5, T6, Crafter oder LT, die Kastenwagen Fiat Ducato oder die fast baugleichen Modelle Peugeot Boxer, Citroën Jumper (mit kurzem oder langem Radstand und Serienhochdach erhältlich), Ford Transit, Iveco Daily, Renault Master oder Mercedes Sprinter.

Diese Transporter werden als Kastenwagen (ohne Fenster) überwiegend gewerblich genutzt und sind daher mit einem Alter von zwei bis drei Jahren recht günstig zu bekommen (allerdings oft mit hohem Kilometerstand).

Beachten Sie jedoch, dass ein vollwertiger Selbstausbau sehr viel Material und Zubehör erfordert, das nicht eben billig ist (Heizung, Kochherd, Kühlschrank, Wasserboiler, Isolierfenster, Beschläge, Armaturen etc.), und dass man sehr viel Zeit und einiges handwerkliches Geschick sowie allerlei Werkzeug benötigt. Außerdem braucht man eine geeignete Garage oder einen Schuppen mit Stromanschluss. In den meisten Fällen dürfte es sinnvoller sein, einen günstigen Gebrauchten zu kaufen, als selbst ein Fahrzeug auszubauen.

Falls Sie dennoch selbst ausbauen wollen, achten Sie darauf, dass das Fahrzeug nicht zu alt ist, sonst könnte es passieren, dass das teure Stück, nachdem Sie viel Zeit und Geld investiert haben, bald vom TÜV aus dem Verkehr gezogen wird. Lassen Sie es daher besser vorher gründlich von TÜV, DEKRA oder einer Fachwerkstatt überprüfen.

Beachten Sie außerdem, dass auch alle von Ihnen vorgenommenen Um- und Einbauten den Segen von TÜV oder DEKRA brauchen, damit das Fahrzeug für den Verkehr zugelassen wird! Informieren Sie sich daher vorher (und ggf. auch während der Arbeit) über die einzelnen Anforderungen – am besten durch ein Gespräch mit dem zuständigen Prüfer. Sehr nützlich und hilfreich sind die vom CIVD (Caravaning Industrie Verband Deutschland e.V.) herausgegebenen Broschüren wie z.B. „Extrablatt Fahrsicherheit", welche man auch unter www.civd.de aus dem Internet herunterladen kann.

Wer seinen Kastenwagen besonders preisgünstig ausbauen will, der kann in den Kleinanzeigen nach alten Wohnwagen suchen, die, z B. wenn der Aufbau schadhaft oder undicht ist, sehr billig oder sogar kostenlos abgegeben werden. Auf diese Weise habe ich selbst mein erstes Wohnmobil sehr kostengünstig ausgebaut. Allerdings ist auch das Ausschlachten ein ganzes Stück Arbeit!

Wer bereits einen Pritschenwagen oder einen Pick-up besitzt, kann anstatt einer fertig ausgebauten Wohnkabine auch eine **Leerkabine** dafür kaufen und sie selbst ausbauen oder sogar nach den individuellen Vorstellungen und seinen finanziellen Mitteln entsprechend ausbauen lassen. Leerkabinen bieten z.B. die Firmen Ormocar, Nomadcampers, Rustikab, Exploryx, Boxmanufaktur, Moser, Bocklet und Der Fehntjer; ausgebaute Absetzkabinen erhält man von Bimobil, Nordstar und Tischer Freizeitfahrzeuge (Adressen s. Anhang Seite 259).

Ein Austauschforum unabhängig vom Basisfahrzeugtyp findet man unter www.womobox.de.

Das vorliegende Buch wird dem Selbstausbauer zwar viele grundlegende Informationen über Grundrisse, Technik, Installationen etc. liefern, es kann jedoch keine ausführliche Anleitung für den Selbstausbau geben oder ersetzen. Nützliche Adressen und Bezugsquellen für das erforderliche Zubehör finden Sie im Anhang dieses Buches.

Sollten Ihre Überlegungen zum Selbstausbau mehr in Richtung robustes und geländegängiges Reisemobil bzw. Expeditionsmobil gehen, so gibt der Praxis-Band „Wohnmobile selbst ausbauen und optimieren: 1000 Tipps und Tricks für alle Wohnmobil-Selbstausbauer und Wohnmobil-Optimierer" von Ulrich Dolde viele Anregungen und praktische Hilfestellungen.

Achtung: Sollten Sie später auf ein anderes Wohnmobil umsteigen wollen, müssen Sie damit rechnen, dass sich der Selbstausgebaute nur schwer und zu einem niedrigen Preis verkaufen lässt!

HYMER
RV HY 986

Das Fahrzeug

< Autark und unabhängig Natur erleben

Ausbaumobil oder Aufbaumobil?

Die verwirrende Vielfalt unterschiedlicher Typen gliedert sich in zwei Kategorien: Ausbaumobile, für die ein Kastenwagen (z. B. Fiat Ducato, Peugeot Boxer, VW Crafter, Mercedes Sprinter etc.) unter Beibehaltung der Serienkarosserie ausgebaut wird, und Aufbaumobile, bei denen die Karosserie ganz oder teilweise fehlt, um auf dem Fahrgestell Platz für einen geräumigeren Wohnaufbau zu schaffen.

Der Kastenwagen: mobil und multifunktional

Bekanntester Vertreter dieser Kategorie ist seit vielen Jahrzehnten der liebevoll „Bulli" genannte VW-Bus, entweder als Selbstausbau oder mit standardisierten Bausätzen wie z. B. von Westfalia. Das Spektrum beginnt jedoch schon bei PKW-Modellen wie z. B. dem Citroën Berlingo (Zooom Reisefahrzeuge, s. Anhang Seite 261), die als spartanisch ausgestattete, multifunktionale Camp-/Schlafmobile dienen, und reicht bis zu Kastenwagen mit langem Radstand und Schlafhochdach für Reisende, die Wert auf Mobilität legen. Die kleineren bis mittleren Modelle haben meist keine Nasszell und für die Nacht müssen Tisch und Sitzbank zum Bett umgebaut werden. Modelle mit langem Radstand, Hochdach und einer Breite ab 2 m haben teils fest eingebaute Querbetten, Dusche/WC und eine ähnliche Ausstattung wie die Aufbaumobile.

Generell bieten Kastenwagen durch die aerodynamischere Serienkarosserie deutlich weniger Platz als Aufbaumobile, sind dafür aber kompakter, beweglicher und günstiger im Verbrauch. Sie können auch im Alltag eingesetzt werden, um das Zweitfahrzeug zu sparen. Die meisten Modelle mit Aufstelldach passen in jede Garage (auch Tiefgaragen) und unter 2-m-Absperrbalken hindurch. Sie sind wenig windempfindlich und auch auf Fähren preiswert zu transportieren.

Allerdings sind Ausbaumobile nicht wesentlich **billiger** als entsprechende und weit geräumigere Alkovenmodelle. Die Preise für schlichte PKW-Modelle beginnen bei etwa 25.000 €, für günstige Kastenwagen bei ca. 30.000 €. Für durchschnittliche Ausbaumobile ist mit 35.000 bis 45.000 € zu rechnen. Wegen Kältebrücken im Metallaufbau sind sie allerdings nicht optimal isoliert und nur **bedingt wintertauglich.** Andererseits gewinnen Kastenwagen (Vans) – vor allem die mittleren bis größeren Modelle wie Mercedes Sprinter und Fiat Ducato – eben wegen ihrer Vielseitigkeit und Alltagstauglichkeit inzwischen zunehmend an Beliebtheit.

Alkovenfahrzeug: das Familien-Reisemobil

Ein Blick in Messehallen oder den Fuhrpark der Vermieter beweist: Alkovenmobile haben sich mit Abstand als die beliebtesten **Familien-Wohnmobile** durchgesetzt.

Von der Serienkarosserie bleibt hier nur das Fahrerhaus. Dahinter wird auf

019wh rh

das Chassis eine breitere, längere und höhere Wohnkabine gesetzt, die durch ihre senkrechten Seitenwände deutlich mehr Platz bietet als jede Serienkarosserie. Zudem schiebt sich über das Fahrerhaus eine Schlafnische für zwei Personen, der Alkoven, der diesen Modellen den Spitznamen „Nasenbären“ eingetragen hat.

Sie bieten neben großzügigerem Innenraum eine **standardmäßige Ausstattung** mit großem Küchenblock, Warmwasser, Dusche und WC, sind besser isoliert und mit frostsicher untergebrachtem oder beheiztem Wassertank auch bedingt wintertauglich.

Durch den überstehenden Alkoven ist ihre Aerodynamik jedoch schlecht. Daher steigt der Spritverbrauch bei höheren Geschwindigkeiten oder Gegenwind spürbar an. Tests haben gezeigt, dass der Luftwiderstand eines Alkovenmobils mit über 40 % höher ist als der eines „Integrierten“, während er beim „Teilintegrierten“ nur etwa 10–15 % höher ist (s. u.). Da der Luftwiderstand bei zunehmender Geschwindigkeit immer rascher steigt, fällt er besonders auf der Autobahn oder bei starkem Gegenwind ins Gewicht. Alkovenmodelle brauchen dann ca. 1,5–2 l mehr Treibstoff pro 100 km als vergleichbare Integrierte. Fahrzeuge mit großem Hecküberhang sind zudem empfindlicher gegen Seitenwind.

⌃ Wenn die Kabine klein ist, muss man sich eben vermehrt im Freien aufhalten

Alkovenmodelle sind in einer breiten Auswahl verschiedener Größen und Grundrisse erhältlich. Allerdings sind selbst die kleineren Varianten ab ca. 5,50 m nur noch sehr bedingt für den Alltag geeignet.

Der Alkoven sollte gute Möglichkeiten zum Lüften bieten (Dachluke, Seitenfenster), aber in Fahrtrichtung kein Fenster haben, da dort der Winddruck meist früher oder später zu undichten Stellen führt. Bei Fahrzeugen mit vielen Schlafplätzen ist darauf zu achten, dass die Zuladekapazität der Personenzahl angemessen ist.

Preisgünstige Alkovenmodelle mit einfacher Ausstattung bekommt man ab 40.000 € bis 50.000 €, im Durchschnitt ist mit etwa 60.000 € bis 70.000 € zu rechnen. Es gibt aber auch in dieser Kategorie Luxusmodelle für 100.000 € bis 250.000 €.

Teilintegrierte: Komfort für zwei Personen

Sie ähneln den „Nasenbären", da auch hier das Fahrerhaus beibehalten wird, haben aber anstatt der „Nase" nur eine flache Haube. Daher sind sie deutlich aerodynamischer und haben ein besseres Fahrverhalten. Zudem sind sie durch ein tieferes Chassis oft niedriger und bieten einen bequemeren Einstieg. Da die Betten im Alkoven entfallen (manchmal ersetzt durch ein Hubbett, das über die Frontsitze abgesenkt werden kann), werden die Teilintegrierten bevorzugt als 2-Personen-Modelle ausgebaut und sind vor allem bei älteren Paaren gefragt. Sie haben dann meist eine luxuriöse Sitzgruppe mit Sofa vorn und ein fest eingebautes Bett oder separates Schlafzimmer im Heck. Die Preise bewegen sich um 40.000 € bis 80.000 €.

206wh hy

Integrierte: die „Königsklasse“

Zunehmender Beliebtheit erfreuen sich die sogenannten „Integrierten“: Wohnmobile, bei denen auch das Fahrerhaus mit in den Wohnbereich einbezogen (integriert) wird. Die gesamte Karosserie einschließlich Fahrerkabine ist hier durch einen isolierten Sandwich-Aufbau mit senkrechten Außenwänden ersetzt, der unbeeinflusst vom Basisfahrzeug individuell und aerodynamisch gestaltet werden kann. Dadurch erhält man ein optimales Raumangebot, einen sehr großzügigen Fahrerraum mit riesiger Frontablage und einer Panoramascheibe wie bei einem Omnibus. Manchmal entfällt auch die Beifahrertür, welche durch Regale und Fächer für Reiseliteratur, Karten, Kamera etc. ersetzt wird – und gelegentlich sogar die Fahrertür! Die Sitze für Fahrer und Beifahrer lassen sich nach hinten drehen, sodass sie auch innerhalb des Wohnbereichs genutzt werden können. Über den Vordersitzen befindet sich manchmal ein absenkbares Hubbett für zwei Personen.

Meist haben Integrierte zudem eine feste Polstergruppe, eine Nasszelle mit separater Dusche und ein fest eingebautes Heckbett oder ein separates Schlafzimmer (teils erhöht über einem großzügigen Heckstauraum oder einer Garage für Fahrrad, Motorrad oder gar

◁ Elegante und aerodynamische Teilintegrierte sind vor allem bei reisenden Paaren gefragt

▽ Das Hubbett über dem Fahrerhaus wird zum Schlafen einfach heruntergeklappt

für einen Kleinwagen). Trotz ihrer Größe werden auch die Integrierten gerne als luxuriöse Mobilwohnung für zwei Personen genutzt, es gibt jedoch auch Modelle mit 4–7 Schlafplätzen.

Durch die Bauweise aus einem Guss gibt es keine kritischen Übergänge zwischen Serien-Fahrerhaus und Wohnkabine, die mit der Zeit undicht werden könnten. Zudem ist der Integrierte naturgemäß windschnittiger als der Nasenbär und daher schneller und günstiger im Verbrauch. Die riesige Frontscheibe kann allerdings im Winter Probleme bei der Isolierung bereiten (mit Thermo-Matten oder Rollläden isolieren) und im Sommer zu einer starken Aufheizung führen. Außerdem sind diese Modelle schon durch ihre Bauart ca. 5000–8000 € teurer als vergleichbare Alkovenfahrzeuge. Zudem werden oft teurere Materialien verwendet (z. B. Edelholz und Leder statt Kunststoff) und luxuriösere Ausstattungen eingebaut (Warmwasserheizung, Klimaanlage, Satelliten-TV etc.). Die Preise beginnen bei etwa 65.000 €, für ein gut ausgestattetes Modell der mittleren Preislage muss man um die 80.000 € rechnen und Luxusmodelle auf Omnibus-Chassis (z. B. von Niesmann, Concorde und Morelo) kosten zwischen 150.000 € und 500.000 € oder sogar noch deutlich mehr.

▲ Luxus pur in der Königsklasse

Pick-up-Camper: vielseitige Exoten

Eine sehr interessante, wenngleich bei uns relativ wenig verbreitete Lösung bietet ein Pick-up oder Pritschenwagen (Heckantrieb oder meist Allrad) mit aufgesetzter Alkoven-Wohnkabine. Diese Kombination erspart den Zweitwagen und bietet vielfältige Möglichkeiten. Sie ist schnell, wendig, kompakt und geländegängig. Und die Kabine lässt sich rasch absetzen, sodass man das Basisfahrzeug zu Hause oder am Zielort separat für Fahrten und Transporte verwenden kann.

Geeignete Basisfahrzeuge sind als Einfach-, Eineinhalb- oder Doppelkabiner zu bekommen (z. B. japanische Pick-ups oder VW-Pritschenwagen) und bieten Platz für zwei bis fünf Personen. Aber Vorsicht: Nicht jeder Pick-up ist dafür geeignet. Vor allem der Hecküberhang macht manchem Fahrzeug sehr zu schaffen, sofern die Stoßdämpfer nicht entsprechend angepasst werden. Mir ist ein Opel Campo (Isuzu) trotz einer TÜV-Abnahme von Aufbau und Federung auf der Straße einfach zerbrochen!

Die Wohnkabinen sind meist für zwei bis vier Personen ausgestattet, allerdings ist das Raumangebot deutlich knapper als in den üblichen Aufbaumobilen. Die Energievorräte und die Tanks sind kleiner und es gibt meist keinen Durchgang zwischen Fahr- und Wohnbereich (allenfalls einen Durchschlupf). Für eine komplett ausgestattete Absetzkabine muss man ca. 20.000 € bis 30.000 € investieren. Außerdem sind auch Leerkabinen zum Selbstausbau erhältlich (s. S. 27).

023wh rh

Sondermodelle

Für Reisen abseits befestigter Straßen kann für 2 bis 4 Personen ein Pick-up-Modell ausreichen, sofern unterwegs genügend Versorgungsmöglichkeiten bestehen, denn lange autark ist man damit nicht.

Für Expeditionen, auf denen man mehrere Wochen ohne Nachschub auskommen muss, gibt es robuste und geländegängige **Expeditionsmobile** auf

Praktisch, vielseitig und geländetauglich, aber mit knappem Platzangebot: Pick-up-Camper

Mercedes Benz- oder MAN-Basis mit 4, 6 oder gar 8 angetriebenen Rädern, starken Motoren und riesigen Tanks von einigen Hundert Litern Kapazität. Solche Fahrzeuge können dann auch rasch einige Hunderttausend Euro kosten, sind aber gebraucht manchmal zu einem Bruchteil des Neupreises zu bekommen.

Bei uns noch relativ unbekannt, aber zunehmend erhältlich, sind **Auflieger-Mobile:** Auf der Ladefläche eines Pickups wird ein Sattel befestigt, auf dem der Wohnanhänger aufliegt. So entsteht ein langes Gespann, das einem Wohnwagen-Gespann ähnelt und für enge Ortsdurchfahrten weniger geeignet ist. Dafür ist der Auflieger geräumig und lässt sich rasch abkoppeln.

Nicht nur für Reisejournalisten, sondern auch für Außendienst-Mitarbeiter und andere Berufsgruppen, die unterwegs auf einen Schreibtisch angewiesen sind, wäre ein **Büromobil** interessant – also ein mobiles Büro, das zudem eine Übernachtungsmöglichkeit bieten kann. Solche Fahrzeuge werden beispielsweise von der Firma BVV angeboten.

Um die Eintragung „So.-Kfz Büromobil" im Fahrzeugbrief (und die entsprechenden Steuervorteile) zu bekommen, muss der Ausbau eine Nutzung als Büro klar erkennen lassen (z. B. Aktenschrank, Computer, mobile Kommunikation). Ein Notebook allein wird nicht ausreichen – schon gar nicht, wenn das Mobil fünf Schlafplätze hat. Erkundigen Sie sich beim TÜV und bei Ihrem Steuerberater.

Reisekarosse von Vario Mobil mit Heckgarage und kompaktem Stadtfahrzeug

Basisfahrzeuge

Wie schon der Name verrät, ist das Basisfahrzeug nicht einfach ein Fahrzeug, sondern buchstäblich die Basis, also das Fundament für Ihr mobiles Zuhause. Damit sich Ihr Wohnmobil nicht nur auf dem Campingplatz, sondern auch unterwegs bewährt, sollten Sie auf Kriterien wie Motorisierung, Antriebsart, zulässiges Gesamtgewicht, Nutzlast, Radstand, Bereifung etc. achten.

Aber auch Hersteller und Marktposition können eine Rolle spielen. Denn international starke Hersteller sorgen auch für ein gutes Servicenetz im Ausland, und bei Basisfahrzeugen mit hohem Marktanteil ist es viel einfacher, einen Austauschmotor oder sonstige Austausch- bzw. Ersatzteile zu bekommen, als bei irgendwelchen Exoten.

024wh va

Den höchsten Marktanteil aller zugelassenen Reisemobile hat derzeit der italienische Fiat Ducato, der zusammen mit seinen weitgehend baugleichen Schwestermodellen Peugeot Boxer und Citroën Jumper als Basisfahrzeug für über 50 % aller Reisemobile dient.

Danach folgen Basisfahrzeuge von VW, Daimler, Ford, Iveco und Renault. Fiat, Peugeot und Citroën verwenden gemeinsam das in Italien produzierte Euro-Chassis. Alle hier genannten Basisfahrzeuge sind mit verschiedenen Turbodieselmotoren erhältlich, Fahrzeuge mit Benzinmotoren werden kaum angeboten. Die Hersteller haben Modelle mit unterschiedlichen Radständen und zulässigem Gesamtgewicht im Programm sowie (je nach zGG) Fahrzeuge mit Front- oder Heckantrieb (beim Transit wahlweise). Einige der Hersteller bieten auch Allrad-Versionen an.

Der **Fiat Ducato** überzeugt durch hohe Robustheit (zum Beispiel härtere Federung). Serienmäßig sind zahlreiche Sicherheits-Features wie Anti-Blockier-System (ABS), Antriebsschlupfregelung (ASR) und ein mechanischer Bremsassistent (MBA). Optional kann dieses Programm mit der elektronischen Traktionskontrolle (ESP) und zusätzlichen Airbags erweitert werden.

Der **Ford Transit** bietet serienmäßig Komfort-Features wie eine Klimaanlage und mehrere Airbags. Er ist mit vier verschiedenen TDCi-Dieselmotoren erhältlich – und wahlweise mit Front- oder Heckantrieb. Außerdem gibt es zwei Chassis-Varianten und unterschiedliche Radstände. Das Fahrgestell mit Leiterrahmen, Heckantrieb und Zwillingsbereifung kann auf 3850 kg aufgelastet werden und eignet sich besonders für größere Alkovenmobile. Vor allem für Teilintegrierte interessant ist das Flachbodenchassis mit dem rund 100 Millimeter tiefer liegenden Schwerpunkt. Für die Sicherheit sorgen u. a. ausreichend dimensionierte Scheibenbremsen sowie das serienmäßige elektronische Sicherheits- und Stabilitätsprogramm ESP.

Die größte Reichweite bietet der **Renault Master** mit einem Tankvolumen von 100 l (bis zu 1000 km mit einer Tankfüllung). Zudem ist die Bremsanlage besonders gut auf das Fahrzeuggewicht abgestimmt.

Die deutschen Modelle **Mercedes Sprinter** und **VW Crafter** sind in der Regel etwas teurer. Dafür punkten sie – wie Tests immer wieder beweisen – mit guter Sicherheits- und Komfortausstattung. Vor allem die Lenkung schneidet im Vergleich zu den anderen Fahrzeugen deutlich besser ab.

Außerdem zeichnen sie sich durch hohe Laufleistungen aus. Auch bei einem späteren Wiederverkauf können sich diese Stärken sehr positiv bemerkbar machen. Der **Iveco Daily** ist mit Preisen ab 37.000 € wohl das teuerste Basisfahrzeug.

Neben den bereits genannten Firmen gibt es auch Wohnaufbauten auf Basisfahrzeugen von MAN, Volvo und amerikanischen Herstellern wie z. B. Chevrolet. Sie spielen allerdings bei uns eine eher geringe Rolle und man findet sie vor allem im oberen Segment der Luxusfahrzeuge. Japanische Basisfahrzeuge hingegen haben im Wohnmobilbau praktisch keine Bedeutung mehr, wenn man von einigen Pick-up-Modellen absieht.

Motorisierung

Die meisten Wohnmobile sind heute mit **Dieselmotoren** ausgerüstet, um niedrigen Verbrauch, hohe Reichweite und günstige Kilometerkosten zu gewährleisten. Vernünftige Fahrweise vorausgesetzt, verbraucht ein mittelgroßes Mobil dann ca. 10–12 l auf 100 km.

Ottomotoren sind selten und kaum gefragt, aber wer einen Benziner haben möchte, hat den Vorteil, dass sie gebraucht um etwa ein Drittel billiger zu haben sind als vergleichbare Wohnmobile mit Dieselaggregat.

Die **Leistung** des Motors sollte dem Gesamtgewicht angemessen sein. Als Faustregel gilt: maximal 50 kg pro kW bei Fahrzeugen bis 3,5 t und maximal 75 kg pro kW bei schwereren Reisemobilen. Auch wenn man mit dem Wohnmobil ein gemütliches Tempo bevorzugt, so kann es doch nerven, wenn man an jedem Berg so stark zurückfällt, dass man permanent von Lastzügen überholt wird, die dann kaum mehr als 2 m vor einem wieder einscheren. Außerdem kann es längerfristig günstiger sein, etwas mehr in Hubraum und PS zu investieren, als völlig untermotorisiert zu reisen und das Aggregat ständig zu überfordern, sodass bereits nach wenigen Jahren teure Reparaturen (Zylinderkopf) fällig werden oder gar ein Austauschmotor.

[>] Die Motorisierung sollte dem Gewicht des voll beladenen Fahrzeugs angemessen sein

Antrieb

Unter den Reisemobilen bis 3,5 t hat sich bei etwa 80 % der Fahrzeuge der **Frontantrieb** durchgesetzt. Seine Vorteile für eine bessere Raumnutzung liegen auf der Hand:

- Der **komplette Antrieb** samt Tank liegt vorne.
- Hinter dem Fahrerhaus befindet sich ausschließlich der **Wohnbereich.**
- Im Fahrerhaus ist **kein Motorbuckel.**
- Durchgang und Wohnbereich werden nicht durch **Kardantunnel** behindert.
- Das Fahrzeug lässt sich mit verschiedenen **Rahmen kombinieren.**

Die Vorteile des **Heckantriebs** (bessere Traktion auf glattem Grund und am Berg) überwiegen gegenüber dem Raumvorteil erst bei höheren Gewichten. Allerdings sollte man darauf achten, dass man beim Frontantrieb durch Anbauten wie Heckträger und falsches Beladen die Gewichtsverteilung nicht zu negativ beeinflusst. Die Last auf der Vorderachse sollte nicht wesentlich unter 50 % des Gesamtgewichts liegen.

Der **Wendekreis** von Wohnmobilen mit Frontantrieb muss nicht unbedingt größer sein als bei solchen mit Heckantrieb; er wird stärker durch den Radstand beeinflusst.

Zulässiges Gesamtgewicht (zGG), Nutzlast und Federung

Polizeikontrollen zur Urlaubszeit haben gezeigt, dass ein großer Teil der Wohnmobile überladen ist – manche sogar ganz erheblich. Die Fahrzeuge werden zwar nicht sofort auseinanderbrechen (obwohl ich selbst das schon erlebt habe – sogar ohne Überladung), aber Komfort und Sicherheit leiden erheblich. Fahrzeuggewicht, Motorleistung, Bremskraft, Fahrverhalten und Federung müssen zusammenpassen, da sonst das Risiko schwerer Unfälle drastisch steigt. **Leergewicht,** zulässiges Gesamtgewicht und die sich daraus ergebende **Zuladung** (Nutzlast) verdienen daher besondere Beachtung. Achtung: Auch wenn das zulässige Gesamtgewicht eingehalten wird, kann die Belastung einer Achse erheblich überschritten werden. Beachten Sie daher bei der Zuladung unbedingt die **Achslasten** und wie sich diese beim Beladen verändern.

Heutige Wohnmobile werden meist für mindestens 3,49 t zugelassen und bieten daher mehr Zuladungsreserven als viele ältere Modelle. Da jedoch zunehmend Sonderausstattung eingebaut wird und überdies Sportgeräte und mehr Vorräte mitgenommen werden, sind die Lastreserven trotzdem nicht immer ausreichend. Besonders bei Fahrzeugen unter 3,5 t sollte man die Nutzlast kritisch prüfen. Als minimale Lastreserve für den Familienurlaub gelten 600–700 kg oder 20 % des zulässigen Gesamtgewichts; optimal wären 1000 kg oder 25–30 % des zGG. In jedem Fall ist es besser, ein langsameres Fahrzeug (über 3,5 t zGG) mit höherer Nutzlast zu fahren, als überladen in den Urlaub zu starten und Probleme oder gar einen Unfall zu riskieren. Allerdings ist bei diesen Fahrzeugen zu beachten, dass sie einen entsprechenden Führerschein erfordern.

Federn

Die Basisfahrzeuge der verschiedenen Hersteller sind überwiegend mit **Blatt-** oder **Parabelfedern** und **Schraubenfedern** ausgestattet. Der für diese Federn verwendete Stahl besitzt eine hohe Festigkeit und Elastizität, die er einer speziellen Legierung mit Silizium und einer gleichmäßigen Verteilung von Kohlenstoffmolekülen verdankt. Doch selbst hochwertige Originalfedern verlieren unter Dauerbelastung mit der Zeit an Spannkraft. Zusätzlich neigen Wohnmobile durch den hohen Schwerpunkt des Aufbaus zu erhöhten Wank- und Nickbewegungen. Um Sicherheit und Komfort zu erhöhen, kann man sein Fahrzeug mit verschiedenen Systemen nachbessern. Sie werden entweder zusätzlich zur Originalfeder verbaut oder ersetzen diese komplett. Von größter Wichtigkeit ist dabei, dass man nicht nur die Federung verstärkt, sondern auch die Stoßdämpfer darauf abstimmt. Sonst kann es passieren, dass trotz TÜV-geprüfter Zusatzfederung das Fahrzeug schlicht in zwei Teile zerbricht.

^ Zusatz-Blattfeder für permanent hohe Decklast

> Zusatz-Schrauben sind variabler

026wh go

Zusatz-Blattfeder

Die Zusatz-Blattfeder ist eine gute Lösung **bei permanent hohen Hecklasten** wie zum Beispiel einem Motorradträger. Sie hat allerdings von allen Federsystemen das größte Eigengewicht, was wiederum zur Verringerung der eigentlichen Nutzlast führt. Zudem ermüdet die Zusatz-Blattfeder längerfristig ebenso wie die Hauptfederung. Da die härteren Federkräfte voll auf den Fahrzeugrahmen übertragen werden, leidet zudem der Fahrkomfort, und der Rahmen wird stärker belastet. Zusatz-Blattfedern sind zwar eine einfach zu montierende und günstige Lösung, können aber bauartbedingt nicht einer wechselnden Zuladung angepasst werden und sind daher bei geringerer Belastung zu hart.

Zusatz-Schraubenfeder

Alternativ zur Blattfeder eignen sich als Zusatzfedern **für Reisemobile mit hoher Hinterachsbelastung** auch Schraubenfedern. Sie können das Absacken des Fahrzeughecks deutlich verringern. Auch die Empfindlichkeit gegen Seitenwind sowie Nick- oder Wankbewegungen werden reduziert. Schraubenfedern entlasten die Originalfedern und verstärken die bestehende Gesamtfederung gleichmäßig. Sie sind günstig, schnell zu montieren und leichter als Blattfedern. Ihr spezieller Vorteil gegenüber der Blattfeder ist die geringere Geräuschentwicklung, da keine Quietschgeräusche durch Reibung entstehen. Für Reisemobile besonders geeignet sind Zusatz-Schraubenfedern mit **progressiver Kennung.** Diese Schraubenfedern haben eine geringere Anfangsspannung, wodurch sich das Fahrzeug in unbeladenem Zustand weicher und komfortabler fährt. Mit zunehmender Einfederung steigt ihr Widerstand an, um das Fahrzeugheck auch bei wachsender Zuladung zu stabilisieren. Die Zusatzschraubenfeder ist verschleiß- und wartungsfrei. Wegen der Änderung des Fahrwerks sind nach der Montage eine TÜV-Abnahme und ein Eintrag in die Fahrzeugpapiere notwendig.

026wh go

Zusatz-Luftfeder

Zusatz-Luftfedern sind variabler als Blatt- oder Schraubenfedern. Sie werden zwischen Fahrzeugrahmen und Achse montiert. Die Original-Stahlfedern übernehmen weiterhin die Hauptlast, die zusätzliche Luftfeder mit variablem Druck sorgt bei jeder Beladung für Komfort und Sicherheit. Da die Originalfederung weiter funktioniert, bleibt das Fahrzeug auch bei Ausfall der Zusatzluftfederung voll betriebsfähig. Bei der Zusatzluftfeder ist der Federdruck nicht konstant, sondern kann in den Luftbälgen mittels eines 12-Volt-Kompressors beliebig variiert werden. Dies erfolgt komfortabel aus dem Fahrerhaus heraus und ist sogar während der Fahrt möglich. Die Luftfederung erlaubt daher eine **optimale Anpassung an verschiedene Beladungszustände.** Ein Überströmstopp verhindert, dass in Kurven die Luft von einem Balg zum anderen strömt. Das bedeutet auf Knopfdruck bessere Kurvenstabilität und mehr Fahrsicherheit. Das Fahrverhalten wird komfortabler, Wank- und Nickbewegungen werden erheblich reduziert.

028wh go

Balgen und Federn

Je nach Anforderung werden verschiedene Balgentypen verwendet. Beim **Doppelfaltenbalg** bestimmt eine Einschnürung in der Mitte die Richtung des Einfederns. Er ist daher komplett zusammengedrückt sogar als Anschlagbegrenzer zugelassen und bietet somit Notlaufeigenschaften selbst ohne Luftdruck. Er ist also besonders robust und betriebssicher.

Beim **Kegelbalg** hat der untere Teil einen geringeren Durchmesser und taucht daher in den oberen Balg ein, sodass sich der Gummischlauch außen über den Kolben stülpt. Auf diese Weise sind beträchtliche Hübe und sogar Kreisbahnen (AL-KO-Zusatzluftfeder) möglich. Da der Balg über keine Anschlagbegrenzung verfügt, wird der Fahrer bei zu geringem Luftdruck mithilfe eines Niederdruckschalters rechtzeitig gewarnt.

Der **Roll- oder Schlauchbalg** besteht aus einem gewebeverstärkten Gummischlauch, der an beiden Enden mit einer Kunststoffplatte luftdicht verschlossen ist. Von der Fußplatte ragt ein Kunststoffkonus in den Luftbalg hinein, der sich unter Druck über den Konus stülpt und an dessen Wänden auf und ab „rollt". Rollbälge sind kostengünstig und bieten hohe Federkräfte bei kleinen Baumaßen.

Zur Druckluftversorgung der Bälge gibt es zwei verschiedene Systeme. Beim **Einkreis-Luftfedersystem** sind beide

< Zusatz-Luftfeder:
Komfort und Sicherheit bei variabler Last

Luftbälge miteinander verbunden und werden über eine gemeinsame Leitung befüllt. Dieses System eignet sich für alle Fahrzeuge mit einer gleichmäßigen Gewichtsverteilung auf der Hinterachse.

Für Reisemobile, die durch Frischwassertanks, Gasflaschen, Klimaanlage, Generator usw. einseitig beladen sind, sodass sie nach einer Seite hängen, empfiehlt sich ein **Zweikreissystem,** bei dem die Luftbälge jeder Seite durch separate Leitungen befüllt werden. Über zwei Manometer im Fahrerhaus kann der Druck dann individuell geregelt werden, um eine leichte Schräglage auszugleichen.

So kann man das Niveau des Fahrzeugs durch Knopfdruck individuell anpassen – z.B. bei schwerer oder einseitiger Beladung. Aber auch bei Auffahrt auf eine Fähre kann durch kurzfristige Erhöhung des Luftdrucks in den Bälgen das Heck angehoben werden, damit es nicht aufsetzt. Ebenso kann man abends auf dem Stellplatz leichte Unebenheiten des Bodens bequem per Knopfdruck ausgleichen, statt mit Auffahrkeilen zu arbeiten.

Weiterhin zeigen Luftfedersysteme im Gegensatz zu Metallfedern keine Ermüdung, sodass sie ihre Federwirkung auch über lange Zeit konstant beibehalten. Das bedeutet Fahrkomfort und Sicherheit bei allen Beladungszuständen.

Wichtig sind Zusatz-Luftfedern für Pick-ups und Pritschenwagen mit Absetzkabine (s.u.), die mit sehr unterschiedlicher Last gefahren werden.

Am stärksten verbreitet sind Zusatz-Luftfedern an der Hinterachse. Es gibt aber auch Zusatz-Luftfedern für die Vorderachse sowie Vollluftfedern für Hinter- und Vorderachse.

Sonderfall: Absetzkabine

Pritschenwagen oder Pick-ups mit absetzbarer Wohnkabine haben den Vorteil großer Vielseitigkeit: Sie sind Personenwagen, Kleinlastwagen und Wohnmobil zugleich, sind durch den Allradantrieb geländegängig und bleiben auch bei viel Schnee im Winter kaum einmal hängen.

Aber sie haben auch eine große Schwäche: die Federung der Hinterachse. Ihre Starrachse mit Blatt- oder Schraubenfedern ist auf eine wechselnde, nicht auf eine andauernd hohe Belastung ausgelegt, sodass die Federn relativ schnell ermüden und das Heck dadurch absinkt. Zudem bezahlen diese Fahrzeuge ihre größere Bodenfreiheit mit einem entsprechend hoch liegenden Schwerpunkt. Verstärkt durch den hohen Wohnaufbau haben sie daher die Tendenz, sich in Kurven stark zur Seite zu neigen. Bei größerem Hecküberhang kann auch das Längswippen beim Überfahren von Bodenwellen erhebliche Probleme bereiten und selbst bei vorsichtiger Fahrweise auf der Straße zu schweren Schäden am Chassis führen.

Zusätzliche Blatt- oder Schraubenfedern sind hier keine wirkliche Lösung. Erstens ermüden sie mit der Zeit ebenfalls und zweitens ist das Fahrzeug dann ohne Last viel zu hart gefedert. Hier ist die **flexible Luftfeder** in ihrem Element, die sich auf Knopfdruck der unterschiedlichen Belastung anpassen lässt. Sie erhöht sowohl den Komfort als auch die Sicherheit durch eine stabilere Straßenlage ganz spürbar. Zudem kann sie bei Hindernissen kurzzeitig das Heck anheben, als Niveauausgleich dienen

Was ist das Leergewicht und wie wird die Achslast berechnet?

Nach der **StVO** gilt als Leergewicht das Fahrzeuggewicht mit gefülltem Kraftstofftank plus 75 kg für den Fahrer. Nach der bestehenden **Euronorm** für die Angabe des Leergewichts umfasst der Wert das Wohnmobil inkl. Ersatzrad, Kühlwasser, Schmiermittel, Bordwerkzeug, Stromkabel, zu 90 % gefülltem Kraftstofftank, vollem Wassertank und maximalen Gasreserven sowie 75 kg pro eingetragenem Sitzplatz und einem Gepäckgewicht von 10 kg pro Person plus 10 kg pro Meter Fahrzeuglänge.

Lassen Sie sich im Kaufvertrag vom Hersteller oder Händler das angegebene Leergewicht schriftlich bestätigen, um später etwas in der Hand zu haben.

Berechnen der zusätzlichen Achslast

Auch wenn das zulässige Gesamtgewicht eingehalten wird, kann die Belastung einer Achse erheblich überschritten werden. Beachten Sie daher bei der Zuladung unbedingt die Achslasten und wie sich diese beim Beladen verändern!

Wenn Sie Ihr Wohnmobil mit 100 kg beladen, wird sich dadurch das Gesamtgewicht erwartungsgemäß um 100 kg erhöhen und die Summe der Achslasten ebenfalls. Beachten Sie jedoch, dass sich je nach Position der Ladung eine Achslast nach dem Hebelgesetz um deutlich über 100 kg erhöhen und die andere sogar verringern kann – vor allem bei Fahrzeugen mit großem Hecküberhang und entsprechend langem Hebel!

Die Erhöhung der Achslast (A) lässt sich mithilfe einer Formel aus Gewicht (G), Hebelarm (H) und Radstand (R) errechnen:

$$A = \frac{G \times H}{R}$$

Der Hebel errechnet sich aus der Differenz zwischen Radstand und Abstand der Last von der Achse.

Beispiel 1:
Wird bei einem Fahrzeug mit 3000 mm Radstand eine Last von 100 kg mit Mittelpunkt 1000 mm hinter der Vorderachse und 2000 mm vor der Hinterachse geladen, so ergeben sich folgende Hebel:

Vorderachse: 3000 – 1000 = 2000
Hinterachse: 3000 – 2000 = 1000

In die Formel eingesetzt, erhält man dann folgende Erhöhung der Achslast:

Vorderachse:
(100 kg x 2000): 3000 = 66,66 kg
Hinterachse:
(100 kg x 1000) : 3000 = 33,33 kg,
in der Summe also 100 kg.

und beim **Absetzen und Aufnehmen der Kabine** sehr hilfreich sein. Dazu einfach bei maximalem Balgendruck die Stützen ausfahren, Halterungen lösen, Druck ganz ablassen und drunter wegfahren. Einziger Nachteil ist die durch den Einbau der Bälge etwas reduzierte Achsverschränkung, die aber nur bei extremen Offroad-Fahrten spürbar wird.

Sehr wichtig ist allerdings, dass man nicht nur die Federung verstärkt, sondern auch die **Stoßdämpfer** anpasst! Die ungedämpfte Hebelwirkung des Längswippens, selbst bei leichten Bo-

Beispiel 2:
Lädt man die 100 kg beim gleichen Fahrzeug auf einen Heckträger mit Lastmittelpunkt 2000 mm hinter der Hinterachse, so ergeben sich folgende Hebel:

Vorderachse: 3000 – 5000 = -2000
Hinterachse: 3000 + 2000 = 5000

Der Hebelarm für die Hinterachse ergibt sich aus dem Radstand plus Hecküberhang der Last (Distanz zwischen der Hinterachse und der Last).

In die Formel eingesetzt, erhält man dann folgende Erhöhung der Achslast:

Vorderachse:
(100 kg x (-2000)) : 3000 = –66,66 kg
Hinterachse:
(100 kg x 5000) : 3000 = 166,66 kg,
in der Summe also wiederum 100 kg.

Die Vorderachse wird um 66,66 kg entlastet, die Hinterachse mit 166,66 kg belastet.

Bequemer geht es mit dem Achslastrechner für Wohnmobile im Internet: www.zuhause-im-wohnmobil.de/toolshilfen/achslast-online-rechner-fuer-wohnmobile.

Beachten Sie, dass bei Hecküberhang die Belastung der Hinterachse durch die Massenträgheit deutlich erhöht wird, wenn Sie z. B. über eine Bodenwelle fahren!

denwellen, kann sonst sehr rasch das Chassis schädigen. Dann hat das Fahrzeug nur noch Schrottwert und falls es gar während der Fahrt auseinanderbricht, ist ein schwerer Unfall unvermeidlich. Darauf achten bislang leider weder die Hersteller noch der TÜV!

Länge, Last und Fahrverhalten

Beachten Sie, dass Gesamtgewicht, Achslast, Fahrzeuglänge und Radstand das Fahrverhalten spürbar beeinflussen können. Wichtig ist nicht nur, dass das zulässige Gesamtgewicht eingehalten wird, sondern auch, dass der Schwerpunkt möglichst tief und weit vorne liegt. Hecklastigkeit entlastet die Vorderachse und bewirkt eine ungünstigere Straßenlage, zumal die Vorderachse beim Anfahren, Beschleunigen und am Berg zusätzlich entlastet wird. Besonders Fahrzeuge mit weitem Hecküberhang werden leicht hecklastig, wenn sie hinten einen großen Stauraum haben oder man einen Fahrrad-/Motorradträger anbaut. Für die Straßenlage ist daher ein langer Radstand stets günstiger („Länge läuft"!) als ein weiter Hecküberhang, da Hecklastigkeit zudem die Empfindlichkeit gegen Seitenwind und das Wanken spürbar erhöht. Ein längerer Radstand führt zwar zu einem größeren Wendekreis, welcher sich aber nach meinen persönlichen Erfahrungen weniger negativ auswirkt, als man denkt. Meist kann man auch mit kleineren Fahrzeugen nicht einfach auf der Straße wenden, sondern braucht einen Parkplatz oder Seitenweg, in den man rückwärts hineinstoßen kann. Und er fällt allemal weniger negativ ins Gewicht als eine instabile Straßenlage!

Reisemobile mit Frontantrieb können mit einem speziellen **Tiefrahmen-Chassis** (z. B. von ALKO) kombiniert werden, das den Schwerpunkt tiefer und mehr nach vorn verlegt, mehr Platz schafft und eine höhere Zuladung gestattet.

Bereifung

Ein gefährlicher Schwachpunkt bei vielen Wohnmobilen ist, neben dem Überladen, die Bereifung. Fährt man ständig an der oberen Grenze der Tragfähigkeit, so werden dadurch insbesondere die Reifen strapaziert und verschlissen. Schäden und Verschleiß im Inneren des Reifenaufbaus sind nicht immer zu erkennen und viel zu oft kommt es daher bei Wohnmobilen zu gefährlichen **Reifenplatzern,** die schwere Unfälle nach sich ziehen können. Falls während der Fahrt ein Reifen platzt, sollte man keinesfalls heftig bremsen, sondern das Lenkrad gut festhalten, sofort Gas wegnehmen, das Fahrzeug ausrollen lassen und nur vorsichtig bremsen. Nach einem solchen Vorfall sollte möglichst bald auch der Reifen gegenüber ausgewechselt werden, da durch die plötzliche Doppelbelastung unsichtbare Schäden wahrscheinlich sind.

Fachleute empfehlen, selbst bei Frontantrieb stets die besseren Reifen auf die Hinterachse aufzuziehen, da angeblich ein geplatzter Hinterreifen oft unvermeidlich zum Unfall führt. Ich selbst habe zwar schon mehrere Platzer hinten ohne Probleme überstanden, doch das mag in erster Linie dem langen Radstand und der guten Straßenlage meines Fahrzeugs zu verdanken sein und kann nicht unbedingt auf Fahrzeuge mit großem Hecküberhang übertragen werden.

Wichtig für Ihre Sicherheit ist daher, dass Sie nicht nur auf eine ausreichende **Profiltiefe** achten, sondern auch auf das **Produktionsdatum** und die **Tragkraft** der Reifen. Beides ist auf dem Reifen angegeben. Die Tragfähigkeit kennzeichnet der **„Load Index“ (LI),** der zusammen mit dem Buchstaben für die Geschwindigkeit hinter der Felgengröße angegeben wird, z. B. „18514100 M“. Dabei bedeutet die Zahl „100“ eine Tragkraft von 800 kg (pro Reifen) und jeder Punkt darüber oder darunter eine höhere bzw. niedrigere Tragkraft.

Transporter-Reifen haben zwischen dem Innendurchmesser und LI meist ein C (= **„Commercial“** für Kleinlastwagen; stabilere Struktur mit höherer Tragkraft) und manchmal die zusätzliche Bezeichnung 8P.R. oder 6P.R. (= **Ply-Rating**). Letztere Zahl gibt an, wie viele Stahllagen der Gürtel hat. Je mehr, desto höher ist die Tragfähigkeit. Eine Tragfähigkeit, die zwischen C-Reifen und normalen Reifen liegt, haben Reinforce- („verstärkte“) Reifen mit dem Zusatz Rf an Stelle des C. Da Reifen, selbst wenn sie nicht gefahren werden, im Laufe der Jahre schwächer werden, sollte man auch die **DOT-Nummer** beachten, die das Produktionsdatum anzeigt. Bis zum Jahr 2000 war sie drei-, seitdem ist sie vierstellig. Die Nummer 4519 bedeutet z. B., dass der Reifen in der 45. Kalenderwoche des Jahres 2019 hergestellt wurde.

LI-Tabelle

LI	kg
90	600
95	690
100	800
103	875
105	925
108	1000
110	1060
112	1120
115	1215

Gängige Grundrisse

Bei der Wahl des optimalen Grundrisses sind sehr verschiedene und teils widersprüchliche Anforderungen zu berücksichtigen, z. B. die überwiegende **Nutzung** des Wohnmobils, Personenzahl, Platzbedarf, Gepäckmenge, Komfortansprüche, Bettengröße, Lastverteilung etc. Wollen Sie ein fest eingebautes Bett wie zu Hause oder sind Sie dazu bereit, jeden Abend umzubauen? Werden Sie überwiegend zu zweit reisen oder werden die Sitzplätze im Wohnteil auch während der Fahrt genutzt? Sollen Dusche und Toilette getrennt sein? Ist Ihnen ein kompaktes und wendiges Reisemobil wichtiger als ein rollendes Zuhause mit viel Komfort? Im Laufe der Jahre haben sich je nach Fahrzeugart und -größe einige Standard-Grundrisse herauskristallisiert und bewährt.

Reifentipps

Zwillingsreifen
Sie erhöhen nicht nur die Nutzlast und entlasten den einzelnen Reifen, sondern erhöhen auch die Traktion bei Heckantrieb und verbessern das Fahrverhalten.

Reifen schonen
Da der Verschleiß der Reifen im Quadrat zur Geschwindigkeit wächst, kann man die Sicherheitsreserven spürbar erhöhen, indem man etwas langsamer fährt (besonders mit älteren Reifen, bei Hitze, hoher Last etc.).

Reifendruck
Den Reifendruck vor jeder längeren Fahrt und lieber zu oft prüfen. Besser mit etwas zu hohem Druck fahren. Zu niedriger Druck führt zum Erhitzen und der Zerstörung des Reifens!

Grundsätzliches

Eine **Mittelsitzgruppe** ist zumindest immer dann sehr zu empfehlen, wenn mehr als zwei Personen verreisen, denn nur dann können die übrigen Passagiere gleich hinter der Fahrerkabine sitzen, am Geschehen teilhaben und mit dem Fahrer bzw. Beifahrer reden. Außerdem sitzt man auf schlechten Straßen zwischen den Achsen am bequemsten, Kinder hat man dort besser unter Kontrolle als weit weg im Heck und zudem erleichtert die Mittelsitzgruppe den Zugang zum Alkoven.

Ein **Eingang in der Mitte des Wohnteils** ist vorteilhaft, damit der Weg nach hinten und vorn gleich lang ist (sonst muss man unter Umständen durch das ganze Fahrzeug gehen, um zur Toilette zu gelangen).

Der **Küchenblock** mit Dachlüfter sollte sich in der Nähe der Sitzgruppe befinden; der **Sanitärbereich** schließt daran an.

Um eine optimale **Gewichtsverteilung** zu gewährleisten, sollten Ausstattung, Stauräume und Vorräte den Schwerpunkt möglichst tief und (vor allem bei Frontantrieb) nach vorn legen. Die Wasser-/Abwassertanks, Gas- und Lebensmittelvorräte sollten sich daher tief und zwischen den Achsen (bzw. nahe der Vorderachse) befinden; Stau-

räume unter dem Dach sollten nur für Kleidung, Decken etc. genutzt werden.

Betten dürfen nicht zu kurz oder zu schmal sein (am besten vorher probeliegen). Sie sollten sich nicht in gleicher Höhe mit einem Fenster befinden (Zugluft, Kälte, Beschädigung der Rollos), sondern mindestens 30 cm tiefer und mindestens 50–80 cm von Ladegeräten, Wechselrichtern u. Ä. entfernt sein, deren elektromagnetisches Feld zu Schlafstörungen führen kann. Komfortable Betten haben einen Lattenrost, Hinterlüftung und gute Matratzen wie das Bett zu Hause. Diesen Komfort können heute auch Hubbetten über der Fahrkabine leisten.

Fest eingebaute Heckbetten werden in größeren Reisemobilen häufig erhöht angebracht, um darunter Platz für eine riesige Heckgarage zu schaffen. Der sehr guten Raumnutzung steht dabei das **Risiko der Hecklastigkeit** gegenüber. Fahrzeuge mit Heckgarage sollten einen langen Radstand und möglichst geringen Hecküberhang haben und der Stauraum sollte mehr für sperrige, aber weniger schwere Dinge genutzt werden.

Grundrisse für Kastenwagen

Beim Kastenwagen ist der Platz durch die Serienkarosserie besonders knapp. Er soll so ausgestattet sein, dass er auch als Alltagsfahrzeug geeignet ist. Die große Schiebetür ermöglicht bequemes Beladen und sollte möglichst nicht komplett verbaut werden.

Grundriss 1 – Kleinbus

Ein Kleinbus (z. B. VW; Ausbau „California"), bietet Platz für ein allein reisendes Paar, mit Schlafhochdach ggf. auch noch für zwei kleine Kinder. Da Bad und WC fehlen, eignet er sich bevorzugt für Wochenenden, Übernachtungen auf Campingplätzen oder für ein

⌃ Klassischer Grundriss für Pick-Up-Camper: der Heckeinstieg (Grundriss 9, s. S. 53)

〉 Grundriss 1 mit Halbdinette

237wh jg

anspruchsloses und naturnahes Leben. Durch Ausziehen der Sitzbank und Abklappen der Lehne entsteht eine Längsliegefläche für zwei Personen.

Grundriss 2 – größere Kastenwagen

Kastenwagen mit langem Radstand bieten bereits Platz für eine kleine Nasszelle mit WC. Die Mittelsitzgruppe wird zum Schlafen verbreitert und zu einem Bett umgebaut. Die zur Gegenseite umklappbare Rückenlehne der mittleren Sitzbank ermöglicht den Transport von bis zu sechs Personen mit Blick in Fahrtrichtung. Inzwischen erfreuen sich auch Kastenwagen mit festem Heckbett und Halbdinette zunehmender Beliebtheit – insbesondere bei Paaren.

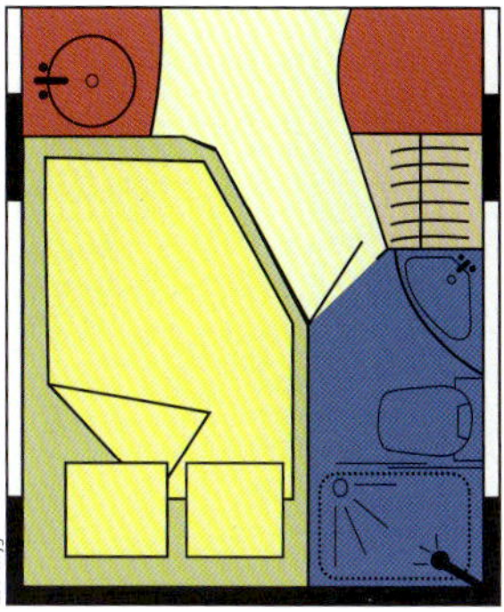
238wh jg

Grundrisse für Aufbaumobile

Durch senkrechte Wände, etwas mehr Breite (Querbetten) und den Alkoven bieten Aufbaumodelle deutlich mehr Raum als gleich lange Kastenwagen. Grundsätzlich können Alkovenmobile, Integrierte und Teilintegrierte nahezu identische Grundrisse haben; es gibt jedoch Grundrisse, die von einzelnen Kategorien bevorzugt werden.

Grundriss 3 – der Klassiker

Der ideale Grundriss für kleinere bis mittlere Modelle (bevorzugt Alkoven) mit Platz für bis zu vier Personen. Das feste Heckbett erhöht den Komfort und schafft darunter Platz für eine Heckgarage.

Grundriss 2: Heckbett längs, das Platz für eine kleine Nasszelle lässt

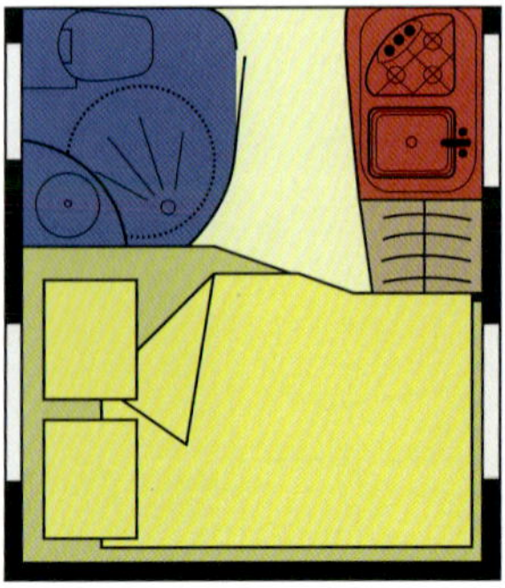

239wh jg

Grundriss 4 – Familienmobil

Bei Familien beliebt ist vor allem die Version mit Sitzgruppe und Küche vorn und Nasszelle hinten (wie beim „Klassiker"), die jedoch – für größere Familien und bei längeren Fahrzeugen – durch eine zweite Sitzgruppe hinten (nachts ein Einzelbett) oder durch ein festes Querlieger-Stockwerkbett im Heck ergänzt wird. Solche Fahrzeuge bieten (bevorzugt als Alkovenmodelle oder aber als Integrierte mit Hubbett) Platz für 5- bis 6-köpfige Familien, sofern man sich tags überwiegend im Freien aufhalten kann.

033wh de

Grundriss 5 – die „Sofa"-Variante

In allen drei Kategorien findet man diese Lösung mit Eingang, Küche und Nasszelle im Heck und einem seitlichen Längssofa gegenüber der **Mitteldinette,** auf dem man jederzeit ein Mittagsschläfchen halten kann, ohne umbauen zu müssen. Vorteilhaft am Heckeingang ist, dass man vom Freien kommend Bad und WC in zwei Schritten erreicht, ohne durch den ganzen Wohnbereich gehen zu müssen (vor allem mit Kindern ein Plus!) – allerdings muss man dabei durch die enge Küche, was beim Kochen sehr störend sein kann. Bei langem Hecküberhang können die Küche und die Nasszelle im Heck sich zudem ungünstig auf Fahrverhalten und Trak-

Grundriss 3: festes Heckbett

Grundriss 4 mit Bett über der Fahrerkabine

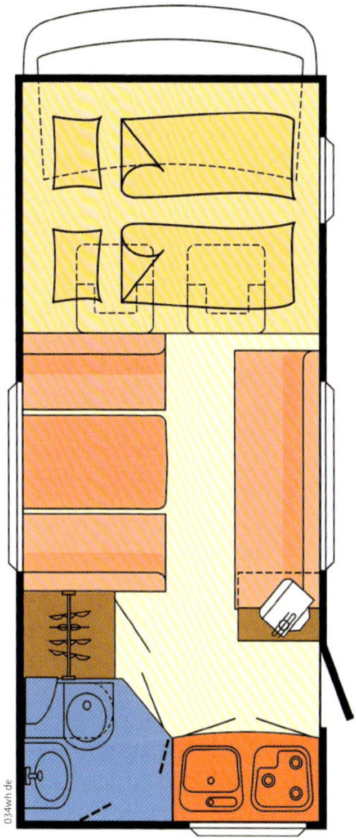

tion von Fronttrieblern auswirken. Die Sitzgruppe eignet sich für bis zu vier weitere Passagiere, bietet guten Zugang zum Alkoven (bzw. Hubbett) und ergibt zusammen mit dem Sofa eine gemütliche Sitzrunde bzw. nachts eine große Liegefläche (längs oder quer). Da das Umbauen aus der Mode gekommen ist und ein festes Heckbett zum Standard gehört, ist diese Variante heute nur noch selten anzutreffen.

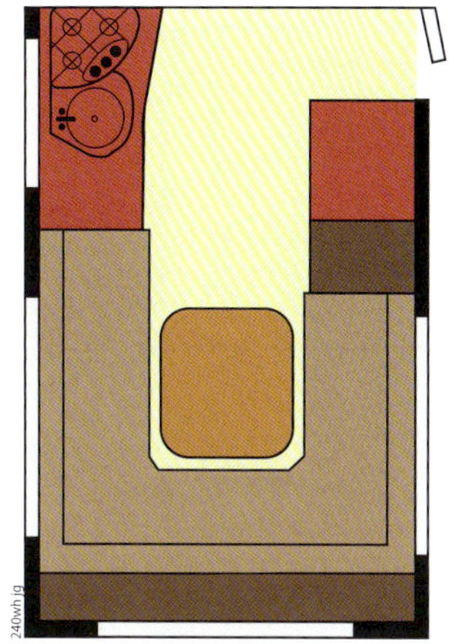

Grundriss 6 – Hecksitzgruppe

Die Sitzgruppe im Heck kann für eine gemütliche Runde vorteilhaft sein, eignet sich aber kaum für mitfahrende Passagiere, da zum einen das überhängende Heck am stärksten hüpft und wankt und man zum anderen vom Fahrgeschehen weit entfernt ist. Zudem ist bei dieser Variante der Zugang zu Alkoven bzw. Bugbett durch den Waschraum sehr beengt, mühsam und nur mit Leiter möglich. Aus all diesen Gründen sind solche Modelle heute selten geworden.

Die „Sofa"-Variante (Grundriss 5)

Hecksitzgruppe (Grundriss 6)

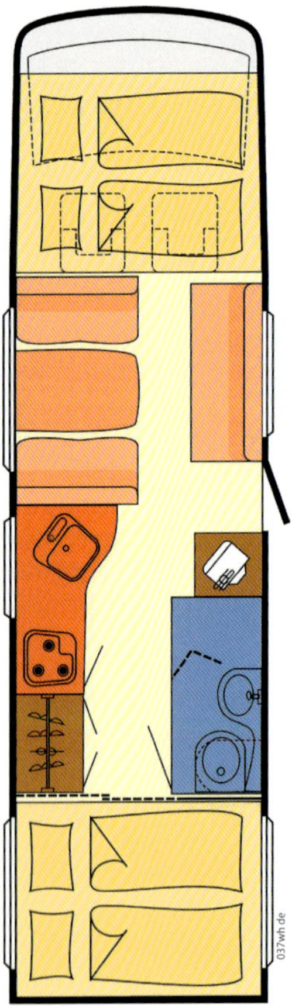

Grundriss 7 – Heckschlafzimmer

Früher fand man es vor allem in größeren Integrierten, heute gehört es in den verschiedensten Modellen zum Standard: ein fest eingebautes Heckbett (verschiedene Optionen s. o.), unter dem sich eine riesige Heckgarage für Fahrräder und Gepäck befindet. Der Vorteil liegt unter anderem darin, dass man abends nicht umbauen muss und sehr viel Stauraum zur Verfügung hat (Gefahr des Überladens beachten!). Weitere zwei Personen (Kinder) können im Alkoven bzw. Hubbett schlafen und zwei auf der umgebauten Mitteldinette (hinter dem Fahrersitz angebrachte Sitzgruppe mit gegenüberliegenden Bänken quer zur Fahrtrichtung). Außerdem lässt sich der Schlafraum im Heck durch einen Vorhang oder eine Schiebetür ganz abtrennen.

Grundriss 8 – die rollende Luxusvilla

Bis zu 8 oder 9 m lange Luxusvillen mit allem Komfort werden überwiegend als Integrierte, teils aber auch als Alkovenmodelle angeboten. Sie haben meist

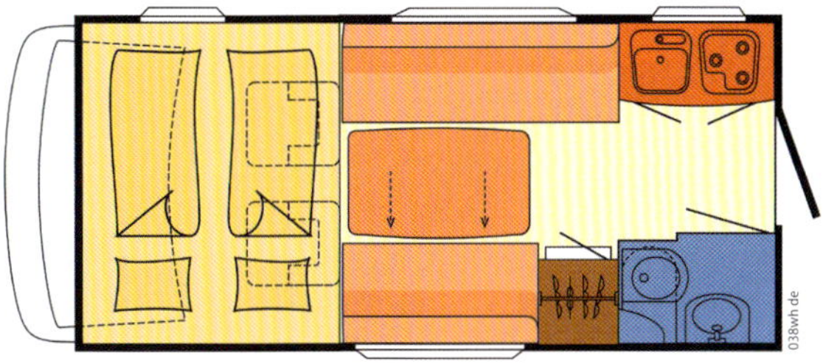

ein festes Heckbett mit Lattenrost und Federkernmatratze im abtrennbaren Schlafraum, daneben ein geräumiges Bad mit separater Dusche und darunter eine Heckgarage für Motorroller oder einen kleinen PKW. Im mittleren Bereich findet man eine großzügige Küche, Kleider- und Vorratsschränke, an die sich zum Fahrerhaus hin eine komfortable Polstergruppe anschließt. Trotz ihrer Größe werden diese Modelle oft von reisenden Paaren als zweites Zuhause genutzt.

Grundriss für Pick-up-Kabinen

Bei den Absetzkabinen für Pick-ups geht es darum, den sehr knappen Raum von nur etwa 2 bis 3 m Bodenlänge für 2–4 Personen optimal zu nutzen. Wegen der seitlichen Bordwände der Ladefläche ist oft nur ein **Heckeinstieg** möglich, wie er auch bei britischen Wohnmobilen und einigen Expeditionsfahrzeugen anzutreffen ist. Absetzkabinen, welche die Pritsche um wenigstens 70–80 cm überragen oder die Pritsche ganz ersetzen (z. B. Bimobil) sind aber auch mit Seiteneinstieg erhältlich.

Grundriss 9 – Heckeinstieg

Der Heckeinstieg lässt viel Stellfläche an den Seitenwänden, sodass selbst Kabinen für kleine Ladeflächen fast immer Platz für einen 2-Flammen-Küchenblock und eine Nasszelle bieten. Zwei Personen finden Schlafplatz im Alkoven, 1–2 weitere auf der umgebauten Sitzgruppe. Sehr vorteilhaft ist ein schwenkbarer Tisch.

Auf die bestehende Pritsche aufgesetzte Wohnkabinen ermöglichen einen Seiteneinstig nur, wenn sie weit genug hinten überstehen, da sonst die Bordwände der Pritsche im Weg sind. Eine Alternative bietet die Firma Bimobil (s. Anhang des Buches): Hier wird die bestehende Pritsche ganz abgenommen und durch den Wohnaufbau ersetzt, was einen Seiteneinstieg und bessere Raumnutzung gestattet, aber dann auch deutlich höhere Kosten verursacht.

⌃ Wohnmobil mit Heckeinstieg (Grundriss 9)

‹ Oben: Heck-Schlafzimmer (Grundriss 7); unten: Rollende Luxusvilla (Grundriss 8)

207wh hy

Die Wohnung

< Moderne Wohnmobile bieten ein Maximum an Komfort

Wohnkabine

Die Wohnkabine ist so etwas wie der Rohbau Ihres mobilen Ferienhauses. Während die Ausstattung von Reisemobilen verschiedenster Marken sehr ähnlich ist und meist sogar vom gleichen Hersteller kommt (von Fenstern über Kühlschränke, Kocher, Heizungen und Toiletten bis hin zu Möbelbeschlägen), gibt es bei der Wohnkabine erhebliche und gravierende Unterschiede, die von außen nicht erkennbar sind. Da Reisemobile bei relativ geringer Kilometerleistung pro Jahr durchaus 20–30 Jahre lang genutzt werden können, andererseits aber eine teure Ausstattung sehr schnell ihren Wert verliert, wenn die Kabine schadhaft wird, ist es besonders wichtig, auf einen soliden Aufbau von Dach und Wänden zu achten. Sie müssen stabil, langlebig, gut isoliert und dauerhaft wasserdicht sein.

Sandwich-Konstruktion

Wände, Dach und Boden der Kabine werden grundsätzlich als Sandwich-Konstruktion gefertigt: mit einer **Außenhaut** aus Aluminium oder GFK (Glasfaser-Kunststoff), einer **Isolierung** mit oder ohne Stützgerippe und einer **Innenhaut** aus beschichteten Leichtsperrholz- oder Faserplatten. Ein GFK- oder Durabed-Dach kann in der Kasko-Versicherung 10 % einsparen. Die einzelnen Lagen sind zwecks Versteifung miteinander verklebt. Außerdem werden zur Stabilisierung die Möbel mit der Kabine verschraubt. Durch diesen Aufbau lassen sich Stabilität, Wärmeisolierung und Schalldämmung mit geringem Gewicht kombinieren.

Die beste, aber auch teuerste Isolierung sind harte **PU-Schäume,** die kein Stützgerippe erfordern. Sie isolieren hervorragend und nehmen kaum Nässe auf, sind aber relativ schwer. Außerdem lassen sich darauf Halterungen für schweres Zubehör nur mit durchgehender Verschraubung anbringen. Für Baureihen der unteren Preisklasse werden gern leichte **Styroporplatten** verwendet, die preiswert und leicht sind und gut isolieren, aber auch Feuchtigkeit aufnehmen und wenig stabil sind, sodass sie ein **Stützgerippe** erfordern. Bei modernen Vakuumverfahren wird das Styropor so stark verdichtet, dass es kein weiteres Gerippe mehr erfordert und die Holzeinlagen nur zur Verschraubung der Möbel erforderlich sind.

Für den Selbstausbau kommt außerdem weicher **PE-Schaum** (wie bei Isomatten) in Frage, der sehr gute Eigenschaften bietet. Styropor lässt sich nur für plane Flächen verwenden und neigt zum Quietschen. **Mineralwolle** ist zwar billig, aber wenig geeignet und sollte zumindest einseitig mit Alufolie oder Papier kaschiert sein, um durch Erschütterungen nicht rasch zusammenzufallen.

Man sollte beachten, dass der Wohnbereich eine Fülle von Bestandteilen und Funktionen umfasst, von denen viele ein stilles Dasein „hinter den Kulissen“ führen. Umso wichtiger ist es, bei der Auswahl des Traummobils nicht nur auf Augenfälliges wie Möbelfronten, Polsterbezüge und Raumausstattung, sondern auch auf **Details** wie Wandaufbau, Isolierung, Ventilation etc. zu achten, die man nicht auf den ersten Blick bemerkt.

212wh as©industrieblick

Konstruktion mit Stützgerippe

Diese aus dem Wohnwagenbau stammende Konstruktion wird zum Teil noch für Wohnmobilkabinen verwendet. Solche Kabinen sind aber nicht verrottungsfest und daher weniger langlebig als Kabinen mit selbsttragenden Hartschaumplatten (s. S. 58). In einen Holzrahmen, der dem Fachwerk eines Ständerbaus ähnelt, werden Styroporplatten eingepasst. Als Außenhaut dienen Bahnen aus Alu-Blech, die an den Verbindungsstellen zusammengefalzt sind. Sie werden an den Wänden geklebt, auf dem Dach jedoch nur lose verlegt und am Rand befestigt, damit sich das Alu bei Hitze ausdehnen kann. Innen werden dünne (ca. 3 mm) Platten aus leichtem Sperrholz oder Fasermaterial aufgeklebt. Mit dem Holzrahmen werden später die Möbel verschraubt. Der gravierende Nachteil dieser Konstruktion liegt auf der Hand: Sobald an irgendeiner Verbindungsstelle das Dichtmaterial nachlässt und etwas Nässe eindringt, setzt sie sich im Holz fest, das dann rasch verrottet, sodass die Kabine ihre Stabilität verliert. Dann ist entweder eine sehr teure Reparatur fällig – oder aber der Wohnaufbau und damit das ganze Reisemobil sind praktisch schrottreif.

Produktion eines Wohnmobils

Wesentlich für eine hohe Lebensdauer des Wohnmobils ist, dass die Kabine verrottungsfest ist. Selbst bei absolut dichter Außenhaut kann das Holzskelett Nässe ziehen, wenn an den Innenwänden die Dampfsperre fehlt. Dann gelangt warme und feuchte Luft in die Isolierschicht und die Nässe kondensiert im Holz. Dagegen hilft nur häufiges **Lüften,** insbesondere bei kaltem Wetter.

Selbsttragende Hartschaum-Konstruktion

Langlebige, verrottungsfeste und dauerhaft dichte Kabinen werden aus teureren und schwereren Sandwichplatten mit einem Kern aus Hartschaum gefertigt, der zwischen dünnen Schichten Aluminium oder GFK eingeschlossen und damit verklebt ist. Das Dach ist bei dieser Konstruktion auf ganzer Fläche begehbar. Das kann sehr vorteilhaft sein, um Boote und sonstiges Gepäck zu transportieren – aber auch als Aussichtsplattform zum Fotografieren oder zu Tierbeobachtungen.

Auch der Boden solcher Kabinen besteht meist aus einer Sandwichplatte, bei der trittfest verdichteter Styropor zwischen wasserfest verleimten und imprägnierten Holzplatten (oder einer Holzplatte oben und einer wasserdichten GFK-Schicht unten) eingeschlossen ist. Zusätzlich werden diese Platten durch Alu-Profile verstärkt.

Achtung: Auch ein solides, begehbares Dach darf man **nicht überlasten.** Selbst wenn keine sofort erkennbaren Schäden entstehen, kann z. B. die Dach-Wand-Verbindung dadurch undicht werden.

Verbindungen

Kritische Stellen der Kabine sind, neben den Durchbrüchen, die Verbindungsstellen von Dach-, Wand- und Bodenplatten. Bei billigen Rahmenkonstruktionen werden die Platten meist einfach im Winkel gegeneinander gestoßen und verschraubt. Über die Kante wird dann zur Abdichtung eine Alu-Leiste geschraubt und mit elastischer Dichtmasse verklebt. Ähnlich werden auch Fenster, Dachluken etc. in die Durchbrüche eingefügt und abgedichtet. Die Dichtmassen altern jedoch mit der Zeit und müssen somit alle paar Jahre erneuert werden, damit kein Wasser eindringen kann.

Bei hochwertigen Kabinen werden die Platten für dauerhafte Dichtheit in gerundete Alu-Profile gesteckt und mit Dichtmasse eingeklebt. Auf diese Weise erhält man stabile, randlose und absolut dichte Verbindungen.

Unterhalb der Bodenplatte werden die Wände oft durch Kunststoff-Schürzen verlängert, die man bei Beschädigung auswechseln kann.

Lassen Sie sich unbedingt bestätigen, dass diese Schürzen aus **UV-beständigem Material** bestehen. Die meisten Kunststoffe altern durch UV-Einstrahlung recht schnell. Das Material wird dann spröde und brüchig und nach ein paar Jahren kommt es zu Rissen, Brüchen oder sonstigen Schäden, sodass die Teile erneuert werden müssen.

Das Dach sollte keinesfalls Randwülste oder sonstige Erhöhungen aufweisen, die das Wasser nicht ablaufen lassen, denn wenn Nässe an einer Verbindungsstelle als Pfütze stehen bleibt, wird diese Stelle durch **Frost** schnell undicht.

Fenster und Türen

Was wäre der schönste Picknickplatz am See ohne ein Panoramafenster, durch das man beim Kaffee die Naturidylle genießen kann? Je größer, desto besser – möchte man meinen. Aber Fenster sind trotz Isolierung auch Kältebrücken. Sie können bei Sonneneinstrahlung zu starker Aufheizung führen, was bei kaltem Wetter natürlich ein Vorteil ist, und sind nicht sehr einbruchsicher.

Deshalb sollte man Fenster nur dort einbauen, wo sie sinnvoll sind. Ein großes Fenster gehört neben die Sitzgruppe; ein etwas kleineres an die gegenüberliegende Wand (etwa über dem Küchenblock). So hat man freien Blick in beide Richtungen, viel Licht und kann gut durchlüften. Über der Kochstelle sollte sich ebenfalls ein Fenster befinden, damit Dampf rasch abziehen kann, und auch in der Nasszelle ist ein kleines Fenster vorteilhaft. Im Alkoven und bei anderen Schlafstellen reichen kleine Fenster zur Ventilation. Sie sollten sich mindestens 20 cm über der Matratze befinden, um Schäden an den Rollos zu vermeiden. Der Alkoven sollte kein Fenster in Fahrtrichtung haben, da es dort oft Probleme mit der Dichtheit gibt. An den Seiten sind kleine Schiebefenster sinnvoll, da man bei Abfahrt gelegentlich vergisst, diese Fenster zu schließen. Ausstellfenster fliegen dann bei höherem Tempo schnell davon.

Beachten Sie, dass der **TÜV** nur Fenster mit Prüfzeichen (Wellenlinie) akzeptiert. Kombirollos an den Fenstern und Insektengitter in den Türen neuerer Wohnmobile bieten guten **Schutz gegen Insekten,** sind aber zu grobmaschig (ca. 1 mm), um die kleinsten Blutsauger abzuhalten, die selbst über das Dichtgummi der Fenster im Fahrerhaus eindringen können. Für Reisen nach Skandinavien (oder in sonstige Moskitoregionen) kann man sie durch feinere Netze aus dem Outdoorhandel ergänzen und zusätzliche Insektenmittel mitnehmen.

Fensterkonstruktion

Wohnmobilfenster haben Doppelscheiben aus getöntem Acrylglas und isolieren ähnlich gut wie Doppelfenster im Haus. Sie werden als komplette Systeme mit dicht abschließenden Einbaurahmen geliefert und sind meist mit einem Kombirollo für Verdunkelung und Insektenschutz ausgestattet. Mehr als zwei Drittel der europäischen Wohnmobile haben Fenster der Qualitätsmarke Seitz montiert (s. S. 263), bei denen sich die Rollos per Zentralbedienung in beliebiger Position arretieren lassen. Geschlossene Rollos können überdies die Kälte-/Hitze-Isolierung verbessern. Acrylfenster sind leicht, aber so weich, dass sie Kratzer bekommen, wenn man zu dicht an Hecken und Zweigen entlang fährt. Normale Kratzer lassen sich durch eine Politur (z. B. Acrylan) ausbessern, die man im Zubehörhandel bekommt.

Ausstell- oder Schiebefenster

In den meisten Fällen haben Ausstellfenster, die nach oben aufgeklappt werden, mehr Vorteile: Sie ermöglichen es, die ganze Fensterfläche zu öffnen, können auch bei Regen offen bleiben und halten mit einem Tuch abgedeckt die Sonnenstrahlung ab, während sie zugleich Durchlüftung gestatten. Schiebefenster können maximal die halbe Öffnung freigeben und müssen bei Regen geschlossen werden. Dafür können sie während der Fahrt geöffnet werden und in Fällen, in denen es beim Ausstellfenster wegen Hindernissen nicht möglich ist, wie z. B. am Heck, wenn ein Fahrradträger montiert ist. Auch im Alkoven sind seitliche Schiebefenster besser.

Eingangstür

Die Eingangstür ist bei manchen Wohnmobilen ein Schwachpunkt was die Einbruchsicherheit anbetrifft. Langfinger brauchen bei abgeschlossener Tür nur unter den Dichtgummi zu greifen und mit einem kräftigen Ruck ist die Tür geöffnet. Zum Glück haben viele Hersteller auf diese Schwäche reagiert und fertigen solidere Eingangstüren. Außerdem gibt es im Zubehörhandel eine große Auswahl an Türsicherungen zum Nachrüsten: von stärkeren Schlössern bis zu Metallbügeln, welche die geschlossene Tür sichern und bei geöffneter Tür als Griffbügel den Einstieg erleichtern.

Generell sind Wohnmobiltüren sehr schmal, schon um im Innenraum keinen wertvollen Platz für Möbel zu verlieren. Beim Be- und Entladen oder für Personen mit einer Behinderung können diese engen Türen Probleme bereiten. Sehr solide und ausgefeilte Türen von bis zu 110 cm Breite zum Nachrüsten bietet die Firma Tegos (s. Anhang dieses Buches).

Eine **teilbare Eingangstür** haben wir bei Reisen mit Kindern als sehr angenehm empfunden. So konnten wir die untere Hälfte geschlossen lassen, damit kein Kind aus dem Fahrzeug purzelt, und trotzdem durch die geöffnete obere Hälfte den Innenraum lüften und Küchendämpfe abziehen lassen. Leider findet man diese Option heute nur noch selten.

Auch für die Eingangstür ist ein **Mückenschutz** empfehlenswert: Entweder eine zusätzliche Tür mit Mückengitter (auf sehr feine Maschen achten, da es winzige Blutsauger gibt, die gröbere Gitter passieren) oder einen Vorhang, der bequemer zu passieren ist, aber eher Fliegen abhält und gegen Stechmücken und kleinere Blutsauger keinen zuverlässigen Schutz bietet.

211wh rh

< Eine Hecktür hat den unverkennbaren Nachteil, dass sie u. U. stark verschmutzt

Küche

Die Entscheidung für die Art der Küche hängt in erster Linie davon ab, ob man regelmäßig komplette Mahlzeiten darin kochen will oder meist im Restaurant isst und nur gelegentlich Essen aus der Dose warm macht. Zur Grundausstattung zählen in der Regel ein 3-Flammen-Gaskocher, ein Spülbecken sowie Regale und Schubladen für Geschirr, Besteck und Lebensmittel. Zentrales Element ist in den meisten Fällen ein hoher Kühlschrank mit separatem Gefrierfach. Bei knappem Platzangebot muss man sich mit einem kleineren Kühlschrank begnügen, der in den Küchenblock passt. Die stets knappe Arbeitsfläche kann durch klappbare Flächen erweitert werden, die zusätzlichen Platz schaffen und rasch wieder verschwinden, wenn der Abwasch erledigt ist.

Gängige Kücheneinbauten und ihre Vor- und Nachteile

Längsküche neben dem Einstieg

+ variabel in der Größe, meist direkt neben dem Esstisch, zur Türseite ausklappbare Arbeitsfläche
− großer Platzbedarf

Winkelküche

+ Nähe zur Dinette, gute Ergonomie
− wenig Arbeitsfläche und Stauraum

Heckküche

Diese früher verbreitete Variante sieht man heute nur noch in wenigen Modellen.

+ platzsparend
− wenig Arbeitsfläche und Stauraum

Stauraum und Ablagen hat man in der Küche nie zu viel

Sitzgruppen

Anstelle der früher verbreiteten Hecksitzgruppe findet man heute eine Sitzgruppe überwiegend vorn. Dabei wird die lange Zeit dominierende klassische Dinette mit zwei Querbänken zunehmend durch eine Halbdinette abgelöst, bei der Fahrer- und Beifahrersitz einbezogen werden. Diese Sitze sind sehr komfortabel und man spart viel Platz. Andererseits ist der Fahrerraum mit der großen, nicht isolierten Frontscheibe nicht vom Wohnbereich getrennt. Die heute seltene Hecksitzgruppe dagegen ist besser wintertauglich und hat eine wohnliche Atmosphäre.

Gängige Sitzgruppen und ihre Vor- und Nachteile

Klassische Dinette

+ bis zu sechs Sitzplätze, kein Drehen der Fahrerhaussitze, kann zur Liegefläche umgebaut werden
− erfordert mehr Platz

Halbdinette

+ spart Platz, Tisch kann leicht ausgebaut werden
− nicht isoliertes Fahrerhaus, die Sitze sind teils mühsam zu drehen

Längssitzgruppe

Die Lösung mit zwei Bänken entlang den Fahrzeugwänden findet man vorwiegend in teilintegrierten Modellen.
+ großzügiges Raumgefühl, offene Atmosphäre
− erschwerter Durchgang zum Fahrerhaus

Hecksitzgruppe

+ wohnliche Atmosphäre, gute Abtrennung vom Fahrerhaus
− weniger geeignet für Beifahrer, wenig Heckstauraum

Betten

Wie man sich bettet, so liegt man. Während der eine mit einer Schaummatte auf dem umgeklappten Tisch zufrieden ist, legt der andere Wert auf ein komfortables Bett wie zu Hause. Das Wohnmobil kann alle Möglichkeiten bieten. Zu kurz oder zu schmal sollten die Liegeflächen aber keinesfalls sein. Da hilft nur Probeliegen!

Grundsätzlich muss man sich zunächst entscheiden, ob man das allabendliche Bettenbauen in Kauf nehmen will oder ein Festbett bevorzugt. Der Umbau einer Sitzgruppe (meist klassische Dinette) spart durch die doppelte Nutzung viel Platz und ist vor allem in kleinen Fahrzeugen unvermeidbar. Wo Betten abends aus Tisch und Bänken „gebaut" werden müssen, ist dies mit Kindern und auf engstem Raum meist der stressigste Moment des Tages. Der **Umbau** sollte möglichst rasch und einfach durchführbar sein, die Polster müssen auch als Matratzen taugen und dürfen nicht auseinander rutschen (ggf. Antirutschmatten darunter legen).

Ist am Morgen die Tischplatte nass, so ist dies nicht auf ein Malheur zu-

[>] Hubbett im Alkoven:
Ausgeklappt ist es ein vollwertiges Doppelbett, tagsüber hängt es platzsparend unter der Decke.

021wh lc

Gängige Betteinbauten und ihre Vor- und Nachteile

Umbau

⊕ spart viel Platz

⊖ zusätzlicher Aufwand

Querbett im Heck

⊕ große Liegefläche, gut vom Wohnraum abtrennbar, schafft Platz für eine Heckgarage darunter

⊖ erfordert viel Platz, schwieriger Zugang für den, der hinten liegt

Längsbetten im Heck (Französisches Bett)

⊕ bequemer Zugang, gute Kombination mit dem Bad, spart Platz

⊖ kein Platz für eine Heckgarage, schmales Doppelbett

Queensize-Bett

Ein Längsbett für zwei Personen, das von beiden Seiten zugänglich ist.

⊕ viel Komfort, da von beiden Seiten zugänglich, wohnliches Ambiente

⊖ erfordert viel Platz, meist schmales Bett, wenig Platz für Heckgarage

Alkovenbett

⊕ kein Umbau, bei Kindern beliebte Wohnhöhle, große Liegefläche, am Tag Stauraum für Decken, Bettzeug, Klappmöbel etc.

⊖ wenig Kopffreiheit, unbequemer Zugang, erhöhter Windwiderstand des Fahrzeugs

Hubbett

Diese Variante ersetzt in Integrierten das Alkovenbett. Sie findet sich auch in anderen Modellen.

⊕ bietet zusätzliche Schlafplätze auf wenig Raum

⊖ wenig Kopffreiheit, unbequemer Zugang, schränkt evtl. Standhöhe ein

rückzuführen, sondern auf **Kondenswasser.** Hier können Noppenmatten als Abstandshalter helfen. Trotzdem ist es wichtig, die Polster anderntags gut zu lüften. Das gilt auch für Polster im Alkoven, falls nicht Lattenrost und Heizkanäle für eine gute Hinterlüftung sorgen. Nur **Lattenrost, (Taschen-)Federkernmatratze** und **Kaltschaummatratze** bieten Schlafkomfort wie zu Hause. In guten Wohnmobilen sind damit nicht nur fest installierte Heckbetten ausgestattet, sondern auch Alkoven- und Hubbetten.

Alkoven- und Etagenbetten müssen mit einer Absturzsicherung (Netz) ausgestattet sein, natürlich vor allem, wenn dort kleine Kinder schlafen.

Bad und WC

Wie so oft im Wohnmobil gilt es auch hier, den passenden Kompromiss zwischen Platzangebot und Komfort zu finden. Von den kleinsten Kastenwagen und Pick-up-Kabinen abgesehen, werden heute praktisch alle Wohnmobile mit Waschraum, Dusche und WC geliefert. Sonst ist man überwiegend auf

☑ Eckspiegel lassen das Bad viel geräumiger wirken

044wh kn

Gängige Nasszelleneinbauten und ihre Vor- und Nachteile

Nasszelle mit integrierter Dusche

Bei knappem Platz in kleinen Fahrzeugen muss die Dusche in den Waschraum integriert werden (d.h. der Fußboden ist zugleich Duschwanne) – und kann nur durch einen Vorhang oder eine Klappwand abgetrennt werden.

⊕ wenig Platzbedarf

⊖ wenig Bewegungsfreiheit, Dusche nicht unabhängig von Waschbecken/Toilette

Separate Dusche

Die Dusche ist von Waschbecken/WC durch eine Tür abgetrennt und hat eine separate Duschwanne.

⊕ komfortables Duschen ohne Umbau und Trockenwischen, kann auch zum Aufhängen nasser Kleider dienen

⊖ deutlich mehr Platzbedarf, teils sehr enger Duschraum

Raumbad

Hierbei handelt es sich um einen großzügigen Sanitärraum über die gesamte Aufbaubreite, der durch eine Tür mit Doppelfunktion variabel abgetrennt wird.

⊕ viel Komfort und Bewegungsfreiheit

⊖ erfordert viel Platz, teils enger WC-Bereich

In den Schlafraum integriertes Bad

Bei dieser vor allem für Paare komfortablen Lösung ist der Sanitärbereich mit in den abtrennbaren Schlafraum integriert, wobei die Dusche sich meist an der einen Außenwand befindet und Waschbecken/WC an der anderen.

⊕ viel Bewegungsfreiheit und Privatsphäre, Dusche und WC sind separat

⊖ hoher Platzbedarf

Variables Bad

Die Dusche wird dadurch zugänglich, dass eine ganze Wand zur Seite und über die Toilette geschwenkt wird.

⊕ platzsparend, wenig Umbauaufwand, viel Bewegungsfreiheit

⊖ Dusche nicht unabhängig von Waschbecken/Toilette

die Sanitäranlagen von Campingplätzen angewiesen, aber notfalls kann man sich auch am Spülbecken waschen und eine mobile **Porta-Potti-Toilette** benutzen, die im Schrank Platz findet. Tatsächlich wird z.B. die Dusche wegen des Wasserverbrauchs und des anschließenden Reinigungsaufwands von manchen Campern eher selten genutzt.

Die Nasszelle sollte folgende Voraussetzungen erfüllen:

- Sie muss über eine gute **Ventilation** verfügen (am besten ein kleines Fenster),
- einen rundherum abschließenden **Duschvorhang** besitzen, um Handtücher etc. trocken zu halten,
- eine hochgezogene **Plastikwanne** als Boden haben, damit keine Nässe in den Wohnraum gelangt,
- im Boden zwei diagonal gegenüberliegende **Abflüsse** besitzen, damit das Wasser auch abläuft, wenn das Wohnmobil nicht ganz eben steht.

Für beengte Waschräume gibt es schwenkbare Waschbecken und Toilettensitze, um Raum zu sparen, und große Spiegel sorgen für ein üppigeres Raumgefühl. Achten Sie darauf, dass genügend Platz vorhanden ist, um sich komfortabel zu bewegen und die Waschutensilien aller Mitreisenden zu verstauen.

Dusche

Als Dusche dient meist der Hahn des Waschbeckens, der einen Brausekopf und einen Verlängerungsschlauch besitzt, sodass man ihn ausziehen und an der Wand befestigen kann. Größere Wohnmobile besitzen eine separate Dusche, die durch eine Falt- oder Schiebtür abgetrennt wird. Ein 10-l-Gasboiler mit Thermostat (möglichst nahe der Dusche für kurze Leitungswege) sorgt rasch für warmes Wasser. Allerdings werden bei den üblichen 80 bis 100-l-Wassertanks selbst in einem Zwei-Personen-Haushalt nur sparsame Duschen möglich sein, wenn man nicht jeden Tag Wasser nachfüllen will.

Besonders beim Strandurlaub angenehm ist eine **Außendusche,** die aber im Winter Probleme machen kann. Hat der Waschraum ein Fenster, so kann man den Duschkopf einfach nach draußen reichen, dann hat man ebenfalls eine Außendusche und der Waschraum bleibt sauber und trocken.

Im Zubehörhandel bekommt man unter dem Namen **„Solardusche"** recht preisgünstig einen schwarzen 20-l-Wassersack mit einem Brausekopf an einem kurzen Schlauch mit Klemmver-

Raum ist in der kleinsten Dusche ...

209wh hy

schluss. Legt man den Sack tagsüber in die Sonne, so kann man ihn nach einigen Stunden an eine Stange oder an die Markise hängen und darunter eine warme Dusche nehmen. Das spart Wasser aus dem Bordtank, viel Energie für das Aufheizen des Wassers und zudem eine Putzaktion im Duschraum.

Teurer, dafür aber deutlich stabiler und komfortabler zu bedienen sind Wassersäcke und Duschschläuche aus Lagerbeständen der Schweizer Armee (www.wasserziege.ch/wassersäcke-co/wassersäcke).

Toilette

Das WC im Wohnmobil ist in den meisten Fällen eine **Kassetten-Toilette** mit fest installiertem Sitz, Wasserspülung und einer von außen herausziehbaren Fäkalien-Kassette. Seit einiger Zeit werden fast nur noch auf halbe Länge verkürzte Mini-Kassetten eingebaut, die zwar leichter sind, aber mit Familie tägliches Entleeren erforderlich machen. Um etwas länger autark zu sein, kann man eine zweite Kassette kaufen und in einer entsprechenden Halterung eines Außenstauraums transportieren. Billiger ist ein mobiler Entsorgungstank oder ein schlichter Weithalskanister. Doch Achtung: Der Überdruck, der durch Faulgase entsteht, muss entweichen können, sonst kann der Kanister explodieren!

Für die Spülung wird meist das Wasser aus dem Haupttank verwendet. Es gibt aber auch Toiletten mit separatem Wassertank und eigener Pumpe, für die man ungereinigtes Wasser verwenden bzw. auch etwas Flüssigreiniger beifügen kann. Wenn man Chemikalien für die Toilette verwendet, so sollte man umweltschonende Mittel wählen und diese nicht überdosieren. Doch mit den heute

210wh hy

> Platzsparend und praktisch: ausklappbares Waschbecken über dem WC

üblichen Entlüftungssystemen (z. B. von SOG, s. Anhang) kann man auf Chemikalien ganz verzichten, ohne unter üblen Gerüchen zu leiden. Sie erzeugen während der Toilettenbenutzung durch kleine Lüfter einen Unterdruck, sodass keine Gerüche in den Wohnraum entweichen können. Die Luft wird dabei durch einen Kohlefilter nach außen abgeleitet, um Geruchsbelästigung auch außerhalb des Fahrzeugs zu vermeiden. Ein hervorragendes Beispiel ist die SOG-Kompaktanlage, die im Reisemobil (bzw. Caravan) sehr flexibel platziert werden kann. Das Gehäuse besteht aus dem Ventilator und einer wechselbaren Filtereinheit. Diese Anlage überzeugt durch eine sehr gute Filterung der abgeführten Gase und einen kaum hörbaren Ventilator. Zudem kann sie unabhängig von der Toiletten-Kassette platziert werden und die durch den Filter praktisch geruchsneutralen Gase lassen sich durch den Fahrzeugboden ableiten. Eine sehr zu empfehlende Lösung.

Die Nachteile einer Kassetten-Toilette sind allerdings jedem klar, der sie auch nur ein paar Tage lang benutzt hat: Die Kassette ist ruckzuck voll (meist alle zwei Tage) und das Entleeren ist alles andere als ein Vergnügen. Die Lösung: die ganze Sauerei einfach mithilfe einer **Verbrennungstoilette** verbrennen. Bei Temperaturen um 500° C bleibt von Urin und Exkrementen nur ein kleines Häufchen Asche – nach Herstellerangaben bei einwöchiger Benutzung durch vier Personen etwa eine Tasse voll, die dann problemlos im Müll zu entsorgen ist.

Das ist natürlich famos, aber die Nachteile sind auch nicht zu übersehen: Für einen Verbrennungsvorgang sind etwa 110 g Gas erforderlich, was bedeutet, dass eine 5-kg-Flasche nach 45 Toilettengängen leer ist. Geht man z. B. über den Tag verteilt fünfmal auf die Toilette, verbraucht man mit zwei Personen schon 1,1 kg. Eine 11-kg-Gasflasche wäre allein für die Toilette nach 10 Tagen verbraucht. Außerdem sind für die Verbrennung eine zuverlässige 12-V-Stromversorgung (ca. 1,3 A pro Verbrennung, minimaler Verbrauch im Stand-by-Modus) sowie die Original-Papiertaschen des Herstellers zu knapp 10 Cent pro Stück nötig.

Die Verbrennung dauert etwa eine Stunde und funktioniert auch während der Fahrt. Allerdings sollte man nach dem Toilettengang wenigstens 10 Minuten mit der Weiterfahrt abwarten, bis eine Temperatur von 200° C erreicht ist. Beim Einbau ist auf richtige Luftzufuhr und Abgasführung über das Fahrzeugdach zu achten, um die Geruchsbelästigung während der Verbrennung auszuschließen oder zu minimieren. Außerdem ist der Entlüfter nicht ganz geräuschlos. Zu Funktionsstörungen kann es in heißen Regionen und in hohen Gebirgslagen kommen. Und dann ist da noch der Preis: rund 4000 €.

Eine einfache **Trockentoilette** erspart zumindest die für jede Spülung erforderliche Wassermenge, die nicht unerheblich dazu beiträgt, dass die Kassette stets so schnell voll ist. Besser ist jedoch eine **Trenntoilette,** in der Festes von Flüssigem getrennt wird. Der Urin läuft dabei in einen Behälter, den man problemlos in die Kanalisation entleeren kann. Denkbar wäre auch ein Anschluss an den Grauwassertank. Frischer Urin ist übrigens keimfrei und riecht kaum. Gerüche entstehen erst nach einigen Tagen oder Wochen durch die Zersetzung. Die Exkremente werden mit saugfähigem Material überstreut (z. B. Sägemehl, Rindenmulch, Katzenstreu), um Geruchsentwicklung zu verhindern. Durch die Trennung wird die Geruchsbildung zusätzlich verringert. Zudem ist durch die Trennung erheblich weniger Streumaterial erforderlich, was den Vorteil hat, dass der Behälter seltener entleert werden muss. Es kann auf chemische Zusätze komplett verzichtet werden und man braucht keinen Wasseranschluss. Der Urinbehälter muss alle paar Tage entleert werden, der Behälter für Exkremente meist erst nach Wochen! Die dicht verschlossenen Beutel können dann in den Müll gegeben werden oder (biologisch abbaubare Beutel) auch in den Kompost – nicht aber in die Bio-Tonne! Einfache Trockentoiletten gibt es schon für 50 €, für eine Trenntoilette sind 500 bis 1000 € anzusetzen. Man kann beide aber auch problemlos selbst bauen.

Für Fahrzeuge ohne eigene Nasszelle gibt es **tragbare Toiletten** („Porta-Potti") mit Wasser- und abtrennbarem Fäkaltank. Einige Reisemobile besitzen Toiletten mit großen, fest eingebauten Fäkaltanks, die über einen Schlauch direkt entleert werden können. Das hat den Vorteil, dass die Tanks um ein Vielfaches größer sind und für mehrere Wochen reichen. Doch wo entsprechende Entsorgungsstationen fehlen, braucht man dann einen zusätzlichen Transportcontainer auf Rollen (z. B. Sani-Tank), um den Inhalt zur Entsorgungsstelle zu bringen.

Für WC-Komfort wie zu Hause gibt es **Zerhackertoiletten,** in denen ein Häckselwerk das Toilettenpapier und die Fäkalien so fein zerkleinert, dass der Inhalt auch durch einen Schlauch gut zu entleeren ist. Diese Lösung bietet sich daher besonders in Kombination mit einem größeren, fest eingebauten Fäkaltank an. Allerdings hat der Komfort auch seinen Preis: Eine solche Toilette kostet etwa 1000 €, wiegt ca. 30 kg und braucht relativ viel Wasser.

Tipps zur Toilettenbenutzung

Auch wenn man sonst ungern über dieses Thema redet, hier sollten wir es tun, und falls Sie Gäste im rollenden Zuhause haben, sollten Sie diese diskret informieren, um ihnen Peinlichkeiten zu ersparen: Die Toilette sollte nur mit geöffnetem Schieber benutzt werden, insbesondere für das „große Geschäft", sonst hat man nachher beträchtliche Probleme, den Haufen dazu zu bewegen, dass er gnädigst in der sehr kleinen Öffnung verschwindet. Bei geöffnetem Schieber und etwas Zielübung bleiben allenfalls kleine Spuren, die man mit Wasser und einer WC-Bürste beseitigen kann. Hierzu ist es dann wieder besser, den Schieber kurz zu schließen, damit das Wasser in der Schüssel steht. Wer weniger Zielübung hat, kann den kritischen Bereich der Schüssel vorbeugend mit einigen Blättchen Klopapier auslegen. Machen Sie es sich außerdem zur festen Gewohnheit, den Schieber der Toilette nur zu öffnen, wenn der Deckel geschlossen ist. Bei Kassetten ohne Entlüftung kann sich durch Faulgase, Wetterveränderung oder Bergauffahrt ein Überdruck aufbauen. Und beim Öffnen des Schiebers riskiert man dann höchst unappetitliche „Sommersprossen"!

Dometic

156wh do

Installationen

< Gasgenerator – das Kraftwerk an Bord

Ein komplexes System vielfältiger Installationen (Wasser-, Strom- und Gasnetze zur Versorgung von Heizung, Boiler, Klimaanlage, Wasserpumpe, Dusche, Herd, TV, Beleuchtung, Ventilation, Kühlung u. v. m.) macht aus dem Wohnaufbau eine wirkliche Wohnung. Die Zeiten, in denen man sich mit einer Matratze, einer Gaslaterne, einem Spirituskocher und einem Wasserkanister zufrieden gab, sind lang vorbei. Heutige Wohnmobile bieten einen Komfort, der dem zu Hause in nichts nachsteht.

Diese komplexen Systeme der Strom-, Gas- und Wasserversorgung führen ein verborgenes Dasein und bleiben meist unbemerkt, solange alles störungsfrei funktioniert. Doch auch wenn man nicht gleich zum Selbstausbauer werden will, ist es gut, eine ungefähre Vorstellung von diesen Anlagen und ihrer Funktion zu besitzen, um im Falle einer Störung die Ursache feststellen und ggf. sogar selbst beheben zu können.

Elektrische Anlage

Ohne elektrischen Strom geht in modernen Wohnmobilen gar nichts. Man braucht ihn z. B. für die Beleuchtung, die Wasserpumpe, das Umluftgebläse, die Zündung des Gasboilers und der Heizung etc. Wohnmobile besitzen meist zwei getrennte Stromsysteme: ein 12-Volt-Gleichstrom-Netz für unterwegs und um beim Freistehen autark zu sein, sowie ein 230-Volt-Wechselstrom-Netz, an das man auf dem Campingplatz angeschlossen ist.

AC/DC

Die Buchstaben AC/DC sind manchem eher als Name einer legendären Rockband bekannt. Sie stehen aber ursprünglich als Abkürzungen für Wechselstrom (AC = *Alternating Current,* meist 230 V, und für Gleichstrom, DC = *Direct Current,* meist 12 V).

Da nicht nur der Wohnbereich, sondern auch das Basisfahrzeug Strom benötigt, ist das 12-Volt-Netz in zwei Bereiche unterteilt, die beim Abstellen des Motors durch ein **Relais** automatisch getrennt werden.

Wesentliche Teile der Anlage (Lichtmaschine, Ladegerät und Batterien) müssen sehr unterschiedliche Anforderungen erfüllen, je nachdem, wie das Reisemobil genutzt wird:

- Wer **überwiegend auf Campingplätzen** steht, braucht nur geringe 12-V-Reserven und daher nur eine einfache elektrische Ausstattung.
- Wer **überwiegend frei** steht, braucht 12-V-Reserven für mehrere Tage und daher eine stärkere und aufwendigere elektrische Ausstattung oder einen geeigneten Stromerzeuger (beispielsweise Solaranlage).

Die einzelnen Komponenten müssen aufeinander abgestimmt sein. Es reicht z. B. nicht, eine stärkere Zweitbatterie einzubauen, wenn diese wegen einer zu schwachen Lichtmaschine nie voll aufgeladen wird. Sehr gute und hilfreiche Tipps zum Thema „Strom im Wohnmobil“ (und mehr) bietet Andre auf seiner Website www.amumot.de/ratgeber.

Lichtmaschine (Generator)

Der Stromerzeuger, der den 12-V-Gleichstrom für Fahr- und Wohnbereich liefert, ist die Lichtmaschine: Ein Generator, der durch den Motor angetrieben wird und bei wachsendem Stromverbrauch auch zunehmend Motorkraft (= Treibstoff; je 100 W etwa 0,1 l/100 km) benötigt. Da während der Fahrt auch Strom verbraucht wird (Licht, Radio, Scheibenwischer und vieles mehr), kann nur der Überschuss als Reserve gespeichert werden. Um den an einem Abend verbrauchten Strom zu ersetzen, muss man je nach Lichtmaschine etwa 4–8 Stunden fahren.

Wohl dem, der jetzt genug Strom hat

Batterien

Damit auch im Stillstand, d. h., wenn die Lichtmaschine nicht arbeitet, Gleichstrom zur Verfügung steht, muss er in einem Akku (auch „Batterie" genannt) gespeichert werden. Wohnmobile haben generell mindestens zwei unabhängige Batterien für Basisfahrzeug und Wohnbereich: die **Fahrzeug- oder Starterbatterie** und die **Versorgungs-, Bord- oder Zweitbatterie.** Dies gewährleistet, dass der Motor auch dann noch gestartet werden kann, wenn nach einem langen Abend die Stromkapazität des Wohnteils erschöpft ist. Zum Aufladen (also bei laufendem Motor) müssen beide Batterien verbunden sein. Sobald der Motor steht, müssen sie getrennt sein, damit sie nicht gemeinsam entladen werden. Damit das nicht vergessen werden kann, erledigt das **Trennrelais** dies automatisch. Auch der Kühlschrank, der während der Fahrt mit 12 Volt betrieben werden kann, wird bei Abstellen des Motors durch ein Relais automatisch vom 12-V-Netz getrennt, da er ein starker Verbraucher ist und die Bordbatterie rasch leer saugen würde. Achtung: Beim **Umschalten auf Gasbetrieb** sollte man den 12-V-Schalter trotzdem auf „Aus" stellen, sonst konkurrieren beim späteren Starten des Motors beide Systeme und setzen sich gegenseitig matt.

Starterbatterie

Die Starterbatterie muss für den Anlasser kurzzeitig eine große Strommenge liefern und hat dann wieder Feierabend. Alle weiteren Verbraucher versorgt ja während der Fahrt die Lichtmaschine. Daher brauchen ihre Bleiplatten eine große Oberfläche. Sie sind deswegen relativ dünn und nicht für die Langzeit-Versorgung konstruiert. Dies würde sie überfordern und ihre Lebensdauer erheblich verkürzen.

Äußerlich gleichen sich Starter- und Bordbatterie wie ein Ei dem anderen. Doch an der Beschriftung kann man oft den Unterschied erkennen: Auf der Starterbatterie sollte zusätzlich zu Spannung (V) und Kapazität (Ah) der Kälteprüfstrom oder Kaltstartstrom (A) angegeben sein, auf der Bordbatterie eine Zeitangabe (h) für Reservekapazität. Eine Batterie mit der Aufschrift „12 V 74 Ah 680 A" ist eine Starterbatterie. Steht auf der Batterie „12 V 75 Ah 5 h", so handelt es sich um eine Bordbatterie. Allerdings findet man diese Angaben nicht auf allen Batterien.

Für jede Anforderung halten die Hersteller die passende Batterieart bereit

159wh be

Bordbatterie

Im Gegensatz zur Starterbatterie muss die Bordbatterie nicht kurzfristig eine große Strommenge liefern, sondern langfristig geringere Mengen. Ihre Platten sind daher dicker und vertragen Langzeitentnahmen besser. Solche Batterien für zyklische Belastungen werden auch als „zyklenfest" bezeichnet. Es ist unbedingt zu beachten, dass eine übliche Starterbatterie als Bordbatterie schlecht geeignet ist und eine solche Verwendung eine verkürzte Lebensdauer nach sich zieht. Weisen Sie gegebenenfalls auch beim Kauf einer neuen Batterie Ihren Händler darauf hin, denn nicht jeder kennt die Unterschiede.

Wichtig ist auch die Frage nach der **Kapazität** der Bordbatterie. Der Bedarf ist nämlich sehr unterschiedlich, je nachdem ob man selten und nur kurze Zeit oder oft und länger auf die Batterieversorgung angewiesen ist, ob man viele Verbraucher betreiben will (auch Fernsehgerät, Sat-Anlage etc.) und ob man nur im Sommer oder auch im Winter unterwegs ist. Als Richtwert kann man von ungefähr 15–25 Ah/Tag im Sommer und 50–60 Ah/Tag im Winter ausgehen; d. h., eine 100-Ah-Batterie würde im Sommer für drei bis vier Tage, im Winter jedoch keine zwei Tage ausreichen. Besser wäre eine Kapazität von 200 Ah, die allerdings bereits ca. 50 kg auf die Waage bringt, es sei denn, man

Ladezustand der Batterie

Da Tiefentladung jeder Batterie schadet (mit Ausnahme von Lithium-Batterien, s. S. 79) und man außerdem ungern überraschend im Dunkeln sitzen will (oder gar im Kalten, falls die Heizung strombetrieben ist), ist es von großem Vorteil, über die verbleibenden Energiereserven Bescheid zu wissen. Das **Kontrollpaneel** der meisten Reisemobile bietet dafür eine **„Ladeanzeige"**, die allerdings nicht immer sehr hilfreich ist. Manche dieser Anzeigen besitzen nur drei kleine Lämpchen: grün für „voll", orange für „halbvoll" und rot für „fast leer". In der Praxis leuchtet es dann erfreulich lange grün, irgendwann schaltet es auf orange und vielleicht schon wenige Minuten später blinkt es alarmierend rot. Das hilft nicht viel. Besser, wenngleich längst nicht perfekt, ist ein **Voltmeter**, das man auch nachrüsten kann (im Zubehörhandel inkl. Wipptaster für etwa 10 € erhältlich). Seine Anzeige bedeutet ungefähr Folgendes:

12,7 V	**entsprechen**	**100 %**
12,6 V	**entsprechen**	**75 %**
12,3 V	**entsprechen**	**50 %**
12,2 V	**entsprechen**	**25 %**
12,0 V	**entsprechen**	**0 %**

Weit präziser (aber für 150 bis 300 € auch deutlich teurer) sind Batteriecomputer, die Verbrauch und Zeit berücksichtigen und die Reserven daher in Amperestunden anzeigen können. Mit Batteriecomputer kann außerdem der Schwellenwert für die maximale Entnahme eingestellt werden, um eine Tiefentladung der Batterie zu verhindern – z. B. kann er eine Batterie mit 120 A Kapazität bei Restkapazität von 50 A abschalten, was sich positiv auf die Lebensdauer auswirkt.

231wh hy

entscheidet sich für eine Lithium-Batterie (s. S. 79), die erheblich leichter ist.

Eine größer dimensionierte Bordbatterie ist aber immer ratsam, denn sie bietet nicht nur größere Reserven, sondern hat zudem meist eine deutlich längere Lebensdauer, da eine tiefere Entladung (die jeder Batterie schadet) seltener vorkommt.

Wenn eine größere Kapazität nicht möglich ist, kann auch regelmäßiges Nachladen (z. B. über eine Solaranlage oder Brennstoffzelle) eine tiefe Entladung vermeiden.

⌃ Von außen zugängliches Batteriefach

Bedarf berechnen

Welche Kapazität die Bordbatterie mindestens haben sollte, hängt natürlich vom Verbrauch ab. Dieser ist von vielen Variablen abhängig und kann je nach Reiseziel und Jahreszeit schwanken, als **Faustregel** gilt eine Kapazität, die dem vierfachen Tagesbedarf entspricht. Hierzu muss man die Stromaufnahme (in Ampere) der einzelnen Verbraucher mit der täglichen Betriebsdauer (in Stunden) multiplizieren, die Beträge addieren und die Summe wieder mit 4 multiplizieren. Kennt man zu einem Gerät nur die Leistung in Watt, so dividiert man diese Zahl durch die Spannung, um die Ampere zu erhalten (z. B. Wasserpumpe mit 60 Watt: 12 Volt = 5 Ampere).

Rechenbeispiel:

Wasserpumpe	5 A x 0,5 h	= 2,5 Ah
Leselampe	2 A x 4,0 h	= 8,0 Ah
Deckenlampe	3,5 A x 1 h	= 3,5 Ah
SAT-TV-Anlage	8,0 A x 2 h	= 16 Ah
Tagesverbrauch		= **30 Ah**
Batteriekapazität	4 x 30 Ah	= 120 Ah

(Ein ausführlicheres Beispiel findet sich auf Seite 87.)

Nass-, Gel-, AGM- oder Lithium-Batterie?

Diese Frage stellt sich meist erst, wenn eine Nach- oder Umrüstung ansteht. Als Bordbatterie sind grundsätzlich alle vier Typen geeignet. Die preisgünstigere Nassbatterie ist nur dann zu empfehlen, wenn die Standzeiten eher kurz sind und die Entnahme gering. Andernfalls ist tiefe Entladung und somit eine verkürzte Lebensdauer zu erwarten. Bei der heute üblichen stärkeren Belastung macht sich der höhere Preis für eine AGM- oder Gelbatterie durch eine längere Lebensdauer bezahlt. Die Gelbatterie hat sich durch ihren etwas dickeren Plattenaufbau besonders für die zyklische Entnahme bewährt, wurde aber inzwischen durch die AGM-Batterie stark zurückgedrängt. Die AGM-Batterie mit etwas dünneren Platten kann auch kurzfristig höhere Strommengen liefern – etwa für die Entnahme über starke Wechselrichter oder um bei Bedarf doch einmal das Fahrzeug damit zu starten.

Länger autark

Um länger vom Netz unabhängig zu sein, kann man **mehr Strom speichern,** indem man zwei Batterien gleicher Bauart (Nass-, Gel- oder AGM-Batterie), gleicher Kapazität und gleichen Alters parallel schaltet (Plus an Plus, Minus an Minus). Keinesfalls sollte man unterschiedliche Batterien kombinieren. Lassen Sie sich vom Fachmann beraten, ob die Kombination bei der vorhandenen Lichtmaschine/Laderegelung sinnvoll ist.

Außerdem kann man Batteriestrom sparen, indem man beispielsweise die Beleuchtung auf LED umrüstet und den Kühlschrank während der Fahrt mit Gas betreibt.

Schließlich kann man durch ein eigenes Kraftwerk (Solaranlage, Generator oder Brennstoffzelle) für Nachschub sorgen.

Batterieprobleme?

- Eine zu **tief entladene Bordbatterie** kann manchmal nicht mehr über die Lichtmaschine oder das eingebaute Automatik-Ladegerät aufgeladen werden. Dann müssen Sie ein externes Ladegerät direkt an die Pole der Batterie anschließen oder ihr kurzfristig mit 24 Volt eine „Initialzündung" geben.
- Um die Batterie während der Fahrt möglichst rasch wieder aufzuladen, sollte man den Kühlschrank unterwegs nicht mit 12 V betreiben und auch andere Verbraucher abschalten.
- Die in einer Batterie gespeicherte elektrische Energie kann nur zu etwa zwei Dritteln genutzt werden! Das heißt: Eine 130-Ah-Batterie speichert zwar ca. 1,3 Ah, liefert aber nur ca. 0,9 Ah (Ausnahme: Lithium-Batterie).

Batterie-Arten

Nassbatterien

Eine klassische Nassbatterie ist die günstigste Lösung und wird daher in den meisten Wohnmobilen serienmäßig verbaut. Sie ähnelt einer Starterbatterie, hat aber dickere Bleiplatten, um zyklischen Beanspruchungen besser standzuhalten. Diese Batterie kann kurzzeitig auch hohe Ströme liefern. Sie sollte allerdings nie zu tief entladen werden, da sie sonst stark an Kapazität verliert und rasch altert. Dies bedeutet zugleich, dass man nur einen Teil ihrer Kapazität nutzen kann. Für eine möglichst lange Lebensdauer ist auch das richtige Aufladen der Batterie wichtig (s. S. 81). Die dicken Platten bedeuten einen hohen und mit dem Alter zunehmenden Innenwiderstand, der die Leistungsfähigkeit mindert. Je häufiger und tiefer eine Nassbatterie entladen wird, desto rascher altert sie. Die Oberfläche der Platten wird angegriffen (Verschlammung) und die Kapazität verringert sich. Aus diesen Gründen eignet sich die Nassbatterie eher für mäßige Belastungen – also bei vorwiegend schwachen Verbrauchern und regelmäßigem Nachladen, z. B. wenn man das Wohnmobil fast jeden Abend an Netzstrom anschließen kann.

Beachten Sie, dass ältere Nassbatterien einfacher Bauart nicht immer wartungsfrei sind, d. h. Sie müssen gelegentlich destilliertes Wasser nachfüllen. Moderne Nassbatterien hingegen sind wartungsfrei.

- ⊕ günstiger Preis
- ⊕ einfach zu laden
- ⊖ Selbstentladung
- ⊖ nicht auslaufsicher
- ⊖ Risiko von Gasaustritt
- ⊖ geringe Lebensdauer

Gelbatterien

Wie ihr Name schon sagt, enthält die Gelbatterie im Gegensatz zur Nassbatterie keine Flüssigkeit. Der Elektrolyt ist hier in einem Gel gebunden, weshalb Gelbatterien in jedem Fall wartungsfrei sind. Außerdem kann selbst bei einer Beschädigung keine Säure austreten. Gelbatterien sind zyklenfester als Nassbatterien, können tiefer entladen werden, ohne Schaden zu leiden und ihre Kapazität kann zu einem größeren Teil genutzt werden. Gegen hohe Temperaturen sind sie weniger empfindlich als Nassbatterien, gegen tiefe Temperaturen dagegen mehr. Außerdem sind sie relativ zur Kapazität etwas schwerer als Nassbatterien und für die Aufladung über ein Solarpaneel weniger geeignet, da sie wegen des hohen Innenwiderstands durch schwache Solarströme nicht richtig aufgeladen werden. Generell haben sich Gelbatterien als langlebige Allround-Stromspeicher für Reisemobile gut bewährt.

- ⊕ gegen Tiefentladung weniger empfindlich
- ⊕ wartungsfrei und auslaufsicher
- ⊕ zyklenfest
- ⊕ höhere Lebensdauer
- ⊖ teurer als Nassbatterien
- ⊖ lange Ladezeit
- ⊖ schwerer in Relation zur Kapazität als Nassbatterien
- ⊖ kälteempfindlich

AGM-Batterien

AGM-Batterien, auch einfach Vlies-Batterien genannt, ähneln den Gelbatterien, da sie keine Flüssigkeit enthalten, doch anstatt in einem Gel ist der Elektrolyt hier in einem Glasfaservlies gebunden. AGM steht für „Absorbent Glass Mat". Dieser Batterietyp ist für höhere Strombelastungen gut geeignet und hat auch sonst eine Reihe von Vorteilen gegenüber Gel-Akkus. Dank seiner größeren Plattenoberfläche bietet er bei gleichen Maßen eine etwas höhere Kapazität. Dank höherer Stromabgabe ist er auch für stärkere Verbraucher und die Kombination mit einem Wechselrichter vorteilhaft und dank geringerem Innenwiderstand leichter und schneller zu laden und daher auch für die Kombination mit einer Solaranlage besser geeignet.

Wie die Gelbatterie ist die AGM-Batterie wartungsfrei und auslaufsicher. Sie kann auch bei Kälte hohe Ströme aufnehmen und abgeben und ist daher die richtige Wahl für Wintercamper, für Wohnmobile mit Solaranlage und für Situationen, in denen rasches Wiederaufladen wichtig ist.

+ gut zu laden
+ hohe Stromabgabe möglich
+ wartungsfrei und auslaufsicher
+ wenig kälteempfindlich
− empfindlich gegen hohe Temperaturen
− empfindlich gegen Tiefentladung

Lithium-Ionen-Batterien

Die Lithium-Ionen-Batterie wartet mit modernster Technologie auf. Da Lithium brennbar ist, werden in Reisemobilen Modelle verwendet, in denen Eisenphosphat die Brandgefahr verringert (Eisenphosphat-Batterien LiFePo4). Diese Batterien sind erheblich leichter als herkömmliche Akkus und bieten bei gleichen Maßen etwa die dreifache Kapazität. Zudem sind sie weniger empfindlich und können sehr tief entladen werden, ohne Schaden zu nehmen – was bedeutet, dass nahezu die gesamte Kapazität tatsächlich entnommen werden kann. Sie eignen sich besser als andere Modelle dazu, über Wechselrichter starke Verbraucher zu versorgen. Ihre Leistung ist kaum von der Umgebungstemperatur abhängig, es gibt nahezu keine Selbstentladung und sie haben eine höhere Lebensdauer als andere Modelle.

Gute Lithium-Ionen-Batterien besitzen ein integriertes Batterie-Management-System (BMS), das elektronisch die Stromabgabe regelt und vor zu starker Entladung schützt. Dies ist wichtig, um die Lebensdauer dieser Batterien zu maximieren, denn sie haben einen wesentlichen Nachteil: einen sehr hohen Preis.

+ sehr gutes Gewicht-Leistungs-Verhältnis
+ wartungsfrei und auslaufsicher
+ Tiefentladung möglich
+ hohe Kapazität
+ hohe Stromabgabe möglich
+ kaum kälteempfindlich
+ schnell zu laden
+ hohe Lebensdauer
− hoher Preis
− erfordert modernste Ladetechnik

Ladegerät

Neue Reisemobile sind bereits ab Werk mit einem Ladegerät ausgestattet, das automatisch in Aktion tritt, sobald über die Außensteckdose des Fahrzeugs 230 Volt eingespeist werden. Da allerdings die Bordbatterie gewöhnlich schwach ausgelegt ist und die Leistung des Ladegeräts sich daran orientiert, ist diese etwas kärglich.

Manche Hersteller bieten gegen Aufpreis eine stärkere Kombination, die sich durchaus lohnt, wenn man öfters frei steht. Als Richtwert gilt, dass das Ladegerät eine **Leistung** von mindestens 10–15 % (besser 20 %) der Batteriekapazität haben sollte (bei einer 100-Ah-Batterie also mindestens 10–15 bzw. 20 Ampere). Sind aus der Batterie 60 Ah entnommen (und das ist absolutes Maximum, um ihre Lebensdauer nicht stark zu verkürzen), dann braucht ein 10-A-Ladegerät im Idealfall mindestens 6 Stunden, ein 20-A-Gerät mindestens 3 Stunden, um sie wieder voll aufzuladen.

Tatsächlich wird es stets länger dauern, denn meist wird ja während des Ladevorgangs auch Strom verbraucht und die Ladeleistung lässt gegen Ende des Vorgangs stets etwas nach. Wenn man dann am Morgen mit einer nur teilweise geladenen Batterie wieder aufbricht, kann sie trotz regelmäßigen Nachladens nach und nach in den kritischen Bereich abfallen. Das heißt: Ein stärkeres Ladegerät kann der Lebensdauer der Batterie zugutekommen.

Wichtig ist aber nicht nur die Leistung, sondern die richtige **Steuerung des Ladevorgangs (Ladekennlinie,** die Kennlinie bezeichnet die Art der Regelung des Ladevorgangs bzw. das Ladeverfahren. Es ist eine Eigenschaft des Ladereglers, der im Ladegerät meist eingebaut ist. Die Angabe befindet sich meist nur in der Gerätebeschreibung.) Sie muss auf den Batterietyp abgestimmt sein, um zu gewährleisten, dass die Batterie schonend, schnell und vollständig aufgeladen wird. Ältere, einfache Ladegeräte sollten keinesfalls für AGM- oder Gelbatterien verwendet werden – und erst recht nicht für eine Lithium-Batterie! Um eine Batterie optimal aufzuladen, muss ihr innerhalb einer bestimmten Frist eine genau definierte Strommenge zugeführt werden. Moderne Ladegeräte können je nach Batterietyp umgeschaltet werden. Sie haben mindestens eine IU-Kennlinie, die während des Ladevorgangs das Verhältnis zwischen Stromstärke (I) und Spannung (U) reguliert. Noch besser (und heute der Standard) sind Geräte mit einer **IUoU-Kennlinie,** die nach Erreichen der Vollladung auf eine schonende Erhaltungsladung umschalten und so die Lebensdauer der Batterie erhöhen.

Wenn die Bordbatterie während der Fahrt schlecht aufgeladen wird, liegt das meist nicht an einer zu schwachen Lichtmaschine, denn mit 90 Ampere sind durchschnittliche Lichtmaschinen durchaus leistungsfähig genug. Ihre Ladeleistung ist jedoch spannungsabhängig geregelt und wird bei fast voller Starterbatterie stark gedrosselt (nach wenigen Minuten auf ca. 10 %). Dann erhält die Bordbatterie, auch wenn sie stark entladen ist, nur wenig Strom. Bei 45 Ampere wären 80 Ah in weniger als zwei Stunden wieder aufgeladen; bei einer tatsächlichen Ladeleistung von 10 A hingegen dauert es mindestens 8 Stunden!

Auch kann man nicht immer davon ausgehen, dass eine modernere Ausstattung unbedingt besser ist. Wohnmobile mit Euro-6-Motor und einer „intelligenten" Lichtmaschine (Batterie-Management-System BMS) z. B. können für die Bordbatterie zu einem ernsten Problem werden. Die elektronische Steuerung dieser Systeme ist so programmiert, dass die Aufladung über die Lichtmaschine nur dann zugeschaltet wird, wenn die Fahrzeugbatterie nachgeladen werden muss. Manche Systeme verhindern sogar eine vollständige Aufladung, um beim Bremsen noch freie Kapazität für rasches Nachladen zu haben. Dann wird die Lichtmaschine nur kurz zugeschaltet, um die Energie des Bremsvorgangs zu nutzen und möglichst schnell viel Strom in die Batterie zu pumpen.

Für die Bordbatterie hat dies sehr negative Folgen, da sie nur kurzzeitig und mit stark schwankender Spannung geladen wird. Falls die Bordbatterie stärker als die Starterbatterie geladen ist, fließt sogar Ladestrom in entgegengesetzter Richtung zur Starterbatterie hin, sodass die Bordbatterie nach der Fahrt weniger geladen ist als davor.

Das Problem lösen sogenannte **„Lade-Booster"**, die dafür sorgen, dass die Lichtmaschine, unabhängig vom Ladezustand der Starterbatterie, der Bordbatterie stets genügend Strom liefert, um sie optimal aufzuladen. Auch das Zurückfließen des Stroms wird durch den Lade-Booster verhindert. Die Ladeleistung sollte in Abhängigkeit von der Eingangsspannung geregelt werden, damit die Stromversorgung des Fahrzeugs gesichert bleibt. Zudem ist unbedingt auf einen ausreichenden Kabelquerschnitt zu achten. Außerdem sollte man die Kapazität der Lichtmaschine bei der Wahl des Lade-Boosters unbedingt beachten, um eine Überhitzung der Lichtmaschine zu vermeiden. Mehr als 50 bis 60 % der Nennleistung sollten nicht abgezweigt werden. Batterie und Lichtmaschine müssen aufeinander abgestimmt sein.

Richtig Laden

Für eine **maximale Lebensdauer** der Batterie ist richtiges Laden entscheidend. Dies gilt vor allem für **Blei-Säure-Batterien,** deren Lebensdauer durch wiederholtes Tiefentladen stark verkürzt wird. Diese Modelle sollten bis maximal 70 % entleert werden (d. h. stets mindestens 30 % Restkapazität bewahren), um dauerhafte Schäden zu vermeiden. Das kann durch einen Unterspannungsschutz oder Batteriecomputer automatisch geregelt werden (ggf. nachrüsten). Um die Lebensdauer zu maximieren, müssen diese Akkus regelmäßig voll aufgeladen werden. Keinesfalls sollte man ein Fahrzeug mit nur teilweise geladener Batterie längere Zeit einfach stehen lassen. Da **Nassbatterien** und in geringerem Maße auch **Gel- und AGM-Akkus** sich im Laufe der Zeit selbst entladen, müssen auch voll geladene Batterien regelmäßig kontrolliert und nachgeladen werden.

Das **Ladegerät** (s. auch S. 80) muss auf die Art der Batterie abgestimmt sein. AGM-Batterien benötigen beispielsweise eine höhere Ladespannung als Gelbatterien, da sie sonst nie zu 100 % aufgeladen werden, rasch an Kapazität verlieren und Schaden leiden. Darauf ist gegebenenfalls schon beim Kauf des Wohnmobils zu achten!

Das 12-Volt-Netz im Überblick

Die Skizze zeigt die elektrische Anlage im Überblick. Einen Teil davon (Lichtmaschine, Batterien, Relais) kennen wir bereits. Die Skizze zeigt, dass die beiden Relais durch die (blaue) Leitung von der Lichtmaschine gesteuert werden. Liefert sie keine Spannung, trennen sie das Bordnetz von der Starterbatterie und den Kühlschrank ganz vom 12-V-Netz.

Über die Sicherungen im **Kontrollpaneel** werden die einzelnen Verbraucher mit Gleichstrom versorgt. Ebenfalls in das Paneel integriert ist ein Hauptschalter, der mit einem Schlag das gesamte 12-V-Bordnetz ausschaltet, und ein eigener Schalter für die Wasserpumpe, damit diese nicht versehentlich laufen kann. Und schließlich findet man dort das Voltmeter (V), das Aufschluss über die Spannung der Batterien gibt.

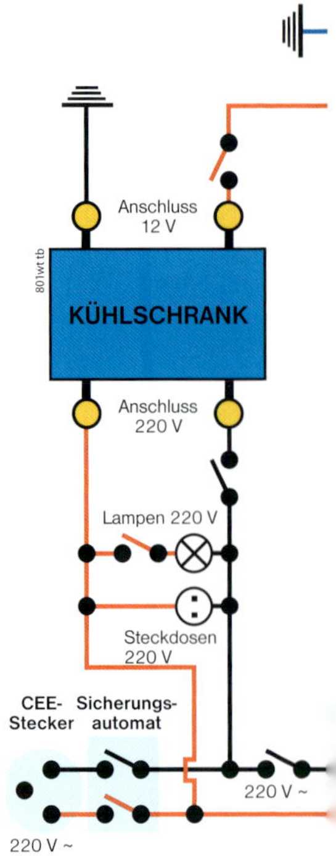

Das 230-Volt-Netz

Das 230-V-Netz beginnt mit der regengeschützten **Außensteckdose,** für die in Deutschland die dreipolige CRR-Norm (blaue Stecker) vorgeschrieben ist. Da nicht alle Campingplätze darauf eingerichtet sind, ist manchmal ein Adapter erforderlich. Dahinter folgt, meist im Kleiderschrank oder Staukasten untergebracht, der ebenfalls vorgeschriebene **FI-Schutzschalter,** der bei geringen Fehlerströmen, etwa durch schadhafte Isolierung, das 230-V-Netz sofort unterbricht, um Unfälle zu vermeiden. Er kann jedoch nicht alle Risiken verhindern, da er bei Schäden ohne Fehlerstrom nicht auslöst. Eine **Prüftaste** ermöglicht die regelmäßige Funktionskontrolle. Weiter verzweigt sich das Netz zum **Ladegerät,** das die Bordbatterie auffüllt, und zu den Verbrauchern (Kühlschrank, Lampen, Steckdosen).

Achtung: Wenn sich der FI-Schutzschalter im Staukasten oder Schrank befindet, wird die Prüftaste manchmal versehentlich berührt und man wundert sich, warum trotz Netzanschluss kein Strom fließt. Bei einer Unterbrechung in der 230-V-Versorgung also zuerst den Schutzschalter kontrollieren.

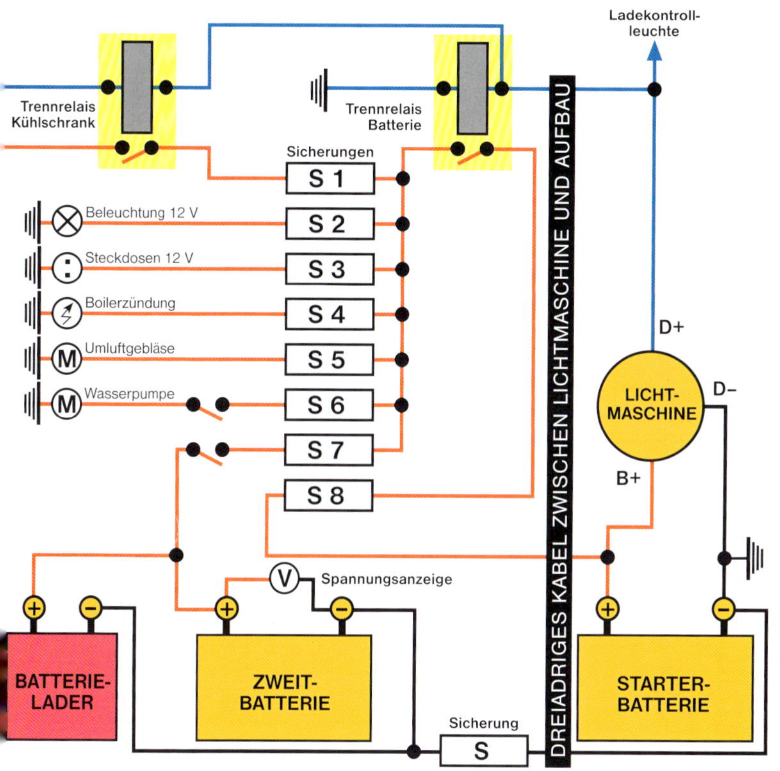

Beleuchtung

Neben der Deckenleuchte sind Lese-Spots an Tisch, Betten und im Alkoven wichtig. **Energiespar-** oder **LED-Lampen** helfen erheblich beim Stromsparen und geben ein angenehmeres Licht ab als Neonröhren. **Beachten:** Dort, wo man abends sitzt, um Karte und Reiseführer zu studieren, braucht man wirklich helles Licht. Die übliche Standardbeleuchtung reicht meist nicht aus!

Wechselrichter: die mobile Steckdose für unterwegs

Die Batterie liefert 12 Volt Gleichstrom für die Bordgeräte. Doch um auch die gewohnten Haushalts- oder sonstigen Elektrogeräte betreiben zu können, sind 230 Volt Wechselstrom erforderlich, den das Bordnetz nicht zur Verfügung stellt. Was nun? Hier hilft ein sogenann-

Skizze der elektrischen Anlage

ter Wechselrichter (auch „Inverter" genannt), der 12 oder 24 Volt Gleichstrom in 230 Volt Wechselstrom umwandelt. Mit einem entsprechend stark ausgelegten Sinus-Wechselrichter können Sie auch unterwegs alle üblichen Elektrogeräte benutzen – ob Toaster, Kaffeemaschine oder Notebook, ob auf dem Campingplatz oder einem einsamen Stellplatz am Strand. Der Wechselrichter wird auf der einen Seite direkt an die Batterie angeschlossen und hat auf der anderen Seite eine haushaltsübliche Steckdose, aus der man 230 V Wechselstrom entnehmen kann. Es ist jedoch zu beachten, dass manche Kaffeemaschinen etc. eine reine Sinuskurve benötigen, um zu funktionieren. Nicht alle Wechselrichter leisten dies.

Die Wahl des Wechselrichters orientiert sich am Leistungsbedarf des stärksten Geräts, das damit betrieben werden soll, wobei die Preise für gute Sinus-Wechselrichter in etwa gleich hoch wie die Wattzahl ist. Mit kleinen, preisgünstigen Wechselrichtern von 100–150 Watt Leistung lassen sich Notebooks oder Ladegeräte für das Handy etc. betreiben. Wechselrichter mit 200 Watt reichen bereits für kleinere Haushalts- und Fernsehgeräte. 1000 Watt versorgen die meisten Kaffeemaschinen und kleinere Haartrockner und eine Leistung von 1500 Watt ist ausreichend für alle üblichen Haushaltsgeräte und Elektrowerkzeuge, wie z. B. Föhn, Staubsauger, Mikrowelle, Bohrmaschine etc.

Über den Wechselrichter können verschiedene Verbraucher bis zur maximalen Watt-Zahl nacheinander betrieben werden. Allerdings ist dabei zu beachten, dass ein Verbraucher mit hoher Wattzahl nicht lange über die Batterie betrieben werden kann, ohne sie zu erschöpfen. Inverter mit hoher Leistungsabgabe (z. B. 1000 Watt oder mehr) machen daher nur Sinn, wenn man die Batterie zugleich durch eine Solaranlage wieder aufladen kann.

Wechselrichter identischer Leistung können sich durch die Art der Stromabgabe unterscheiden. Zwar erzeugen alle Geräte 230 V Wechselstrom, doch nur die teuren liefern eine sogenannte **„reine Sinusspannung"** wie sie auch zu Hause aus der Steckdose kommt. Nur diese Geräte dürfen daher als „reine Sinuswechselrichter" bezeichnet werden und nur an diese kann man dann be-

Wechselrichter MT 1400 von Büttner Elektronik

denkenlos hochempfindliche Verbraucher wie Kaffeeautomaten, Laserdrucker, Geräte mit Sensorsteuerung etc. anschließen. Billigere Modelle liefern eine „modifizierte“ Sinusspannung, auch „sinusähnliche“ oder „Quasi-Sinus“-Spannung genannt. Hochempfindliche Verbraucher sollte man mit solchen Wechselrichtern besser nicht betreiben. Entweder sie funktionieren damit gar nicht oder es kann zu einer Störung oder sogar Zerstörung des Geräts kommen!

Damit Batterie und Wechselrichter harmonieren

Nicht jeder Wechselrichter passt zu jeder Batterie. Wechselrichter, die viel leisten, brauchen auch eine entsprechend leistungsfähige Batterie. Die Hersteller empfehlen, dass die Batterie pro 100 Watt Leistung des Wechselrichters 15 Ah Kapazität besitzen sollte. Das heißt, bei einem 1000-Watt-Wechselrichter sollte die Bordbatterie eine Kapazität von 150 Ah haben, bei einem 1500-Watt-Wechselrichter sind schon über 200 Ah gefordert. Andernfalls ist nicht garantiert, dass die hohen Ströme gleichmäßig fließen können und die Batterie nicht überfordert wird.

Neben kurzzeitig hohen Stromleistungen (etwa durch eine Mikrowelle) sind bei der Kalkulation auch die kleineren Verbraucher zu berücksichtigen, die über einen längeren Zeitraum betrieben werden – etwa Lampen oder ein Fernsehgerät. Zur Berechnung der Gesamtleistung in Amperestunden (Ah) wird die Amperestärke jedes einzelnen Verbrauchers mit der Einschaltdauer multipliziert (s. Tabelle). Die Summe der einzelnen Beträge ergibt dann unter dem Strich die Gesamtentnahme. Fachleute empfehlen, mindestens die doppelte, besser die dreifache Batteriestärke zu wählen – bei einem errechneten Gesamtverbrauch von etwa 60 Ah empfiehlt sich also eine Batterie von 120–180 Ah.

Netzvorrangschaltung: Wer kommt vor wem?

Damit beim Anschluss an das 230- Volt-Netz (z. B. auf dem Campingplatz) keine Konflikte zwischen Netzstrom und Wechselrichter-Strom aus der Bordbatterie entstehen, muss ein guter Wechselrichter die Prioritäten regeln. Sinnvollerweise hat dabei der externe Netzstrom (in Anlehnung an die Schifffahrt übrigens auch „Landstrom“ genannt) stets Vorfahrt. Das heißt: Sobald „Landstrom“ anliegt, schaltet die Automatik den Wechselrichter ab, um die Bordbatterie nicht unnötig zu belasten.

Bei empfindlichen Hightechgeräten ist es wichtig, dass diese Umschaltung

Richtig abgesichert?

Fragen Sie auf dem Campingplatz, wie die dortige Anschlussdose abgesichert ist. Meist sind es 6 Ampere; d. h., Sie können maximal 6 A x 230 V = 1380 W Strom ziehen, ehe die Sicherung rausfliegt. Klimaanlagen brauchen zum Starten oft einen deutlich höheren Anlaufstrom – auch wenn sie im Dauerbetrieb unter 1380 Watt liegen.

unterbrechungsfrei geschieht und dass zudem die Sinusschwingung harmonisch weiterläuft. Hochwertige Sinus-Wechselrichter (wie etwa die Dometic Sinus Wechselrichter der SinePower DSP-Serie) sind daher so konstruiert, dass sie bei jeder Umschaltung die Frequenz von Wechselrichter- und Netzspannung exakt synchronisieren, damit die Welle ununterbrochen durchläuft. So merkt selbst ein sehr empfindliches Gerät nichts davon, dass zwischen Netzversorgung und Wechselrichter umgeschaltet wird. **Vorsicht:** Falls der Wechselrichter **ohne Netzumschaltung** direkt mit dem 230-V-Bordnetz verbunden wird, geht das nur so lange gut, bis Sie Ihr Fahrzeug auf dem Campingplatz ans externe Stromnetz anschließen: Dann kommt es unweigerlich zum Kurzschluss und höchstwahrscheinlich zum Totalschaden des Wechselrichters!

Problemlösung bei Störungen in der elektrischen Anlage

Kein 230-V-Strom trotz Außenanschluss

- Als Test einen Verbraucher direkt einstecken
- Ist die Anschluss-Steckdose am Netz?
- Ist die Sicherung der Steckdose in Ordnung?
- Sitzt der CEE-Stecker richtig?
- Hat der FI-Schalter das Netz unterbrochen (evtl. unbeabsichtigtes Auslösen der Prüftaste)?

Zweitbatterie lädt nicht trotz Außenanschluss

- Ist das Ladegerät eingeschaltet?
- Hat der FI-Schalter das Netz unterbrochen?
- Sind die Kontakte okay?
- Ist die Batterie tief entladen? Hier hilft nur ein externes Ladegerät.

Zweitbatterie lädt bei Fahrt nicht oder schlecht

- Ist die Sicherung durchgebrannt? (Oft ist die im Kabel zwischengeschaltete „fliegende" Sicherung defekt.)
- **Batteriekontakte** prüfen. Oxid und Schmutz führen zu schlechtem Kontakt und Spannungsverlust. Reinigen, ggf. Schrauben nachziehen und die Pole leicht fetten.
- Messen Sie die **Spannung** der Zweitbatterie und starten Sie den Motor: Springt die Spannung beim Starten des Motors (der Kühlschrank darf nicht auf 12 V laufen!) auf weniger als 14 V, erhält die Batterie zu wenig Spannung, um richtig zu laden; erhöht sie sich überhaupt nicht, so ist der Kontakt zur Lichtmaschine unterbrochen.
- Zu geringe Spannung: Ist die **Sicherung** vor der Zweitbatterie („fliegende" Sicherung im Kabel?) zu schwach (mind. 30–40 A), sodass sie sich erhitzt und die Spannung vermindert?
- Ist die **Lichtmaschine** stark genug und richtig geregelt?

Falls die Zweitbatterie schlecht lädt, sollten Sie den Kühlschrank während der Fahrt nicht auf 12 Volt betreiben und auch sonstige Verbraucher ausschalten.

Beispiel für eine Bedarfsberechnung

Verbraucher	Anzahl	Leistung	Strom-verbrauch	Lauf-dauer	Tages-bedarf
Rechenformel	(n) x	(W)	:12 (V) = (A)	x (Std.)	=
LED-Leuchte		3			
Halogen-Leuchte	1	10	0,83	3	2,49
Spot	2	15	2,5	2	5
Energiesparleuchte		5			
Haushaltsgeräte					
Kühlbox, thermoelektr.		35			
Mikrowelle		800			
Kaffeemaschine	1	1200	100	0,1	10
Wasserkocher		200			
Haartrockner		1500	125	0,1	12,5
Heizung/Klima/Wasser					
Heizung im Gasbetrieb	1	20	1,67	1,5	2,5
Klimaanlage		2000			
Kleinboiler		400			
Wasserheizstab		150			
Heizmatte		90			
Wasserpumpe	1	40	3,33	0,3	1
Multimedia					
TV	1	40	3,33	2	6,66
Sat-Receiver	1	30	2,5	2	5
Notebook	1	90	7,5	0,5	3,75
Ladegerät		20			
Radio		15			
Gesamtbedarf [Ah/Tag]					**48,90**

Die gleiche Tabelle als Leerformular zum Ausfüllen mit Ihren persönlichen Angaben finden Sie am Ende des Buches (s. S. 274). Eine ganz ähnliche Tabelle mit automatischer Berechnung gibt es als Formular zum Eintragen auf der Website www.efoy-comfort.com/de/energiekalkulator.

Gasanlage

Heutige Wohnmobile sind ohne **Flüssiggas** kaum vorstellbar. Es lässt sich bequem in Flaschen transportieren und ist so vielseitig wie kein anderer Energieträger. Diesel oder Benzin liefern zwar ähnlich viel Energie, aber versuchen Sie einmal damit einen Kühlschrank zu betreiben! Flüssiggas hingegen ist ein Alleskönner. Sie können damit kochen und backen, heizen und kühlen, Warmwasser erzeugen, Lampen betreiben oder einen Grill.

Was ist Flüssiggas?

Flüssiggas? Der Begriff ist ja ein Widerspruch in sich – etwa so wie „Heißeis", „Trockenwasser" oder „Flüssigschnee". Was dahinter steht, ist der Stoff, aus dem der Wohnmobil-Komfort gemacht ist. Ohne diese widersprüchliche Substanz gäbe es in den meisten Wohnmobilen weder heißen Kaffee noch ein kühles Bier, weder eine warme Stube noch eine heiße Dusche und auch kein Brathähnchen und keine Grillwurst. Aber woraus besteht diese mysteriöse Flüssigkeit? Was sind ihre Eigenschaften, wie klappt der Nachschub und was ist im Umgang mit Flüssiggas zu beachten? Vor allem aber: Wie sind Risiken zu vermeiden und was kann man für zusätzliche Sicherheit tun?

Der umgangssprachliche Ausdruck „Flüssiggas" bezeichnet ein Gas, das unter Druck verflüssigt wurde, so wie zum Beispiel Wasser in einem Turbokochtopf unter entsprechendem Druck auch bei Temperaturen über 100 °C flüssig bleibt. Die technische Bezeichnung für das u. a. im Camping- und Freizeitbereich verwendete Flüssiggas lautet LPG. Diese Abkürzung steht für Liquified Petroleum Gas, da seine Inhaltsstoffe u. a. bei der Förderung von Erdöl sowie bei der Verarbeitung von Rohöl anfallen. Es besteht überwiegend aus Propan (C_3H_8) und Butan (C_4H_{10}) in unterschiedlichen Mischungsverhältnissen, kann aber in geringen Mengen auch verwandte Gase wie Propen und Buten enthalten. Da diese Gasmischungen sich bereits bei relativ geringem Druck verflüssigen, steht die Abkürzung zugleich für Low Pressure Gas (Niedrigdruckgas). Keinesfalls zu verwechseln ist LPG mit LNG (= Liquified Natural Gas), verflüssigtem Erdgas, das hauptsächlich aus Methan besteht und daher ganz andere Eigenschaften hat. In Gasanlagen von Campingfahrzeugen darf flüssiges Erdgas nicht verwendet werden.

Beide Gase sind farb- und geruchlos. Um ungewolltes Austreten von Gas rechtzeitig zu bemerken, wird dem Flüssiggas für Campingzwecke deshalb ein Stoff beigemischt, der ihm den typischen, etwas fauligen „Gasgeruch" verleiht. Sowohl Propan als auch Butan sind in gasförmigem Zustand schwerer als Luft. Dies bedeutet, dass sie sich in Bodenhöhe ausbreiten und durch Öffnungen im Fahrzeugboden abfließen können.

Bei normalen Temperaturen lassen sich beide Gase schon durch relativ geringen Druck verflüssigen: Propan bei 8 bar, Butan bereits bei 2 bar (jeweils bei

⊡ Flüssiggas ist einfach zu handhaben

160wh do

15 °C). Dadurch wird ihr Volumen extrem verringert, sodass sich große Mengen Gas auf kleinem Raum transportieren lassen. 260 Liter Propangas nehmen im flüssigen Zustand nur ein Volumen von rund einem Liter ein. Eine 11-kg-Gasflasche enthält etwa 20 Liter flüssiges Propan und kann demzufolge über 5000 Liter (also gut 5 Kubikmeter) Propangas freisetzen.

Da Propan zur Verflüssigung (bei 15 °C) einen Druck von 8 bar erfordert und bei 70 °C bereits einen Druck von über 30 bar entwickelt (bei 80 °C wären es sogar 180 bar!), erfordert es dickwandigere und damit schwerere Behälter. Butangas hingegen, das sich bereits bei nur 2 bar verflüssigt und bei 70 °C nur einen Druck von 13 bar erreicht, kann in deutlich dünnwandigere und leichtere Behälter abgefüllt werden – sogar in Blechkartuschen und Plastikfeuerzeuge.

Andererseits hat Butan den Nachteil, dass es bereits bei einer Temperatur von 0 °C überhaupt nicht mehr verdampft. In der Praxis kann dies sogar bereits bei deutlich höheren Umgebungstemperaturen passieren. Da das Verdampfen einen Kühleffekt bewirkt, wird der übrige Inhalt der Flasche deutlich unter die Temperatur der Außenluft abgekühlt. Das merkt man z. B. an der Kondenswasser- oder gar Reifbildung außen an der Flasche. Reines Butan ist daher nur für den Einsatz im Sommer geeignet. Propan hingegen verdampft selbst bei Tem-

Propan und Butan im Vergleich

Eigenschaft	Propan	Butan
Chemische Formel	C_3H_8	C_4H_{10}
Verdampfungspunkt	−42 °C	−0,5 °C
Druck bei 15 °C	8 bar	2 bar
Druck bei 70 °C	31 bar	13 bar
Dichte im flüssigen Zustand	ca. 0,5 g/cm³	0,57 g/cm³
1 l Flüssiggas ergibt	260 l Gas	220 l Gas

peraturen unter −40 °C noch und ist daher für Einsätze im Winter unerlässlich.

In der Praxis werden Propan und Butan meist gemischt. Dabei kann das Mischungsverhältnis je nach Land und Jahreszeit erheblich variieren. Während Länder mit kälterem Klima eher reines Propan verwenden, füllen andere je nach Jahreszeit ein unterschiedliches Gemisch in ihre Flaschen, wie die anschließende Tabelle zeigt.

Autogas – nur halb so teuer und auch im Ausland erhältlich

Autogas ist ebenfalls ein verflüssigtes Gemisch aus Propan und Butan und entspricht von den Eigenschaften her völlig dem üblichen Flüssiggas für Campingzwecke. Im internationalen Sprachgebrauch wird Autogas allerdings nicht als LPG, sondern (umgekehrt!) als GPL bezeichnet. Diese Abkürzung leitet sich vom Französischen „gaz de pétrole liquéfié" her, was genau das Gleiche bedeutet wie die englische Bezeichnung „Liquified Petroleum Gas (LPG)". Wer einen Gastank oder eine Tankflasche besitzt, kann sie (ggf. mit Adapter) an jeder Gastankstelle im In- und Ausland nachfüllen und bezahlt durchschnittlich den halben Preis.

Flüssiggas: Der Geist aus der Flasche

Flüssiggas wird international in 5-kg- oder 11-kg-Druckflaschen abgefüllt. Die Gasflaschenkästen der meisten Reisemobile und Caravans sind so dimensioniert, dass sie Platz für zwei 11-kg-Flaschen bieten; kleinere Mobile haben evtl. nur Platz für zwei 5-kg-Flaschen. Traditionell werden Stahlflaschen verwendet. Inzwischen gibt es jedoch immer häufiger leichtere Flaschen aus Aluminium oder Kunststoff.

Die üblicheren Stahlflaschen sind in Deutschland in unterschiedlichen Farben erhältlich:

- **Rote Flaschen** sind Leihflaschen, die man gegen ein Pfand (ca. 30 € für die 11-kg-Flasche) erhält und nur bei genau dem Gaslieferanten wieder zurückgeben bzw. umtauschen kann, von dem man sie ausgeliehen hat.
- **Graue Flaschen** sind das Eigentum des Campers und kosten ca. 25 € für die 5-kg- und ca. 35 € für die 11-kg-Flasche (im Internet auch deutlich darunter). Die leere, graue Flasche kann bei jedem Gashändler innerhalb Deutschlands gegen eine volle umgetauscht werden. Bezahlt wird dabei nur den Preis für die Gasfüllung.

Propan/Butan-Anteil

Land	Sommer	Winter
Belgien	30/70	50/50
Niederlande	40/60	60/40
Dänemark	50/50	70/30
Deutschland	95/5	95/5
Schweiz	100/0	100/0

Rote und graue Stahlflaschen sind, abgesehen von der Farbe, identisch. Sie passen aber meist nicht an die Anschlüsse ausländischer Reisefahrzeuge (**Adapter** erforderlich) und können deshalb im Ausland auch nicht getauscht werden. Nach deutschen Sicherheitsvorschriften dürfen beide vom Verbraucher nicht selbst nachgefüllt werden.

Außerdem gibt es:

- **Blaue Flaschen:** spezielle Gasbehälter der Firma Campingaz mit anderen Abmessungen und Anschlüssen als die o.g. roten und grauen Flaschen. Sie enthalten flüssiges Butan und können/dürfen im Flaschenkasten nur mit entsprechendem Adapter und Sicherheitsregler benutzt werden.
- **Tankflaschen** ähneln den üblichen 5-kg- bzw. 11-kg-Flaschen, besitzen jedoch den gleichen Füllstutzen wie ein Gastank, einen 80%-Füllstopp sowie eine Füllstandsanzeige und können daher an jeder Gastankstelle im In- und Ausland nachgefüllt werden. Sie kosten zwar um 300€ für die 11-kg-Alu-Tankflasche (ca. 500€ mit Füllset) und ca. 250€ für die 11-kg-Stahlflasche (300€ mit Füllset zur Direktbetankung), dafür ist Autogas meist preisgünstiger als Flaschengas. Um die Tankflasche an der Zapfsäule selbst befüllen zu dürfen, muss sie einen Außenanschluss haben (s. S. 97). Damit lassen sich auch zwei parallel geschaltete Tankflaschen als Doppelflaschen befüllen.

Da es europaweit vier verschiedene Anschlüsse gibt, sind für Auslandsreisen u.U. **Adapter** erforderlich. Es gibt vier verschiedene Adapter (Bajonett-, Euronozzle-, Dish- und ACME-Adapter, s. S. 104), die man als Set beim Kauf der Gasflasche gleich mit erwerben kann.

Gasflaschen (Stahl)

Bezeichnung	5-kg-Flasche	11-kg-Flasche
Gewicht der Füllung	5 kg	11 kg
Volumen	ca. 12 l	ca. 27 l
Leergewicht	ca. 8 kg	ca. 13 kg
Gesamtgewicht	ca. 13 kg	ca. 24 kg
Preis für die Flasche	ca. 25 €*	ca. 35 €*
Preise für die Füllung	8–15 €	16–26 €

*) im Internet teils deutlich darunter

217wh tr

Sicherheit: Damit Sie nicht gleich in die Luft gehen!

In Anbetracht der extrem verbreiteten Verwendung von Flüssiggas im Camping- und Freizeitbereich sind Unfälle ziemlich selten und fast immer auf leichtfertigen oder falschen Umgang zurückzuführen. Um diese hohe Sicherheit zu gewährleisten, gibt es Vorschriften für die Herstellung von Gasflaschen und den richtigen Umgang damit.

Flaschenkasten: Gasflaschen dürfen nur in einem gegen den Wohnraum abgeschlossenen Kasten transportiert werden. Da das Campinggas schwerer als Luft ist, sammelt es sich bei einem Leck immer am Boden an. Die Kästen müssen daher im Boden eine unverschließbare Öffnung von mindestens 100 cm² haben. Die Flaschen müssen durch Halterungen fest mit dem Fahrzeug verbunden und gegen Verdrehen gesichert sein.

Überdruckventil: Da die Gasflaschen unter Druck stehen und dieser Druck mit zunehmender Temperatur immer steiler ansteigt, müssen alle Gasflaschen mit einem Überdruckventil ausgestattet sein, das eine Explosion der Flasche ausschließt. Das Ventil öffnet sich bei einem Druck von 35 bar. Dieser Druck kann je nach Gasmischung und Füllstand bereits bei einer Außentemperatur von 70 °C erreicht werden. Deshalb sollten Gasflaschen nie starker Hitzeeinwirkung oder direkter Sonneneinstrahlung ausgesetzt werden. Das Ventil vermeidet zwar eine Explosion, doch das Gas entweicht dann schlagartig und unkontrolliert.

⌃ Mit Gas sollte höchst gewissenhaft umgegangen werden

Maximalfüllung: Ebenfalls aus Sicherheitsgründen dürfen Gasflaschen maximal nur zu 80 % mit Flüssiggas gefüllt sein. Darüber befindet sich Propan bzw. Butan in gasförmigem Zustand. Nur aus diesem Bereich wird Gas entnommen. Für die Entnahme müssen die Flaschen daher unbedingt aufrecht stehen. Sonst könnte flüssiges Gas in die Anlage gelangen und zu Schäden führen.

Nachfüllverbot: Da normale Gasflaschen keinen Füllstopp besitzen, dürfen sie nicht vom Verbraucher, sondern nur in geeigneten Anlagen nachgefüllt werden. Ausschließlich spezielle Tankflaschen mit entsprechendem Füllstopp darf man an der Gastankstelle nachfüllen. Im Ausland gibt es zwar Füllstationen, die auch normale Gasflaschen nachfüllen – das Risiko trägt aber letztlich der Verbaucher.

Wie gefährlich ist Gas?

Bei sachgemäßem Umgang kann Flüssiggas als ausgesprochen sicher gelten. Die Risiken sind in diesem Fall geringer als die Risiken des Straßenverkehrs. Größte Gefahrenquelle ist unkontrolliertes Entweichen von Gas durch **undichte Stellen** im Leitungssystem bzw. in den Verbrauchsgeräten oder durch einen Rohrbruch bei einem Unfall. Diese Risiken werden durch Zündsicherungen in den Geräten, regelmäßige Überprüfungen der Gasanlage und einen Gasstopp bzw. eine Schlauchbruchsicherung auf ein Minimum reduziert.

Außerdem werden dem an sich geruchlosen Gas bestimmte Stoffe beigemischt, die sicherstellen, dass man austretendes Gas rasch riecht. Unkontrolliert austretendes Propan-/Butangas kann bei einer Konzentration von ca. 1,8 bis 9,5 % in der Luft zu Explosionen führen. Da es schwerer ist als die Luft, kann es durch Bodenöffnungen nach außen abfließen.

Beide Gase sind ungiftig. Trotzdem können sie bei zu hoher Konzentration in der Luft den Sauerstoffgehalt so stark verringern, dass dies zu Bewusstlosigkeit oder sogar zum Tod führt.

Gasflaschen sollten nach dem Entfernen des Anschlusses stets verschlossen werden. Auch vermeintlich **leere Flaschen** enthalten meist einen Rest nicht verdampften Butans, das bei höheren Temperaturen verdampfen und entweichen kann.

Da jede Verbrennung Sauerstoff verbraucht, sollte man beim Kochen mit Gas stets gut **lüften** – ein Fenster oder eine Dachluke sollte also dabei geöffnet sein. So kann Sauerstoff nachströmen und zugleich Dampf entweichen, der sich sonst im Fahrzeug niederschlagen würde. Beachten Sie, dass schon allein durch das Verbrennen von Gas unsichtbarer Wasserdampf entsteht, der unweigerlich irgendwo kondensiert, wenn er nicht nach außen entweichen kann.

Auf **Fähren** müssen alle gasverbrauchenden Geräte abgeschaltet und die Flaschen verschlossen sein. Das wird zwar nicht kontrolliert, aber wehe, es passiert etwas! Für Heizung und Boiler ist das kein Problem, denn die wird man unter Deck kaum brauchen. Aber was ist mit dem Kühlgut im Absorber-Kühlschrank? Tipps dazu, wie Sie Steaks und Speiseeis dennoch sicher auf die Insel bringen, finden Sie auf Seite 125.

Verbrauch, Reserven und Nachschub unterwegs

Wer zum ersten Mal in seinen Wohnmobilurlaub startet, will natürlich im Vorhinein wissen, wie viel Gas er dabei ungefähr pro Tag oder pro Woche braucht, wie lang ihm sein Vorrat reichen wird und wie es notfalls mit Nachschub aussieht. Der Verbrauch ist zwar (vor allem abhängig von der Jahreszeit) sehr unterschiedlich, doch es lassen sich einige hilfreiche Richtlinien nennen:

Während man im **Sommer** für Kochen und Kühlschrank mit einem Verbrauch von maximal 3 kg pro Woche rechnet, sodass die 11-kg-Flasche meist einen ganzen Monat reicht, kann man im **Winter** bei starkem Frost und Wind den Inhalt der gleichen Flasche bereits in zwei Tagen verheizen.

Wer also nur im Sommer verreist und Platz für zwei 11-kg-Flaschen hat (den bieten heute fast alle gängigen Reisemobile), der kann sich getrost mit Leihflaschen zufriedengeben.

Wer allerdings auch im Winter unterwegs ist oder nur 5-kg-Flaschen mitführen kann, der muss seinen Gasvorrat auch unterwegs ergänzen können und kommt daher mit roten Leihflaschen nicht hin. Reist er nur im Inland, reichen graue Tauschflaschen.

Für längere Reisen im Ausland hat man drei Möglichkeiten: Man kann sich für ca. 18 € ein **Euro-Flaschenset** kaufen, ein Set von vier Adaptern, die auf verschiedene ausländische Flaschen passen, sodass diese an den Druckminderer des deutschen Systems angeschlossen werden können.

Die gleiche Funktion bieten auch die neuen **MonoControl-CS-** und **DuoControl-CS-Gasdruckregler** sowie deren Vorgänger, die Gasdruckregler DuoComfort und SecuMotion von Truma mit Schlauchbruchsicherung und variablen, länderspezifischen Anschlüssen. Damit ist dann überall in Europa das Heizen auch während der Fahrt gestattet. Allerdings kostet jeder länderspezifische Regler ca. 50 €.

Ausländische Stahlflaschen können Sie zudem in Deutschland nirgends zu-

Gasflaschen isolieren?

Gelegentlich sieht man, dass Camper ihre Gasflaschen mit Isoliermaterial umwickeln, um sie vor der kalten Außenluft zu schützen. Das scheint auf den ersten Blick einleuchtend, ist aber allenfalls sehr kurzfristig sinnvoll. In den meisten Fällen wird es eher das Gegenteil dessen bewirken, was man eigentlich erreichen will.

Jegliche Isolierung kann den Temperaturausgleich zwischen warmem Innen und kaltem Außen nur verlangsamen, aber niemals ganz verhindern. Früher oder später hat das Flüssiggas selbst bei noch so hervorragender Isolierung die gleiche Temperatur wie die Luft der Umgebung. Wenn man nun Gas entnimmt, wird der Flascheninhalt durch die Verdampfung noch unter die Außentemperatur abgekühlt und müsste dringend durch die Umgebungsluft aufgewärmt werden. Da die Isolierung jedoch nun auch umgekehrt diesen Temperaturausgleich verlangsamt, kann es sein, dass das Flüssiggas nicht mehr ausreichend verdampft – und dies nicht etwa trotz, sondern gerade wegen der Isolierung!

Hoffentlich geht hier das Gas nicht aus

rückgeben, umtauschen oder nachfüllen lassen, sondern nur in dem Land, wo sie ausgeliehen wurden. Außerdem ist zu prüfen, ob die ausländischen Flaschen überhaupt in den Gasflaschenkasten passen!

Alternativ kann man sich für rund 20 € ein **Flaschen-Füllset** besorgen, das aus vier Adaptern besteht. Diese passen auf deutsche Gasflaschen und erlauben es, die eigene Flasche im Ausland auffüllen zu lassen (vorausgesetzt man findet eine geeignete Füllstation!).

Weit bequemer und billiger auf Auslandsreisen ist das Nachfüllen einer **Tankflasche** oder eines **Gastanks.** Wer oft länger im Ausland unterwegs ist, sollte diese Möglichkeit genauer prüfen. Gute Infos und eine große Auswahl bietet z. B. die „Gasfachfrau Karin Nöfer" unter www.gasfachfrau.de.

Weitere Möglichkeiten bieten verschiedene **Alu-** oder **Kunststoffflaschen,** die teils auch im Ausland getauscht werden können. Näheres hierzu unter „... doch wer tauscht sie mir um?" (s. S. 96).

Viele neue Flaschengeister ...

Lange Zeit war das Flaschenangebot sehr übersichtlich: Es gab Stahlflaschen in zwei Größen und diese entweder als rote Leihflasche oder als Eigentum in grau. Doch seit etwa zehn Jahren machen zunehmend neue Flaschentypen den traditionellen Modellen Konkurrenz. Keine Frage: Die Stahlflasche ist nun mal schwer. Das merkt man spätestens, wenn man ein volles 11-kg-Trumm in den Flaschenkasten wuchten muss. Es wiegt ja nicht nur 11 kg (Inhalt), sondern mit Flasche insgesamt 24 kg! Dort angelangt, belastet das Teil natürlich auch das Fahrzeug und mindert die knappe Zuladekapazität. Zwei volle 11-kg-Stahlflaschen bringen immerhin rund 50 kg auf die Waage.

Eine entsprechende Alu-Flasche ist zwar teurer, aber 8 kg leichter und wiegt leer nur 5,4 kg.

Gasflaschen aus verstärktem Kunststoff bietet auch Dopgas (früher vertrieben von BP Gas). Sie sind in zwei Größen (Füllung 5 kg bzw. 10 kg; Leergewicht 4,5 kg bzw. 6,7 kg) erhältlich. Auch diese Kunststoffflaschen sind teils transparent, sodass der Füllstand von außen sichtbar ist.

Die Kunststoffflaschen sind genauso solide und sicher wie Stahlflaschen und unterliegen den gleichen Prüfkriterien, allerdings sind ihre Abmessungen durch den erhöhten Kragen etwas anders, sodass sie nicht in alle Flaschenkästen passen.

Kunststoffflaschen sind leichter und lassen den Füllstand erkennen

... doch wer tauscht sie mir um?

Nicht nur bei klassischen Stahlflaschen, sondern bei allen Gasflaschen ist die Frage des Nachschubs entscheidend. Ohne ein gutes Netz von Tauschstationen ist selbst die beste und leichteste Flasche eben nur eine Flasche. Informationen über das Netz von Stationen bieten die jeweiligen Hersteller. Die Dopgas-Flaschen etwa sind derzeit bei rund 600 Stationen in Österreich erhältlich (Verzeichnis: www.dopgas.at/location). Sie können trotz länderspezifischer Ventile bei allen teilnehmenden Stationen getauscht werden, unabhängig davon, aus welchem Land sie stammen. Zudem handelt es sich bei den Stationen meist um Tankstellen, die länger geöffnet sind als sonstige Gashändler.

Eine universellere Lösung bieten Tankflaschen, die nicht umgetauscht werden müssen, sondern an jeder Gastankstelle nachgefüllt werden können.

Die Tankflasche: der tragbare Gastank

Auf den ersten Blick sind diese Behälter kaum von den üblichen Stahlflaschen zu unterscheiden und doch ist so eine Tankflasche ein vollwertiger, tragbarer Gastank mit Füllstutzen, Füllstopp und Manometer. Als Zubehör gibt es einen **Außenanschluss,** über den man die Tankflasche direkt nachfüllen kann, ohne sie aus dem Kasten holen zu müssen.

Beachten Sie jedoch, dass auch die Ventile der Tankflaschen in Europa noch nicht einheitlich sind, sodass an der Tankstelle ggf. ein kleiner Adapter erforderlich ist (s. S. 104).

Lohnt sich ein Gastank?

Der Unterflur-Einbau eines Gastanks (z. B. 60 l) spart den Platz für einen Flaschenkasten, bietet einen satten Vorrat von 30 kg und den Vorteil, an Tankstellen billig nachfüllen zu können. Außerdem sind Gastankstellen leicht zu finden, da man ein europaweites Verzeichnis bekommt (z. B. unter www.gastankstellen.de, an der Tankstelle, mittels Navigationsgerät oder iPhone-Applikation), während man nach dem nächsten Gashändler oft mühsam suchen muss.

Dafür kostet solch ein Tank mit Einbau mindestens 600 € und die Anlage muss nach 10 Jahren ausgebaut und vom TÜV geprüft werden, was wiederum 300 € kosten dürfte. Wenn der Raum sehr knapp ist, kann ein Unterflur-Tank Sinn machen, aber für Fahrzeuge, die bereits einen Flaschenkasten haben, ist eine Tankflasche (s. S. 97) sicher die bessere Lösung.

Sehr umstritten: das Befüllen von Tankflaschen

Um die Gastankflasche an der Tankstelle selbstständig mit Flüssiggas befüllen zu dürfen, müssen zwei Bedingungen erfüllt sein:

1. Die Flasche muss fest mit dem Fahrzeug verbunden sein, sodass sie einem Gastank entspricht (d. h. sie darf nur mit Werkzeug entnehmbar sein).
2. Die Flasche muss von außen befüllt werden, d. h. sie muss über einen Gasschlauch mit einem Füllanschluss an der Außenseite der Bordwand verbunden sein.

Alle Gasflaschen (auch Tankflaschen!) außerhalb des Wohnmobils dürfen nur durch Fachpersonal befüllt werden. Dies gilt auch für Flaschen im Gaskasten, die nicht vorschriftsmäßig befestigt sind. Manche befüllen ihre Tankflasche dennoch direkt, wozu der Gasflaschenkasten geöffnet werden muss. Das ist in der Regel möglich, da die Tankstellenbesitzer nicht immer überwachen und eingreifen können, aber offiziell ist dies in Europa nicht gestattet. Für die vorschriftsmäßige Befestigung sind die üblichen Spanngurte nicht zulässig, da sie ohne Werkzeug geöffnet werden können. Aber Achtung: Selbst mit vorschriftsmäßiger Befestigung und Außenbetankung kommt es vor, dass manche Prüfer sich weigern, den einwandfreien Zustand der Gasanlage zu bescheinigen! Sie bestehen darauf, dass die Gasbehälter auch als Tank abgenommen und zugelassen sind. Die Meinungen dazu gehen selbst unter den Prüfern auseinander.

Um Flaschen unterschiedlicher Herkunft auffüllen zu können, benötigt man möglicherweise Adpater. Eine Liste der in Europa verbreiteten Adaptertypen findet sich auf Seite 104.

Vorteile von zwei Flaschen

Zwei Gasflaschen sind besser als eine. Aber warum eigentlich? Weil man gewöhnlich den Füllstand der Flasche nicht kennt (dafür braucht man meist teure Messgeräte oder muss die Flasche herausnehmen und wiegen) und sie oftmals genau dann leer ist, wenn es am wenigsten passt, zum Beispiel in einer kalten Winternacht. Die Folge: Man erwacht im eisigen Fahrzeug mit gefrorenem Wasser und muss ohne heißen Kaffee losziehen, um Nachschub zu organisieren.

Hat man eine zweite Flasche, ist das wie ein Reservetank: Man braucht nur kurz in die Kälte zu hüpfen, um den Anschluss zu wechseln und kann dann gemütlich weiterheizen und -kochen. Die leere Flasche sollte man aber bei nächster Gelegenheit tauschen, damit einen der Winter nicht doch noch kalt erwischt.

Noch komfortabler ist eine **Umschaltautomatik** wie die DuoControl CS oder das Vorgänger-Modell DuoComfort von Truma, an die zwei Flaschen, beide geöffnet, angeschlossen werden. Der Regler sorgt dafür, dass zunächst nur eine Flasche entleert wird und schaltet dann automatisch auf die zweite um, ohne dass man dabei im Schlaf gestört wird. Dass das System auf „Reserve" läuft, zeigt eine Leuchtdiode am Bedienteil an.

Für etwa 120 € kann man das System mit einer Fernanzeige aufrüsten, die im Fahrzeuginneren installiert wird. Diese **Truma-DuoC-Fernanzeige** ist auch für den Winterbetrieb mit Eis-Ex ausgestattet. Dadurch wird der Regler bei Bedarf elektrisch beheizt, um nicht zu vereisen.

Gasflaschen im Überblick

Hersteller	Verschiedene		Alugas		Tyczka	
Material	Stahl		Aluminium		Stahl	
Inhalt	5 kg	11 kg	6 kg	11 kg	5 kg	11 kg
Leergewicht	8 kg	13 kg	3,7 kg	5,4 kg	5,7 kg	11,7 kg
Flaschenpreis	20–30 €	25–35 €	ab 99 €	110–150 €	28–45 €	30–60 €
Preis pro Füllung	8–15 €	16–26 €	wie Stahlflaschen		7 €	15–22 €
Nutzersystem	Pfand/Kauf/Tank		Kauf/Tank		Pfand/Kauf (Leihflasche 21 bzw. 30 € Pfand)	
Tauschstellen Deutschland (D) bzw. übriges Europa	Mehrere 10.000 (D) Preisvergleiche für die Gasfüllung finden Sie auf http://gas-preis-flensburg.de.		ca. 1000 (in D), 80 in Skandinavien, alle Füllstationen auf https://umkreissuche.alugas.de		ca. 4000 (D) Füllstationen für Pfandflaschen: www.flaschengas-kaufen.de	
Infoquelle	www.dvfg.de		www.alugas.de		www.tyczka.de	

Füllstandanzeige

Jedes Fahrzeug hat ganz selbstverständlich eine Tankuhr. Da hätte man an seiner Gasflasche schon ganz gerne auch so etwas Ähnliches, um zu wissen, wie lange der Vorrat noch reicht. Neuere Kunststoffflaschen, die teils transparent sind, bieten die Möglichkeit, im Flaschenkasten den Füllstand abzulesen. Die gleiche Möglichkeit bietet eine **Flüssiggasanzeige**, die sich per Magnet auf jeder Stahlflasche anbringen lässt.

Ähnlich funktioniert der **Truma LevelCheck.** Er zeigt an, wie viel Gas sich in der Flasche befindet. Dazu setzt man das Messgerät einfach waagerecht an die Flasche. Leuchtet die LED grün, ist an diesem Level Gas vorhanden. Ein rotes Licht signalisiert, dass die Gasflasche im Messbereich leer ist.

Einen großen Schritt weiter geht **Truma LevelControl,** ein Ultraschall-Messgerät, das unter der Flasche installiert den exakten Füllstand ermittelt und anzeigt. Mit der LevelControl-App kann der Füllstand via Bluetooth abgefragt werden. Das funktioniert ganz bequem und zuverlässig im Fahrzeug und in der näheren Umgebung.

Möchten Sie Ihren Gasvorrat zusätzlich auf größere Distanzen checken, benötigen Sie die Truma App und die iNet Box. Sie sendet die Messergebnisse per SMS an Ihr Smartphone – egal, ob Sie zu Hause oder beim Skifahren auf der Piste sind. Die iNet Box ermöglicht es Ihnen auch, weitere Geräte wie beispielsweise Truma Heizungen und Klimaanlagen ins System einzubinden und mit der App zu bedienen („Truma App“, kostenlos für Android und iOS).

Mit dem Gasinhaltsmesser **GIM mobil** von REICH können Sie rasch und bequem den Gasinhalt Ihrer 11 kg-Propangasflasche ermitteln, wobei der Hersteller auch präzise Messungen bei Flascheninhalten unter 2 kg zusichert (Genauigkeit ± 250 g). Dafür wird das Gerät einfach oben auf der Flasche aufgesetzt und dabei magnetisch gehalten. Auf Tastendruck zeigt es den Inhalt im Display.

Achtung: Dieses Gerät ist nicht mit der Truma DuoControl kompatibel!

Komfortabel und präzise: Truma LevelControl

216wh tr

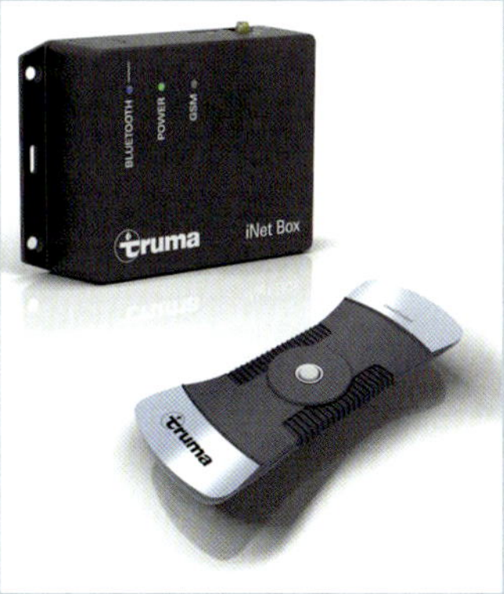

Die Gas-Anlage im Überblick

Die **Gasflaschen** (höchsten 2 Flaschen zu je max. 15 kg – in der Praxis entweder zwei 5-kg, meist aber zwei 11-kg-Flaschen) müssen in einem gegen den Innenraum dicht abgeschlossenen Kasten sicher befestigt sein, der an seiner tiefsten Stelle eine Öffnung von 10 x 10 cm hat. An das Leitungssystem angeschlossen werden sie über einen **Hochdruckschlauch** und einen **Gasdruckregler,** der den hohen Druck der Flasche auf 30 Millibar (bei älteren Systemen 50 mbar) reduziert.

Sein Schraubanschluss soll fest, aber nur von Hand angezogen werden, um die Dichtung nicht zu beschädigen. Außerdem sollte er ein **Manometer** besitzen, damit Sie die Gasanlage jederzeit auf Dichtheit prüfen können (siehe Kapitel „Tests und Problemlösungen“, S. 116).

In Deutschland müssen Regler und Druckschläuche **alle 10 Jahre erneuert** werden. Die Schläuche und die Membran des Reglers können mit der Zeit porös werden. Dann funktionieren möglicherweise die Verbrauchergeräte nicht mehr richtig und es kann durch den undichten Regler Gas entweichen. Diese Austauschpflicht gilt auch für ältere Fahrzeuge. In der Regel wird die Haltbarkeit von Regler und Druckschlauch alle 2 Jahre bei der Gasprüfung kontrolliert. Zur eigenen Sicherheit sollte man aber die Haltbarkeit der Bauteile auch selbst im Blick behalten.

In Wohnmobilen ab Bj. 2007 darf die Heizung während der Fahrt nur betrieben werden, wenn die Gasanlage über eine automatische Abschaltung verfügt, die den Gashahn bei Undichtheit sofort schließt. Diese Anforderung erfüllt z. B. der Druckregler MonoControl CS in Verbindung mit den Hochdruckschläuchen und der Schlauchbruchsicherung

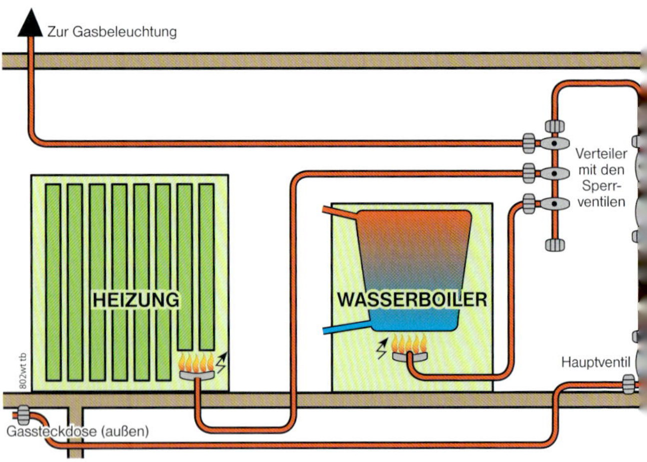

von Truma. Ältere Modelle sind von dieser Regelung ausgenommen.

Der **Hochdruckschlauch** (das erste Leitungsstück innerhalb des Flaschenkastens) ist flexibel, damit man die Gasflaschen bequem auswechseln kann. Er sollte in gutem Zustand sein. Alle weiteren Gasleitungen bestehen aus rostfrei verzinktem Stahlrohr.

Mit dem **Hauptventil** kann man alle Verbrauchergeräte zugleich abstellen. Zudem ist für jedes einzelne Gerät ein eigenes Sperrventil vorgeschrieben, mit einem Symbol, das anzeigt, zu welchem Verbraucher es gehört. Der **Verteiler mit den Sperrventilen** sitzt an einer gut zugänglichen Stelle – meist im Küchenblock. Wichtige Verbraucher sind z. B. Herd, Kühlschrank, Heizung und Wasserboiler. Praktisch ist außerdem eine außen angebrachte Gassteckdose, damit man z. B. den Gasgrill einstecken kann.

Jeder Verbraucher muss mit einer **Zündsicherung** ausgestattet sein, die bei Erlöschen der Flamme (z. B. durch Luftzug oder überkochende Suppe) nach wenigen Sekunden das Gas abstellt. Sie besteht aus einem Ventil mit einer Bimetall-Feder. Wenn das Ventil durch die Flamme ausreichend erhitzt wird, bleibt es in geöffneter Position fixiert. Sobald die Flamme erlischt, kühlt es ab und macht dann automatisch dicht. Deshalb muss man das Ventil an Kocher, Heizung, Kühlschrank etc. zunächst einige Sekunden von Hand geöffnet halten (durch Niederdrücken des Reglerknopfes) bis das Ventil warm genug ist.

Alle zwei Jahre muss die Gas-Anlage vom Fachmann überprüft werden. Am besten lässt man das zusammen mit der Hauptuntersuchung erledigen. Sonst kann man sich an einen Fachhändler wenden. Die Gas-Anlage erhält dann eine Prüfplakette mit dem nächsten Termin, die außen am Fahrzeug befestigt wird.

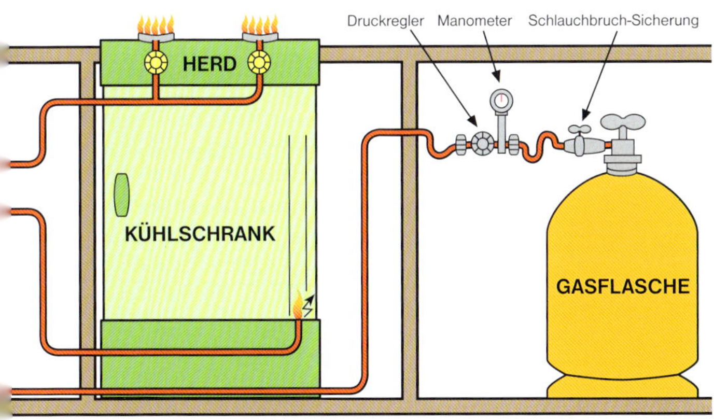

Zubehör: für Sicherheit und Komfort

Zwischen der Gasquelle (Flasche) und den Verbrauchern liegt ein komplexes Verteilersystem, das die sichere Nutzung der Energie aus der Flasche erst möglich macht. Mit ein paar einfachen Rohren und Verteilern ist es nicht getan. Um Unfälle selbst im Falle eines Verkehrsunfalls zu vermeiden, sind zudem Vorrichtungen erforderlich, die bei einem Leitungsbruch die Gasversorgung automatisch blockieren. Solche **Sicherungen** sind vorgeschrieben (s. S. 101), falls man auch während der Fahrt mit Gas heizen will. Daneben geht es vor allem um Komfort: Etwa damit man nachts nicht in die Kälte muss, um eine leere Flasche zu wechseln, damit man bequem per Knopfdruck den Gashahn abdrehen kann, damit nichts vereist und damit man stets seine Reserven kennt.

Gasstopp: denn sicher ist sicher!

Nach der **EU-Heizgeräterichtlinie 2001/56/EG** dürfen seit 2007 keine Neufahrzeuge mehr zugelassen werden, die nicht der aktuellen europäischen Norm entsprechen. Diese schreibt vor, dass die Gasheizung während der Fahrt nur dann betrieben werden darf, wenn eine Vorrichtung zur **automatischen Gasabschaltung** eingebaut ist. Ein Gasfernabschalter wird manuell bedient, ersetzt jedoch nicht die automatische Gasabschaltung! Ein Aufkleber im Gasflaschenkasten muss deutlich machen, ob der Betrieb der Gasheizung während der Fahrt überhaupt erlaubt ist. Ältere Fahrzeuge sind von dieser Regelung ausgenommen. Auf der sicheren Seite ist man aber in jedem Fall mit einem solchen **Gasstopp,** der sich auch jederzeit problemlos nachrüsten lässt. Die einzige Alternative ist, vor jeder Fahrt den Haupthahn zudrehen. In Frankreich beispielsweise gibt es keinen Bestandsschutz. Dort müssen Sie den Gashahn grundsätzlich abdrehen, wenn die Gasanlage nicht der Richtlinie entspricht. Sonst riskieren Sie eine Geldstrafe.

Prinzipiell ist es der Gasheizung ziemlich gleich, ob sie während der Fahrt oder im Standbetrieb läuft. Akut wird der Unterschied nur im Falle eines Verkehrsunfalls – und der passiert nun mal im Fahrbetrieb weit häufiger als im Stillstand. Falls bei einem Unfall, selbst wenn er harmlos ist, eine Gasleitung bricht oder beschädigt wird, kann der kleinste Funke buchstäblich zur Katastrophe führen.

Die Aufgabe der Sicherung ist es daher, im Falle eines Unfalls sofort den Gashahn abzudrehen. Wer das tatsächlich vor jeder Fahrt selbst macht, der braucht sie nicht. Aber Hand aufs Herz – wer ist schon sicher, dass er das nie vergisst?

Auf der sicheren Seite ist man mit einem MonoControl CS oder DuoControl CS Gasdruckregler von Truma. Der Crashsensor darin arbeitet rein mechanisch und funktioniert ohne Strom und unabhängig von Druckverlusten. Und er ist einfach nachzurüsten. Das Prinzip ist simpel: Eine Stahlkugel sitzt mittig in einer speziellen Halterung und hält dadurch das Gasabsperrventil offen. Schon bei einem geringen Aufprall fällt die Kugel aus ihrer Becherhalterung, und das Ventil schließt sofort die Gaszufuhr. Zusätzlich müssen stets Hochdruckschläuche mit Schlauchbruchsicherung verwendet werden (https://www.truma.com/de/de/produkte/truma-gasversorgung/ratgeber-truma-gasdruckregler-uebersicht.html).

Ein ähnliches System bietet auch GOK mit seinen Regleranlagen Caramatic DriveOne (für Einflaschenanlagen) und Caramatic DriveTwo (für Zweiflaschenanlagen). Weitere Infos: www.gok.de/blog/detail/sCategory/18/blogArticle/36.

Noch mehr Sicherheit: Gaswarngeräte

Flüssiggasanlagen in Reisemobil und Caravan sind bei sachgemäßem Einbau und korrekter Handhabung weit sicherer als die meisten glauben. Trotzdem: Selbst wenn es nie Alarm schlagen muss, sorgt ein Warngerät doch für zusätzliche Sicherheit und vor allem für einen ruhigeren Schlaf.

Neuster Stand der Technik sind dabei heute Kombigeräte, die nicht nur vor Propan und Butan, sondern auch vor Narkosegasen und z. T. vor Kohlenmonoxid warnen. Ein Beispiel ist das Modell G.A.S.-pro von Thitronidas, das solche Gase identifiziert, bevor eine gefährliche Konzentration erreicht ist.

Das Gerät kann verdeckt installiert werden, so dass nur die Sensoren sichtbar sind. Es können bis zu drei Sensoren angeschlossen werden (https://www.fritz-berger.de/artikel/g.a.s.-pro-gaswarngeraet-2484).

Von AMS gibt es ebenfalls eine Auswahl von Warn- und Kombigeräten (www.ams-messtechnik.de/de/shop/gaswarnsysteme/gaswarnger_auml_te/).

Die Druckregler MonoControl CS und DuoControl CS von Truma

Umschaltventil: Damit man nachts nicht raus muss

Wer kennt das nicht: Da sitzt man behaglich in seiner mobilen Wohnstube, während es draußen stürmt und schüttet. Drinnen sorgt die Gasheizung für gemütliche Wärme – da plötzlich: Kein Gas mehr! Aus ist es mit der Behaglichkeit. Keine Heizung, kein Kaffee. Jetzt heißt es: Raus in das Sauwetter und die Gasflasche wechseln! Meist im Dunkeln, mit Taschenlampe, klammen Fingern und fluchend, weil die Verriegelung klemmt.

Das kann man sich mit dem DuoControl CS Gasdruckregler mit Umschaltautomatik ersparen. In Verbindung mit einem Truma Hochdruckschlauch mit Schlauchbruchsicherung für DuoControl CS darf dann auch während der Fahrt geheizt werden.

Das Gerät erledigt den lästigen Flaschenwechsel automatisch, sodass Sie behaglich in der Stube bleiben können, denn sie sind an beide Flaschen angeschlossen und schalten auf die Zweitflasche um, sobald die erste entleert ist. Damit das „dicke Ende“ dann nicht hinterher kommt, wenn also auch die Zweitflasche leer ist, sollte man zusätzlich die **Fernanzeige DuoC** installieren (s. S. 98), sodass man auch in der warmen Stube mit einem Blick erkennt, ob die Reserveflasche bereits angezapft ist. In diese Anzeige ist außerdem bereits das Zubehör **EisEx** integriert, das verhindert, dass die Regleranlage bei tieferen Temperaturen einfriert. Sonst kann man EisEx auch separat installieren.

Adapter: Um immer Anschluss zu finden

Europa hin oder her – vieles passt noch immer nicht zusammen: beispielsweise die Anschlüsse der Gasflaschen. Hier hat jedes Land sein eigenes System.

Für ältere Fahrzeuge, bei denen der Regler meist direkt an der Gasflasche sitzt, gibt es zwei Möglichkeiten: entweder ein **Euro-Füll-Set** mit vier Adaptern, die es gestatten, die vorhandene deutsche Flasche im Ausland zu befüllen, oder ein **Euro-Flaschen-Set** mit ebenfalls vier Adaptern (s. S. 94).

Verbreitung von Adaptertypen

Land	Adaptertyp	Land	Adaptertyp	Land	Adaptertyp
Belgien	A	**Kroatien**	D	**Rumänien**	D
Bosnien	D	**Lettland**	D	**Schweden**	D
Bulgarien	D	**Litauen**	D	**Schweiz**	A, D
Dänemark	D	**Luxemburg**	A	**Slowakei**	D
Deutschland	A	**Mazdeonien**	D	**Slowenien**	D
England	B	**Niederlande**	B	**Spanien**	B, E
Estland	D	**Norwegen**	D	**Tschechien**	D
Frankreich	D	**Österreich**	D	**Türkei**	D
Georgien	D	**Polen**	D	**Ukraine**	D
Griechenland	D	**Portugal**	D, E	**Ungarn**	D
Italien	D				

A: ACME, B: Bajonett, D: Dish, E: Euronozzle

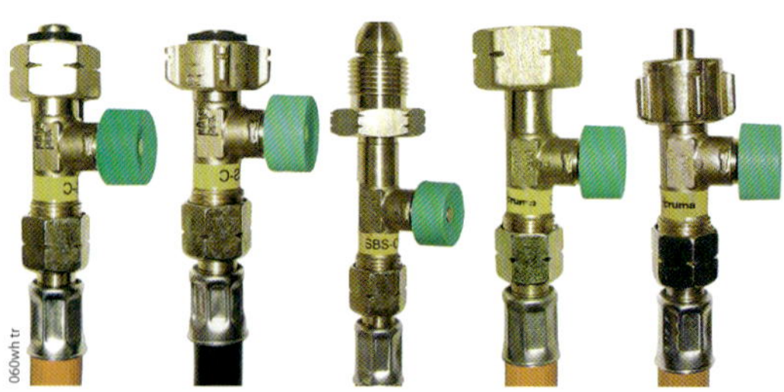
060wh tr

Adapter können aber zu Undichtigkeiten an den zusätzlichen Verschraubungen führen. Einfacher und sicherer ist daher ein System von Druckreglern, die fest an der Wand des Flaschenkastens montiert und durch einen Hochdruckschlauch mit der Flasche verbunden sind. Truma (s. S. 264) bietet hierfür eine Auswahl länderspezifischer Hochdruckschläuche, die mühelos gegen den vorhandenen deutschen Schlauch ausgetauscht werden können. Entsprechende Hochdruckschläuche gibt es natürlich auch für den Anschluss der Umschaltregleranlage DuoControl CS an die Gasflasche.

Gasfernabschalter: Komfort und Sicherheit

In manchen Ländern und ohne zugelassene Gasstoppsysteme muss man vor jeder Fahrt das Gas abstellen. Dazu muss man jedes Mal den verschmutzten Gaskasten öffnen und den Hahn zudrehen. Mit einem im Innenraum installierten Gasfernabschalter hingegen lässt er sich bequem per Knopfdruck schließen und wieder öffnen. Das bietet nicht nur Komfort, sondern auch mehr Sicherheit. **Beachten Sie:** Gasfernschalter dürfen nur installiert werden, wenn sichergestellt ist, dass alle Gasgeräte des Wohnmobils zündgesichert sind.

< Buntes Sortiment: Adapter für den Anschluss ausländischer Gasflaschen

Überprüfungen

Dichtheits-Prüfung der Gasanlage

Stellen Sie alle Verbraucher ab, öffnen Sie alle Sperrventile und drehen Sie dann den Hahn der Gasflasche auf. Jetzt müsste die Nadel des Manometers nach oben springen (falls nicht, ist die Flasche leer!). Zeigt sie Druck an, so schließen Sie den Flaschenhahn und gehen Sie einen Kaffee trinken. Wenn Sie zurückkommen, muss der Zeiger unverrückt an der gleichen Position stehen – sonst hat Ihr System ein Leck! Das findet man meist dort, wo die Gasflasche an den Regler angeschlossen ist (nachziehen oder Dichtung auswechseln). Falls es daran nicht liegt, muss man mit einem Leckspray sämtliche Rohrverbindungen überprüfen und ggf. nachziehen, falls sich dort Bläschen bilden.

Überprüfung der Zündsicherungen

Ob die einzelnen Zündsicherungen funktionieren, kann man feststellen, indem man den Verbraucher kurze Zeit betreibt und dann abstellt. Einige Sekunden danach müssen die Sicherungen mit einem hörbaren Klick schließen. Ob sie zuverlässig dicht sind, zeigt sich, wenn man bei der o. g. Dichtheits-Prüfung die Regler der Gasgeräte bis zum Anschlag aufdreht, ohne sie niederzudrücken. Zeigt das Manometer einen Druckabfall, so ist die Sicherung des betreffenden Geräts defekt. Weitere Tests, welche die einzelnen Verbrauchergeräte betreffen, finden Sie in den entsprechenden Kapiteln zu Kühlschrank, Boiler und Heizung.

Wasser-Installation

Auf Strom und Gas kann man notfalls verzichten, wenn man mit Spiritus kocht und bei Kerzenlicht diniert. Aber ohne Wasser geht es nicht. Dabei ist Wasser leider sehr schwer und daher nur in recht begrenzten Mengen zu transportieren. Wer wenigstens für einige Tage vom Nachschub unabhängig sein will, der muss lernen, mit dem Wasser sparsam umzugehen. Aber er muss auch wissen, wie er es richtig lagert und sauber hält, wie man Schmutzwasser entsorgt und was für Behälter und Pumpen man am besten benutzt.

Trinkwasser

Trinkwasser muss in Deutschland sehr hohen Ansprüchen hinsichtlich der Keimfreiheit genügen – höheren als z. B. Mineralwasser – und wird daher gewöhnlich mit Chlor versetzt. Im Wassertank des Fahrzeugs können sich die Keime jedoch rasch vermehren, insbesondere, falls er so angebracht ist, dass er sich durch Sonneneinstrahlung erwärmen kann (was allerdings gewöhnlich nicht der Fall ist). Während der Reise wird man seine Wasservorräte innerhalb von 3 bis 4 Tagen aufbrauchen und erneuern müssen, sodass es kaum Probleme geben dürfte.

Besonders in südlichen oder außereuropäischen Ländern sollte man mit dem Trinkwasser vorsichtig sein. Hat man Zweifel an der Qualität des Leitungswassers, kann man es mit Mitteln auf Chlorbasis (z. B. Micropur oder Certesil) entkeimen. Einen Filter, der Brauchwasser in Trinkwasser verwandelt, findet man nur bei einigen Expeditionsfahrzeugen (weitere Infos unter: www.famous-water.com). Bleibt das Wasser länger als ein paar Tage im Tank, so sollte man sicherheitshalber ein Mittel auf Silberbasis zusetzen, um es zuverlässig keimfrei zu halten. Man kann das Wasser aber auch ohne Chemie entkeimen und konservieren, indem man in den Wassertank ein UV-Entkeimungsgerät (s. Kasten) einbaut. Alternativ kann man das Wasser aus dem Tank nur zum Waschen verwenden und zum Trinken, Kochen und Zähneputzen Wasser aus Flaschen oder einem Kanister mit sich führen. Weiterhin sollte man in warmen Ländern darauf achten, dass der Tank vollständig entleert ist, ehe man frisches Wasser nachfüllt.

Das Wassersystem

Das Wassersystem heutiger Wohnmobile ist weit komplizierter als ein schlichter Wasserkanister mit Auslaufhahn – und es gibt auch mehr zu beachten. Wichtig bei Systemen mit fest eingebautem Tank ist, dass sie am tiefsten Punkt eine **Ablassöffnung mit innenliegendem Hahn** besitzen, über die auch der Boiler und alle Leitungen entleert werden können. Diese Öffnung dient meist zugleich als Überdruckventil für den Boiler.

⊳ Großer und gut zugänglicher Frischwassertank in der Heckgarage eines Hymer-Wohnmobils

061wh tr

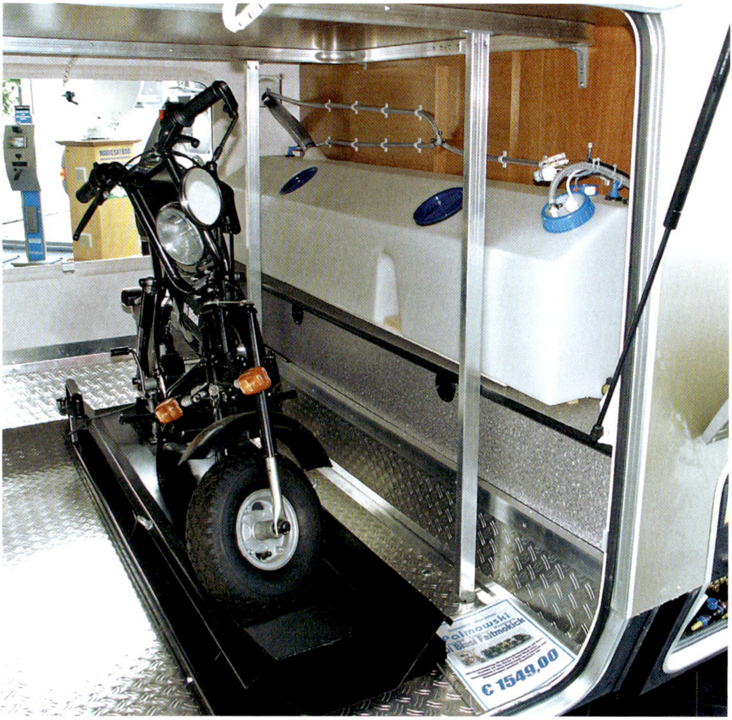

Wassertank

Pro Person wird ein Bedarf von etwa 10 Litern pro Tag angesetzt (ein Leser schrieb zwar, dass er diese Menge schon für einmal Händewaschen durch den Ausguss jagt – aber im Wohnmobil muss man eben etwas anders haushalten). Mit Kindern und falls man im Fahrzeug duscht, sollte man mit 15 Liter/Tag kalkulieren. Die meisten Wohnmobile haben einen Wassertank, der 80–200 l fasst und in einer Sitzbank zwischen den Achsen untergebracht ist, wo das Wasser frostfrei und doch hitzegeschützt lagert und die Gewichtsverteilung nicht ungünstig beeinflusst. Der Wassertank sollte oben und gut zugänglich eine große **Öffnung mit Schraubdeckel** haben, damit man ihn leicht reinigen kann, und einen **Ablasshahn** am tiefsten Punkt, um den Tank durchspülen und entleeren zu können. Heller, lichtdurchlässiger Kunststoff hat den Vorteil, dass man eventuelle Schmutzablagerungen besser erkennt, und in der Sitzbank ist das Wasser ohnehin dunkel gelagert, sodass sich keine Algen bilden können. Meist sind **Messkontakte** eingebaut, damit man am Kontrollpaneel den Füllstand ablesen kann und dazu nicht extra den Tank öffnen muss. Der **Außenstutzen** sollte abschließbar sein, damit niemand versehentlich (oder aus übler Absicht?) etwas anderes als Trinkwasser einfüllt. Außerdem muss der Wassertank eine **Lüftungsöffnung** besitzen, damit beim Entleeren kein Unterdruck entsteht.

In kleineren Kastenwagen werden tragbare **20-l-Wasserkanister** verwendet, die gegenüber dem Tank aber auch Vorteile haben (z. B. sind sie leichter zu reinigen, zu entleeren und zu füllen, wenn man nicht an die Zapfstelle heranfahren kann).

Tankpflege

Vor allem aus Hygienegründen, aber auch wenn das Wohnmobil bei Frost nicht benutzt wird, müssen der Tank sowie das komplette Wassersystem gelegentlich entleert und gereinigt werden.

- **Entleeren:** Falls der Tank des Wohnmobils keinen Ablasshahn haben, sollten Sie an der tiefsten Stelle einen einbauen, sonst müssen Sie Ihr System stets über Wasserhahn und Pumpe entleeren.

1. Öffnen Sie den Ablasshahn am **Tank und am Wasserboiler.**
2. Öffnen Sie alle **Wasserhähne** (Mischbatterien auf Mittelstellung). So kann das gesamte Leitungssystem leer laufen, wenn es richtig verlegt ist.
3. Den **Wassertank** ggf. sauber und trocken auswischen. Um auch die **Druckpumpe** ganz zu entleeren, muss man den Schlauch am Ausgang der Pumpe abziehen, unter diesen Ausgang ein kleines Gefäß stellen und die Pumpe kurz einschalten. Sonst gefriert das Wasser in der Pumpe bei Frost und könnte sie beschädigen oder zerstören. Schließlich stecken Sie den Schlauch wieder auf und schließen alle Hähne, damit kein Ungeziefer eindringen kann.

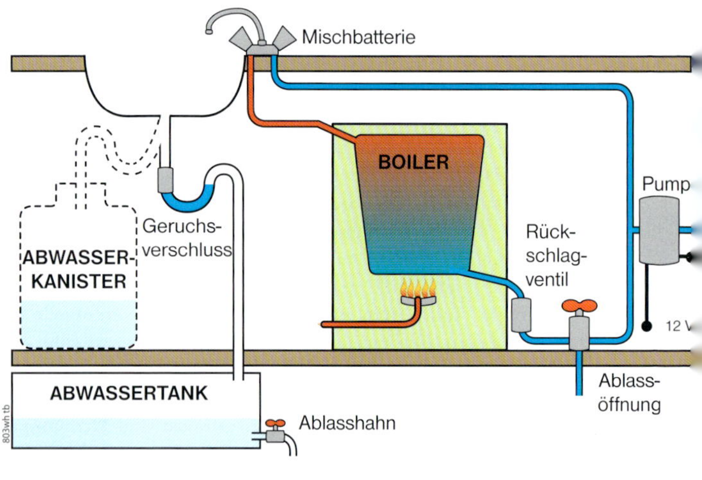

Tipp: Falls sich der Frischwassertank nicht mehr entleeren lässt, weil der unterhalb des Fahrzeugs befindliche Ablassschlauch eingefroren ist, so können Sie den Brausekopf der Dusche aus dem Fenster hängen und die Pumpe so lange laufen lassen, bis der Tank leer ist.

- **Reinigen:** Den Wassertank selbst kann man im Frühjahr mit einer Bürste reinigen, wenn er einen großen Schraubdeckel hat. Danach kräftig durchspülen. Aber meist erreicht man doch nicht alle Winkel und auch das übrige Wassersystem lässt sich nicht ausschrubben. Deshalb wird man gelegentlich doch zur Chemie greifen müssen. Verwendet werden hierzu die gleichen Chlormittel wie für das Trinkwasser, nur mit höherer Konzentration (3- bis 5-fach). Außerdem gibt es Mittel, die selbst Ablagerungen in Tanks und Leitungen entfernen. Geben Sie das Mittel in den Wassertank und füllen ihn mit Wasser. Öffnen Sie dann sämtliche Hähne, bis alle Luft heraus ist und nur noch Wasser fließt, und füllen Sie den Tank wieder randvoll auf. Lassen Sie das Mittel einige Tage wirken (Herstellerangaben beachten), entleeren Sie dann das System wie oben beschrieben, spülen Sie es gut durch und füllen dann frisches Wasser ein.

  Bei Mietfahrzeugen hat man die Wahl: Entweder man vertraut dem Vermieter oder man reinigt und spült den Wassertank vor dem Befüllen selbst. Das Risiko ist allerdings eher gering, denn in Deutschland gelten für Wohnmobil-Vermieter, was das Wassersystem betrifft, sehr strenge Vorschriften.
- **Auffüllen:** Wenn das ganze System entleert war, ist das Auffüllen etwas aufwendiger als dann das Nachfüllen unterwegs.

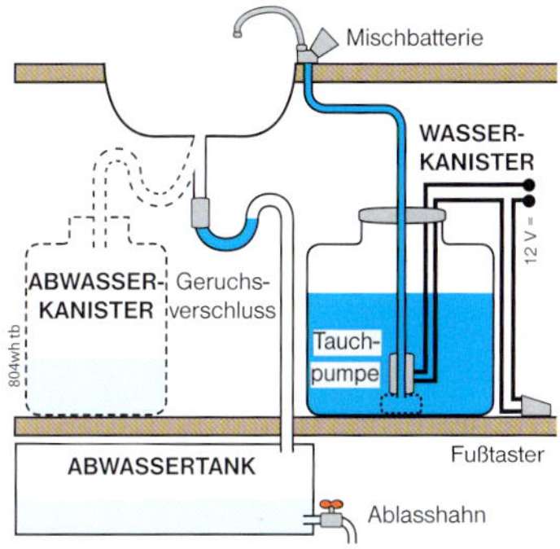

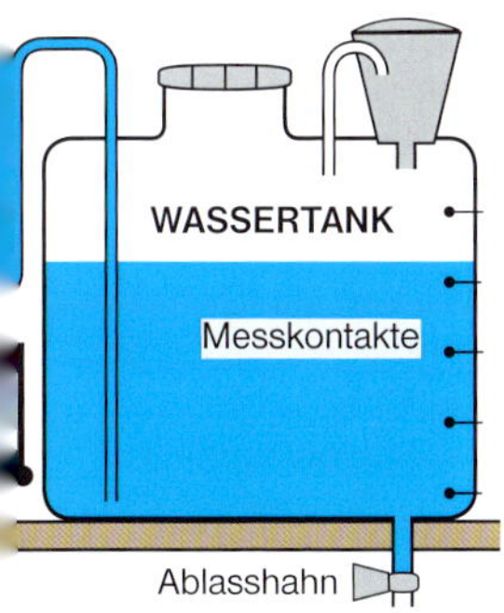

⌃ Skizze der Wasser-Installation mit einfachem Wasserkanister

‹ Skizze der Wasser-Installation mit Wassertank

- Nach längeren **Pausen** überprüfen, ob der Wassertank trocken und sauber ist.
- **Ablaufhähne** von Tank und Boiler schließen.
- Wassertank **auffüllen.**
- Pumpe am Hauptschalter einschalten und einen **Warmwasserhahn** öffnen (bzw. Mischbatterie auf „Heiß" stellen).

Hier braucht man reichlich Wasser: in der Wüste von Utah

- So lange warten, bis alle **Luft** entwichen ist und das Wasser ruhig fließt (erst dann ist der Boiler gefüllt). Tipp: eventuell ein Handtuch über den Wasserhahn halten, da es sonst spritzen kann.
- Hahn schließen und mit den anderen entsprechend verfahren, bis das ganze **System** geflutet ist.
- **Wassertank** wieder ganz auffüllen.

  Falls sich die Druckpumpe kurz nach dem Schließen der Hähne nicht von selbst abstellt, ist sie entweder defekt oder das Wassersystem hat irgendwo eine undichte Stelle.

Wasser nachfüllen

Den Tank unterwegs wieder aufzufüllen, ist kein Problem, sofern man an die Zapfstelle heranfahren kann und sie einen geeigneten Schlauch besitzt. Andernfalls gibt es einige Tricks und Hilfsmittel:

- Ein **10-** oder **20-l-Kanister** oder auch ein **Faltkanister** ist hilfreich, um Wasser von der Zapfstelle zum Fahrzeug zu tragen und um einen Vorrat an separatem Trinkwasser zu besitzen, falls man der Sauberkeit des Tanks nicht traut.
- Am einfachsten ist es, das Wasser durch die große **Schrauböffnung** einzufüllen.
- Um aus Kanistern oder Eimern Wasser in den Außenstutzen einzufüllen, ist ein großer **Trichter** (mit Schlauchstück) erforderlich.
- Eine **Gießkanne** ist sehr praktisch, um Wasser zu holen und **direkt** einzufüllen.
- Am bequemsten geht es mit einem langen **Schlauch** – wenn er an den Hahn passt!
- Um sich ein Sortiment von **Adaptern** zu ersparen, kann man an einem Ende mit einer Rohrschelle ein ca. 15 cm langes Stück von einem alten **Fahrradschlauch** mittlerer Stärke befestigen, den man dann über nahezu jeden Hahn und jedes Brunnenrohr stülpen und ggf. noch mit einem einfachen Kabelbinder fixieren kann.
- Wenn man 10–15 cm hinter dem anderen Schlauchende einen **Karabinerhaken** befestigt und am Einfüllstutzen die dazu passende **Öse** anbringt, kann man auch alleine Wasser nachfüllen, ohne dass der Schlauch herausrutscht.

Wie gefährlich sind eigentlich Keime?

In Deutschland darf Trinkwasser maximal 1000 Keime/ml enthalten, während Milch und Speiseeis mit der 100-fachen Konzentration verkauft werden dürfen. Entscheidend ist offenbar nicht nur die Anzahl, sondern vor allem auch die Art der Keime. Von den meisten kann der menschliche Körper eine ganze Menge vertragen, ohne dass er dadurch ernsthaften Schaden nehmen würde.

Wir hatten mit unseren (kühl in einem Staukasten gelagerten) Wasservorräten bislang noch nie irgendwelche Probleme, obwohl wir es mit den Vorsichtsmaßnahmen selten sehr genau genommen haben. Aber sicher ist sicher! Notfalls kann man Wasser durch **Abkochen** entkeimen. Dazu muss es aber mindestens 15 Minuten kochen! Dies gilt jedenfalls auf Meereshöhe, in höheren Lagen beträgt der Siedepunkt unter 100 °C, sodass hier alternative Methoden zu empfehlen sind.

UV-Geräte zur Entkeimung werden direkt in den Frischwassertank eingebaut. Mikroorganismen wie Viren, Bakterien, Pilze und Hefen werden durch UV-Licht wirksam abgetötet. Eine Zugabe von Chemikalien ist nicht erforderlich. Allerdings erfordern diese Geräte eine permanente 12-V-Stromversorgung.

Steht dem Reisenden einwandfreies Trinkwasser zur Verfügung, muss er es allenfalls **konservieren;** Wasser zweifelhafter Qualität sollte man **desinfizieren.** Zum Desinfizieren nimmt man **Chlorpräparate,** zum Konservieren ein Mittel auf **Silberbasis.**

- Wenn der Kanister nicht unter den Hahn passt, dann kann ein **kurzes Schlauchstück** mit dem o. g. Fahrradschlauch-Adapter helfen.
- **Faltschläuche** aus weichem Material, die auf der Schlauchtrommel plattgepresst werden, sind leicht und platzsparend, aber man muss sie jedes Mal ganz abspulen.

Achtung: Passen Sie beim Tanken gut auf, dass der Tankwart nie den Schlüssel zum Wassertank bekommt, denn Diesel im Wassersystem ist eine Katastrophe!

Die Wasserpumpe

Da der Wassertank für einen günstigen Schwerpunkt möglichst tief liegen soll, fließt das Wasser nicht von alleine aus dem Hahn, sondern muss gepumpt werden. Dafür gibt es zwei verschiedene Pumpenarten: Druckpumpen und Tauchpumpen. Letztere sind meist in Fahrzeugen mit Kanistern zu finden, erstere in Modellen mit fest eingebauten Tanks.

Die **Tauchpumpe** ist deutlich preisgünstiger. Sie wird direkt in den Wasserbehälter gehängt und muss jedes Mal durch einen elektrischen Kontakt eingeschaltet werden, damit Wasser fließt. Das bedeutet, dass jeder Hahn zugleich einen elektrischen Schalter enthalten und über eine Stromleitung mit der Pumpe verbunden sein muss. Alternativ gibt es auch praktische **Fußtaster.** Dann genügt für den Hahn ein simples Auslaufrohr (ohne Abstellventil), man hat die Hände frei und kann die Wassermenge viel besser und sparsamer dosieren. Ein Ventil verhindert den Rücklauf, sodass nicht immer zuerst die Leitung gefüllt werden muss.

Die **Druckpumpe** ist teurer und stärker. Sie kann mehrere Zapfstellen zugleich versorgen, ist außerhalb des Tanks angebracht, saugt das Wasser an und baut im Leitungssystem einen Druck auf, ähnlich wie im Haushalt, um die Verbraucher wie Boiler, Wasserhahn, Toilette zu versorgen. Dies bedeutet, dass man Armaturen wie zu Hause verwenden kann und keine elektrischen Schalter braucht. Da nur die Pumpe selbst mit Elektrizität versorgt werden muss, spart man Kabelwege und Strom. In die Pumpe ist ein Druckregler eingebaut, der die Pumpe einschaltet, wenn der Druck im Leitungssystem abfällt, und wieder abstellt, wenn ein bestimmter Druck erreicht ist. Sind alle Hähne geschlossen, ist dieser Druck in wenigen Sekunden erreicht. Ist aber einer offen (oder eine Leitung undicht), so läuft die

Wassereinbruch?

Die Tauchpumpe hat den klaren Vorteil, dass nicht ständig Druck auf der Leitung ist. Das bedeutet, dass es bei einem Leck im System nicht zur Überschwemmung kommt. Die billigen Fußtaster sind jedoch eher unzuverlässig, da sie sich manchmal selbsttätig einschalten. An einem frostigen Tag ist mir das während der Fahrt passiert, ohne dass ich es bemerkt habe: Die Pumpe hat den ganzen 30-l-Kanister entleert, und da der Ablaufschlauch des Waschbeckens rasch vereiste, ist der ganze Segen übergelaufen und ich hatte in meinem Wohnmobil die perfekte Eisbahn!

Pumpe ununterbrochen und entleert den ganzen Tank! Da sie sich auch dann nicht abstellt, kann sie heiß laufen und kaputtgehen. Kurzzeitiges Trockenlaufen dürfte aber bei modernen Druckpumpen keine Schäden verursachen.

Wohnmobile mit Druckpumpe sollten einen eigenen **Hauptschalter für die Pumpe** besitzen (z. B. am Kontrollpaneel), mit dem man die Pumpe während der Fahrt und nachts ausschalten kann, damit nichts passiert. Schon bei einer geringen Schwäche der Membran kann etwas Wasser zurückfließen, sodass der Druck abfällt und sich die Pumpe die ganze Nacht hindurch immer wieder geräuschvoll bemerkbar macht!

Abwassertank

Da ein Teil des Frischwassers für die Toilette und zum Kochen verbraucht wird, genügt es, wenn der meist unter dem Fahrzeug angebrachte Abwassertank etwa zwei Drittel vom Volumen des Wassertanks hat. Er muss am höchsten Punkt eine **Entlüftung** haben, die notfalls zugleich als Überlauf dient. Weiter sollte er einen leicht zugänglichen **Ablass-Schieber** besitzen und einen Ablauf, an den ein dickes Rohr oder ein dicker Schlauch (mind. 5 cm Durchmesser, damit er nicht wegen jeder Nudel verstopft) fest angeschlossen ist. Falls der Ablass gut zugänglich ist, kann man auch einen separaten Schlauch wählen, der per Bajonettverschluss angebracht wird. Ohne einen solchen Schlauch wäre es schwierig, das Abwasser gezielt in einen Schacht zu entlassen.

In die Abwasserleitungen sollte ein **Siphon** eingebaut sein. Sonst hat man bei heißem Wetter die heftigsten Gerüche in der Stube, da das Abwasser viel schneller fault und zu gären beginnt, als man es entleeren kann. Bei flexiblen Schlauchleitungen kann man durch eine S-förmige Biegung einen Siphon improvisieren. Als kurzfristige Lösung kann man auch die Abflüsse der Wasserbecken durch Stöpsel verschließen.

Für Wintercamping muss der Abwassertank entweder frostfrei gelagert bzw. beheizbar sein oder man muss den Ablauf der Becken in einen Kanister im Inneren des Fahrzeugs leiten, damit das Abwasser nicht einfriert. Manche empfehlen, das Abwasser durch Salz vor dem Einfrieren zu schützen. Dies ist jedoch sicher nicht sinnvoll. Um die Füllung eines kleinen Abwassertanks vor dem Gefrieren zu schützen, müsste man ca. 10 kg Salz hineinschütten! Und wo sollte man diese Lake nachher entsorgen?

Wasserboiler

Der Boiler sorgt für Komfort und stellt in kurzer Zeit 10 l warmes Wasser zum Waschen und Duschen bereit. Er gehört gleichzeitig zum Wasser- und Gassystem des Wohnmobils und ist für die Zündung der Heizflamme auch an das 12-V-Netz angeschlossen. Die fast immer von der Firma Truma stammenden Geräte sind einfach zu bedienen und arbeiten sehr zuverlässig. Bei Selbstausbau oder zum Nachrüsten kann man verschiedene Anbieter und Systeme vergleichen, z. B. Warmwasserbereiter von Elgena (www.elgena.de/collections/boiler). Diese Geräte können wahlweise mit verschiedenen Energiequellen betrieben werden (12V, 24V, 230V, Kühlwasser, Sonnenkollektoren) und sind auch in größeren Ausführungen bis 50 Liter erhältlich.

Am Thermostat kann man die gewünschte Wassertemperatur einstellen. Hat man keine Mischbatterie, wählt man am besten eine Temperatur von ca. 35 °C, um nicht zu viel Wasser beim Regeln der Temperatur zu verschwenden. Dann stellt man den Schalter auf „ein", wobei ein grünes Lämpchen aufleuchtet. Springt es nach kurzer Zeit auf rot, liegt eine Störung vor.

Sehr wichtig ist es, das Wasser im Boiler vor **Frost** zu schützen, um schwere Schäden am Gerät zu vermeiden. Bei Frostgefahr sollte man den Boiler daher unterwegs am besten auf niedriger Stufe eingeschaltet lassen bzw. zu Hause sofort entleeren. Dazu gibt es meist direkt daneben einen Hahn, der zugleich als Überdruckventil fungiert.

Boiler, die mit dem Heizgerät kombiniert sind (die Truma-Combi-Modelle), besitzen manchmal einen **Schutzschalter,** der das Einfrieren verhindert, indem er schon bei einer Wassertemperatur von ca. 6 bis 8 °C den Ablasshahn automatisch öffnet und den Boiler leer laufen lässt. Wenn man sehr kaltes Frischwasser einfüllt, öffnet das Ventil ebenfalls und lässt das Wasser wieder ablaufen, sobald es in den Boiler gelangt. Verhindern lässt sich dies, indem man die Heizung startet. Dann ist dieser Schutzschalter überbrückt.

Neben den oben genannten Kombigeräten, die im Kapitel über Heizgeräte behandelt werden, bietet Truma drei weitere Systeme, die ausschließlich als Warmwasserbereiter funktionieren:

Truma-Boiler im Überblick

Modell	Elektroboiler	Boiler Gas und Gas/Elektro	Therme
Wasserinhalt	14 l	10 l	5 l
Abmessung	455 x 405 x 295 mm	Gas: 350 x 350 x 260 mm Gas/Elektro: 350 x 350 x 320 mm	370 x 220 x 230 mm
Gewicht (ohne inhalt)	3 kg	6,9 kg bzw. 7,7 kg	2 kg
Gasverbrauch		120 g/Std.	
Stromaufnahme (12 V)		Zünden: 0,16 A Aufheizen: 0,12 A Standby: 0,05 A	
230-V-Heizelemente	850 Watt	850 Watt (optional)	300 Watt
Aufheizzeit (15 °C auf 70 °C bzw. 60 °C)	70 Min.	Gasbetrieb: 31 Min. Elektrobetrieb: 29 Min. Gas und Elektro: 16 Min.	ca. 50 Min. (auf 60 °C)

215 wh tr

☐ Truma Elektroboiler

214wh tr

☐ Truma Boiler Gas und Boiler Gas/Elektro

213wh tr

☐ Truma-Therme

- Der **Truma Elektroboiler** funktioniert nur mit 230 V Netzstrom und hat keinen Gasbetrieb. Er fasst 14 l Wasser, die er in 70 Minuten von 15 auf 70 °C erhitzt. Dank sehr guter Isolierung verliert das Wasser pro Stunde nur etwa 1,1 °C, sodass es ohne weiteres Aufheizen 10 Stunden später noch immer 59 °C hat.

  Beachten Sie: 14 l Boilervolumen bedeutet ca. 30 l Warmwasser zum Duschen, da Kaltwasser beigemischt wird, um eine Wassertemperatur von ca. 35°C zu erreichen.
- Der **Truma-Boiler Gas** bzw. **Gas/Elektro** ist das Nachfolgemodell des Truma Boiler B, einem seit vielen Jahren bewährten Modell, das mit einem starken Gasbrenner beheizt wird und 10 l Wasser in nur 16 Minuten von 15 auf 70 °C erwärmt. Die Wassertemperatur lässt sich per Thermostat bequem zwischen 30 und 70 °C regulieren. Die Gas/Elektro-Variante besitzt einen zusätzlichen 230 V-Heizstab.
- Die **Truma-Therme** schließlich ist eine einfache, preisgünstige und platzsparende Lösung. Hier wird die Warmluft der ohnehin vorhandenen Gasheizung genutzt. Sie wird durch den Boiler geleitet, der auf diese Weise 5 Liter Wasser in etwa 50 Minuten auf 65 °C erwärmen kann (ebenfalls mit Thermostat). Zusätzlich umfasst die Therme einen 300-Watt-Heizstab, um bei Netzanschluss auch ohne Betrieb der Heizung Warmwasser erzeugen zu können.
- Boiler mit **größerem Volumen** bis 50 Liter für Strom (12/24/230 V), Gas, Motorwärme und/oder Solarpaneele bietet die Firma Elgena.

Tests und Problemlösungen

Schmutzwasser läuft nicht ab

- **Ablauf** des Beckens verstopft? Mit Abflusssauger wie zu Hause durchpumpen, notfalls mit der hohlen Hand pumpen.
- **Entlüftung** des Abwassertanks verstopft? Dann müsste das Wasser sofort ablaufen, sobald Sie den Schieber etwas öffnen.

Starke Geruchsbelästigung

- Auch wenn man zunächst häufig die Toilette verdächtigt – meist ist der **Abwassertank** Schuld: Probehalber den Stöpsel in Wasch- und Spülbecken schließen. Für Abhilfe sollte man Siphons in die Abwasserleitungen einbauen.
- Sollte es doch die **Chemietoilette** sein: Wurden die Chemikalien richtig dosiert? Grundsätzlich besser: **Fäkaltank-Entlüftung** einbauen.

Boiler funktioniert nicht

Falls die **Kontrolllampe rot** leuchtet:

- Ist der **Boilerkamin** geöffnet?
- Ist das **Kondenswasserrohr** (ein kleines Loch unter dem Abgaskamin) verstopft? Es kann unter Umständen vorkommen, dass Insekten darin ihre Eier ablegen!
- Ist noch **Gas** in der Flasche? Manometer prüfen oder einfach versuchen, den Kocher zu zünden.

- Prüfen ob alle **Gashähne** geöffnet sind, also die Hähne an Flasche, Haupthahn sowie das Absperrventil für den Boiler?
- Ist **Wasser** im Boiler? Den Warmwasserhahn aufdrehen und warten, bis das Wasser gleichmäßig fließt.

Falls die **Kontrolllampe gar nichts** anzeigt:

- Ist **Strom** da und der Hauptschalter auch eingeschaltet? (Versuchsweise Licht einschalten.)
- Ist die **Sicherung** durchgebrannt? Sicherung am Kontrollpaneel prüfen; gegebenenfalls den Deckel der Boiler-Fernbedienung abnehmen und die Schmelzsicherung auswechseln; am besten gleich zwei neue Sicherungen besorgen und die Reservesicherung mit Isolierband innen auf den Deckel kleben.

Pumpe schaltet immer wieder kurz ein

- Überprüfen, ob ein Hahn **tropft** oder sonst eine Stelle **undicht** ist.
- Leitungen auf **Lecks** untersuchen.
- Ist alles dicht, kann es sein, dass die **Pumpe** selbst Druck verliert.
- Pumpe nur einschalten, solange man fließendes Wasser braucht.

Druckwasserpumpe stellt sich nicht ab

- Sofort den **Hauptschalter** für die Pumpe ausschalten und das System auf ein Leck untersuchen. Vielleicht ist nur ein Hahn oder ein Ablaufventil nicht ganz geschlossen, aber es könnte auch sein, dass eine Leitungsverbindung undicht ist!
- Findet sich kein Leck, sollte man die **Pumpe** ausbauen und überprüfen.

233wh as ©Tomasz Zajda

Geräte und Zubehör

< Klimaanlagen gehören bei Wohnmobilen heute schon zum Standard

Kühlgeräte

Urlaub macht man am liebsten dort, wo es warm ist und die Sonne scheint. Aber was ist dann mit dem kühlen Bierchen, dem Eis zum Nachtisch oder dem Grillfleisch? Was, wenn im Nu das Frischobst gammelt und die Butter vom Teller fließt? Nicht ohne guten Grund zählen Kühlschrank oder Kühlbox längst zur Grundausstattung eines jeden Reisemobils, das diesen Namen verdient. Für manche ist er das wichtigste Gerät im Wohnmobil. Und wehe, wenn er nicht richtig funktioniert oder plötzlich komplett ausfällt. Dann leidet nicht nur sein Inhalt, sondern oft auch die Urlaubslaune ganz erheblich. Die vielfältigen Modelle unterscheiden sich aber nicht nur hinsichtlich Volumen, Ausstattung und Innenaufteilung, sondern auch durch ihr Funktionsprinzip. Thermoelektrisch, Absorber oder Kompressor: Was ist besser und wie funktioniert das überhaupt? Was ist für optimale Kühlleistung zu beachten und was, wenn die Leistung oder Kapazität nicht ausreicht? Was brauche ich, um von Stromnetz und Campingplatz unabhängig zu sein? Wie lange kann ich mit Batteriestrom kühlen? Darf der Kühlschrank auch während der Fahrt mit Gas laufen? Und wie kühle ich auf längeren Fährpassagen? Was kann man bei Störungen überprüfen? Manche Probleme kann nur der Fachmann beheben, aber es gibt auch kleinere Störungen, die selbst zu reparieren sind, wenn man nur weiß, worauf man achten muss. Einige hilfreiche Tipps machen vielleicht den Unterschied zwischen Ehekrach und einem gelungenen Campingabend.

Kühlschrank: groß und komfortabel

Der von zu Hause vertraute Kühlschrank hat den Vorteil, dass vieles darin Platz hat und übersichtlich angeordnet werden kann. Dagegen steht der Nachteil, dass die (schwerere) Kaltluft bei jedem Öffnen der Tür buchstäblich herausfällt. Wird die Tür oft geöffnet, z. B. bei Reisen mit Kindern, dann muss das Gerät fast permanent kühlen und verbraucht entsprechend viel Energie, die knapp ist, wenn man z. B. nicht auf dem Campingplatz steht, und die allemal nicht billig ist. Größere Reisemobile, die oft von Familien genutzt werden und mehr Platz für Kühlgut erfordern, sind fast immer mit einem Kühlschrank ausgestattet, und meist ist es ein Absorber-Gerät.

Kühlbox: kompakt und sparsam

Die Kühlbox ist – wie zu Hause die Kühltruhe – weniger übersichtlich, verbraucht aber auch deutlich weniger Energie, weil beim Öffnen des Deckels kaum kalte Luft entweichen kann. Da sie schwerer ist, bleibt die Luft darin stehen wie Wasser in einem Becken. Kleinere Boxen bieten noch recht guten Zugriff auf das Kühlgut; bei den größeren Modellen wird es schon schwieriger – trotz einzelner Fächer und Korbeinsätze. Daher werden Kühlboxen (fast immer Kompressor-Modelle) vorwiegend für kleine Kastenwagen verwendet, wo man sehr kompakte Geräte braucht, die zudem an weniger gut zugänglicher Stelle untergebracht werden können.

Drei Systeme

Die drei Systeme kühlen auf unterschiedliche Art und Weise. Jedes hat daher seine ganz eigenen **Stärken** und **Schwächen:**

- **Thermoelektrische Systeme** sind leicht, preiswert und für den mobilen Einsatz auch außerhalb des Wohnmobils geeignet.
- **Absorber-Systeme** sind die großen Allrounder. Sie funktionieren wahlweise mit Batteriestrom, Netzstrom oder Campinggas und sind daher in fast allen Wohnmobilen vorinstalliert. Ihre Leistung ist jedoch von der Umgebungstemperatur und von der einigermaßen horizontalen Ausrichtung des Geräts abhängig (bei neueren Modellen nicht mehr); dafür funktionieren sie auch ohne elektrischen Strom.
- **Kompressor-Systeme** funktionieren wie der Kühlschrank zu Hause, abgesehen davon, dass sie auch mit Batteriestrom (12 bzw. 24 Volt) betrieben werden können. Sie sind von der Neigung des Fahrzeugs und der Außentemperatur unabhängig. Daher erreichen sie auch unter tropischen Verhältnissen eine gute Leistung und sind tiefkühltauglich. Andererseits sind sie vom Strom abhängig, weil sie nicht mit Gas betrieben werden können. Sie eignen sich deshalb besonders für Reisemobile mit Solaranlage oder Brennstoffzelle.

Thermoelektrische Kühlung: preiswert und praktisch

Ihre einfache Bauweise ist die Trumpfkarte der thermoelektrischen Kühlgeräte, deren Prinzip nach seinem Erfinder auch „Peltier-Kühlung" genannt wird. Da sie ganz ohne bewegliche Teile, Pumpen und Kühlflüssigkeiten funktionieren, sind sie besonders preiswert, leicht und kompakt sowie verschleiß- und wartungsfrei. Sie eignen sich deshalb meist für Freizeiteinsätze auch außerhalb des Wohnmobils. Betrieben werden diese Geräte mit Batteriestrom (12 oder 24 Volt) und/oder mit 230 V Netzstrom. Man kann sie z. B. als zusätzliche, **mobile Kühlbox** zwischen den Frontsitzen des Wohnmobils fixieren oder auch im PKW betreiben. Einige Modelle sind zudem mit Tragegriff oder

074wh do

> Mit der thermoelektrischen Kühlbox bekommt das Bierchen Beine und folgt Ihnen bis an den Strand

Schultergurt ausgestattet, sodass man sie an den Strand mitnehmen kann.

Die thermoelektrische Box hat aber noch eine weitere Überraschung auf Lager: Sie kann nicht nur kühlen, sondern auch heizen! Durch einfaches Umschalten der Stromrichtung kann das Peltier-Element statt Kälte auch **Wärme erzeugen.** Der Inhalt der Box lässt sich dadurch auf bis zu +70 °C aufwärmen – etwa um Speisen warm zu halten oder sogar Würstchen oder einen Eintopf heiß zu machen. Perfekt für Winter-Camper!

Funktionsweise

Das thermoelektrische Prinzip hat im Jahre 1834 der Franzose Jean Peltier entdeckt (daher der Name „Peltier-Element"). Es basiert auf dem Prinzip, dass bei Durchfluss von Gleichstrom zwischen zwei unterschiedlichen metallischen Leitern eine Temperaturdifferenz entsteht: Die eine Seite erwärmt sich, die andere wird abgekühlt. Die gebräuchlichste Form besteht aus zwei Keramikplatten zwischen denen sich Halbleiter von unterschiedlichem Energieniveau (positiv/ negativ) befinden. Durch zusätzliche Wärmetauscher und Lüfter ist eine Temperaturdifferenz von bis zu 30 °C erreichbar. Dies ist ideal für kleine und mittlere Kühlboxen.

Da die Peltier-Elemente nur mit Strom betrieben werden können, ist man unterwegs auf Batteriereserven oder Stromerzeuger angewiesen. Eine herkömmliche Box verbraucht im 12-V-Betrieb etwa 4–4,5 Ah; Geräte mit Energiesparschaltung kommen etwa mit der Hälfte aus. Billiggeräte haben keine Sparschaltung und sind oft schwach isoliert, sodass sie bei bescheidener Kühlleistung einen hohen Stromverbrauch haben. Während der Fahrt können thermoelektrische Kühlboxen auch am Zigarettenanzünder betrieben werden. Im Stand ist eine Versorgung aus der Bordbatterie allerdings nur über einen kurzen Zeitraum möglich.

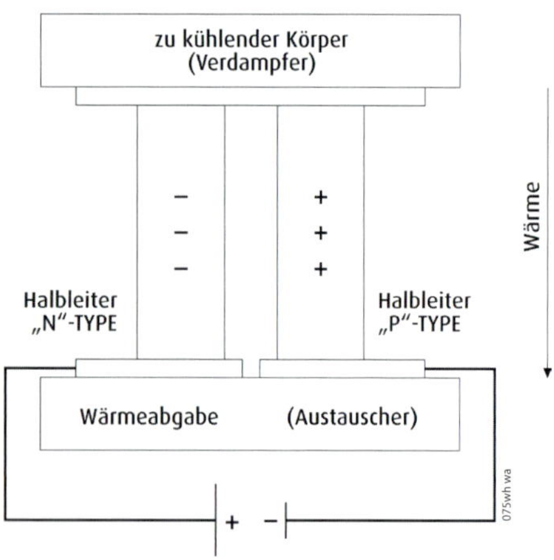

Das thermoelektrische Prinzip nach Jean Peltier

Absorber-Kühlschränke: die variablen Allrounder

Absorbergeräte sind preisgünstig, sehr leise und praktisch wartungsfrei. Da sie weder Motor noch Pumpe erfordern, sondern lediglich eine Wärmequelle, können sie wahlweise mit 12 Volt Gleichstrom, 230 Volt Wechselstrom oder Gas betrieben werden und eignen sich daher ideal für den mobilen Einsatz. Das Erstaunliche an diesem Prinzip ist, dass es Kälte durch Kochen, im Gasbetrieb mit einer offenen Flamme, erzeugt!

Dank dieser Flexibilität findet man Absorbergeräte in fast jedem Reisemobil. Auf der Fahrt werden sie mit 12 Volt Gleichstrom betrieben, auf dem Campingplatz mit Netzstrom und wenn man fern jeder Zivilisation an einer idyllischen Bucht steht, schaltet man einfach auf Gasbetrieb um. Moderne Geräte können die optimale Energiequelle sogar selbst auswählen und schalten automatisch um.

Funktionsweise: mit Feuer kühlen

Kühlung basiert meist auf dem Prinzip, dass ein Stoff beim Verdunsten/Verdampfen Energie aufnimmt, die er seiner Umgebung entzieht. So kühlt z. B. der menschliche Körper, indem er Schweiß erzeugt, der auf der Haut verdunstet. Bei Kühlgeräten muss dieses Prinzip in einen geschlossenen Kreislauf integriert werden.

Bei Absorbergeräten funktioniert dieser Kreislauf so: Das **Kühlmittel** (Ammoniaklösung bzw. Salmiakgeist) geht im **Verdampfer** vom flüssigen in den gasförmigen Zustand über (Ammoniakgas) und entzieht dabei seiner Umgebung Energie, wodurch diese um 20 bis 30 °C unter Umgebungstemperatur abgekühlt wird. Um das Ammoniakgas in einen Kreislauf einzubinden, wird es im Verdampfer mit Wasserstoff-Gas (H_2) vermischt. Da diese Mischung schwerer ist als reiner Wasserstoff, sinkt sie nach unten in den **Absorber.** Darin befindet sich Wasser, in welchem Ammoniak sehr gut löslich ist – Wasserstoff hingegen nicht. Das Ammoniak löst sich im Wasser (wodurch erneut Salmiakgeist entsteht). Das leichte Wasserstoffgas steigt wieder empor und gelangt zurück in den Verdampfer, wodurch der H_2-Kreislauf geschlossen ist.

Damit der Verdampfer laufend mit Ammoniak und der Absorber mit Wasser versorgt wird, wäre eigentlich eine

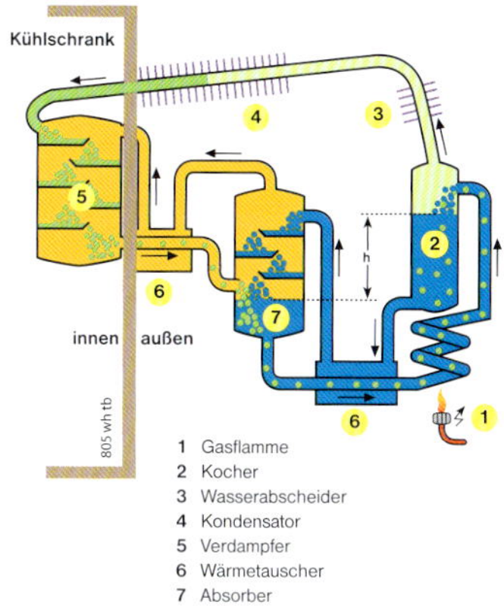

Funktionswiese eines Absorber-Kühlschranks

Pumpe erforderlich. Diese Aufgabe erfüllt ein Gasflämmchen: Indem es das Wasser erhitzt, entstehen Gasblasen, die die Ammoniaklösung nach oben treiben. So gelangt sie in den **Kocher,** von dem sie nach den Gesetzen der Schwerkraft von selbst wieder in den Absorber zurückfließt.

Gleichzeitig betreibt die Flamme den Kocher, in dem durch Erhitzen das Ammoniakgas wieder verdampft und nach oben steigt. Der Ammoniakdampf wird im **Kondensator** auf 70 °C herunter gekühlt und verflüssigt und fließt in den Verdampfer, wodurch der Ammoniak-Kreislauf geschlossen ist. Ganz schön raffiniert, oder?

Lüftung ist das A und O

Da an der Rückwand des Absorber-Kühlschranks ein Feuer brennt und zudem die Kühlrippen des Kondensators laufend Wärme abgeben, ist ein vierter Kreislauf erforderlich, der außerhalb des Kühlsystems abläuft: ein Luftkreislauf, um die erzeugte Wärme abzuführen. Dieser Aspekt wird manchmal übersehen. Dann staut sich die Wärme an den Kühlrippen und erwärmt den Kühlschrank selbst. Zugleich kann das Ammoniakgas nicht ausreichend kondensieren, sodass der Kühlkreislauf nur eingeschränkt oder gar nicht mehr funktioniert.

Das A und O einer effizienten Absorber-Kühlung ist daher eine gute **Ventilation.** Weil Warmluft bekanntlich aufsteigt, werden nahe der Unter- und Oberkante des Kühlschranks in der Außenwand des Wohnmobils **Lüftungsgitter** angebracht. Diese Luftzirkulation ist jedoch gering und nicht immer ausreichend.

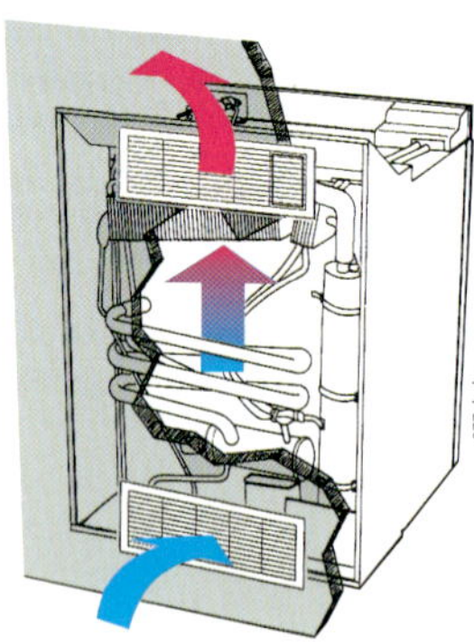

Optimale Leistung

Damit aber der Absorber-Kühlschrank effizient arbeitet, sollte man folgende Punkte beachten:

- Der Kühlschrank sollte vor Fahrtbeginn am 230-Volt-Netz **optimal heruntergekühlt** werden.
- Kühlgut vor dem Einladen zunächst im Haushaltskühlschrank oder der Gefriertruhe herunterkühlen.
- Das Fahrzeug sollte möglichst auf **ebenem Grund** stehen (auch wenn moderne Geräte eine Schräglage von ca. 8° verkraften).

[<] Statt einfacher Luftzirkulationen an der Rückwand werden zunehmend auch effizientere Dachlüfter mit Kamineffekt eingebaut

[>] Auf Fähren muss die Gasversorgung der Absorber-Kühlung abgeschaltet bleiben

Kühltipps

Üblicherweise wird die Warmluft durch Lüftungsgitter direkt an der Rückwand des Kühlschranks abgeleitet. Effizienter ist es, wenn die Abluft durch das Dach des Fahrzeugs abgeleitet wird. So kann man den Sog des **Kamineffekts** nutzen. Diese Technik findet man z.B. an vielen amerikanischen Reisemobilen. Es gibt aber auch Möglichkeiten zur Nachrüstung, die dann empfehlenswert sind, wenn sich der Kühlschrank auf der gleichen Seite befindet wie die Markise.

Kaum ein anderes Urlaubsziel ist so attraktiv wie eine Insel – doch wenn die **Fährpassage** mehr als ein paar Stunden dauert, wird es mit der Absorber-Kühlung kritisch. Gasbetrieb ist auf Fähren generell verboten.

Alle Verbraucher müssen ausgeschaltet und die Gasflasche geschlossen sein. Nicht jeder Fahrzeugbesitzer hält sich daran und Kontrollen bleiben meist blasse Theorie. Aber wehe wenn etwas passiert! Ohne Gas bleiben nur drei Möglichkeiten:

- Man kann auf den Einkauf von leicht verderblichen **Lebensmitteln** vor Reiseantritt verzichten und sie erst auf der Insel kaufen.
- Man kann sich vorher bei der Fährgesellschaft erkundigen, ob es auf den Autodecks **230-V-Anschlüsse** gibt und einen entsprechenden Platz reservieren.
- Wer oft lange Fährpassagen unternimmt und seine empfindlichen Lebensmittel schon vor Abreise bunkern will, sollte sich ein **Kompressor-Kühlgerät** anschaffen, das auch auf langen Fährpassagen problemlos mit Batteriestrom betrieben werden kann.

So wichtig gute Belüftung auch sein mag, allzu viel ist auch hier manchmal „ungesund" oder gar kontraproduktiv. Wenn starker **Wind** direkt in die Lüftungsgitter pfeift, kann er im Gasbetrieb die Flamme verlöschen lassen. Dann wird bei manuellen Geräten einfach die Gaszufuhr gestoppt und am nächsten Morgen ist die Butter weich. Bei „Selbstzündern" nervt in solchen Fällen nachts das Tickern der automatischen Gaszündung. Bei starkem Wind sollte man daher unbedingt darauf achten, dass das Fahrzeug nicht mit dem Lüftungsgitter zum Wind steht, um gegen solche Überraschungen gefeit zu sein.

234wh as©Panama

- Die Lüftungsgitter sollten nicht der direkten Sonne ausgesetzt sein, da sonst durch **Wärmestau** die Luftzirkulation behindert wird.
- Hohe Temperaturen im Fahrzeuginneren vermeiden: große Scheiben mit Dämmfolie abdecken und stets gut **lüften.**
- Ein **Moskitonetz** hinter den Lamellen des Lüftungsgitters für Reisen in heiße Länder evtl. ganz herausnehmen oder regelmäßig reinigen.
- Das untere Gitter muss mit dem Boden des Kühlschranks (oder etwas darunter) abschließen, das obere darf keinesfalls tiefer sitzen als die Oberkante des Kühlgeräts. Bei falsch platzierten Gittern hilft nur ein zusätzlicher Ventilator (s. u.).
- Vor dem Start in die Saison (und evtl. auch zwischendurch) sollte der **Brenner** kontrolliert und gereinigt werden, damit er störungsfrei läuft und maximale Leistung erreicht. Die Gitter lassen sich meist durch einen Drehverschluss mit einer Münze entriegeln, bei neueren Modellen einfach durch einen Schieber. Man reinigt sie mit einer Bürste. Nach Abnehmen der Brennerabdeckung (je nach Hersteller unterschiedlich) kann man mit Druckluft den Brenner von Ruß und Staub reinigen. Außerdem kontrolliert man das Abgasrohr des Brenners, da sich darin manchmal Insekten einnisten und es verstopfen.
- Ein kleiner **12-V-Ventilator** an der Rückseite des Kühlschranks kann Wunder wirken! Er lässt sich leicht einbauen, wenn man eines der Lüftungsgitter entfernt.
- **Kondenswasserbehälter** regelmäßig prüfen und ggf. entleeren. Füllt er sich rasch, so könnte dies ein Zeichen dafür sein, dass die Türdichtung defekt ist oder die Tür nicht richtig schließt.
- Die **Kühlschranktür** nicht unnötig oft und nicht unnötig lange öffnen.
- **Modell-, Produkt-** und **Seriennummer** des Kühlschranks notieren – für evtl. Rückfragen bei der Service-Abteilung oder um von der Webseite der Hersteller eine Bedienungsanleitung herunterzuladen.
- Sollte Ihr Absorbergerät trotzdem plötzlich schlechter kühlen, so beachten Sie die **Hinweise** unter „Tests und Problemlösungen“.

Zündung im Gasbetrieb

Für den Gasbetrieb muss die Gaszufuhr geöffnet und die Flamme gezündet werden. Die Zündung erfolgt meist durch einen elektrisch erzeugten Funken. Je nach Komfortwünschen gibt es dafür drei Möglichkeiten:

Manuelle Zündung: Im einfachsten Falle funktioniert dies mit einer vom Strom unabhängigen, manuellen Piezozündung oder mit einem elektrischen Zündfunken, der per Batteriestrom erzeugt wird. Man stellt den Wählregler auf „Gasbetrieb“, öffnet die Gaszufuhr und hält den Knopf gedrückt (wie beim Gasherd). Gleichzeitig drückt man den Knopf für die Piezozündung so lange, bis die Flamme brennt.

Sollte die **Flamme erlöschen,** was z. B. bei starkem Wind durchaus passieren kann, so wird die Gaszufuhr automatisch gestoppt. Eine automatische Neuzündung erfolgt nicht.

MES (Manuelle Energie-Selektion) oder **MEC** (Manual Energy Control):

Hier wird die gewünschte Energiequelle ebenfalls manuell ausgewählt. Die Geräte haben jedoch eine elektronische Wiederzündung: Bei erloschener Flamme wird nicht der Gashahn abgedreht, sondern erneut gezündet. Ist kein Gas mehr vorhanden, muss man den Schalter allerdings wieder auf null stellen, da sonst die automatische Zündung so lange Funken produziert, bis auch die Batterie erschöpft ist. Das erkennen Sie an dem regelmäßig tickenden Geräusch der automatisch produzierten Zündfunken.

AES (Automatische Energie-Selektion) oder **SES** (Smart Energy Selection): Dieses System wählt selbstständig die beste zur Verfügung stehende Energiequelle aus und schaltet automatisch darauf um, sodass stets eine effiziente Kühlung gewährleistet ist. Bei Gasbetrieb zündet es selbsttätig und elektrisch: Sie brauchen das Kühlgerät nur einzuschalten und müssen sich dann um nichts mehr kümmern. Viele Geräte bieten trotzdem die Möglichkeit, die Energiequelle auf Wunsch auch manuell auszuwählen.

Ob der Kühlschrank auf Gas läuft, kann man daran erkennen, dass in einem kleinen, runden **Sichtfenster** ein blaues Flämmchen brennt. Diese Öffnung befindet sich allerdings im Inneren des Kühlschranks – und vermutlich hinter allerlei Kühlgut.

Den Gasbetrieb kann man aber auch von außen kontrollieren:

- Der **Abgaskamin** am oder im oberen Lüftungsgitter erwärmt sich rasch und verströmt einen charakteristischen Geruch.
- Am **unteren Abgasgitter** kann man eventuell das Geräusch des Brenners hören.

Das 3-Wege-System in der Praxis

Vor der Abreise empfiehlt es sich, das Wohnmobil zu Hause an das Stromnetz anzuschließen und den Kühlschrank im 230-Volt-Betrieb maximal herunterzukühlen. Er kann zwar unterwegs auch mit Batteriestrom kühlen, dies aber wenig effizient. Man muss dann froh sein, wenn er die Temperatur einigermaßen hält, besonders wenn man unterwegs weitere Lebensmittel bunkert oder die Tür häufig öffnet, um sich ein kühles Getränk zu gönnen. AES-Geräte kühlen nach jedem Ausschalten des Motors 15 Minuten lang gar nicht, was die 12-Volt-Kühlung weiter beeinträchtigt.

Manch einer schaltet daher seinen Absorber-Kühlschrank auch für die **Fahrt** schon auf Gasbetrieb, damit sich im Gefrierfach die Eiscreme nicht verflüssigt. Das ist eine Möglichkeit, vorausgesetzt in den Fahrzeugpapieren findet sich kein Vermerk, dass „vor der Fahrt auf öffentlichen Straßen offene Feuerstellen“ gelöscht werden müssen. Bei neueren Zulassungen ist dies gewöhnlich nicht der Fall und das Verkehrsministerium bestätigt: „Die straßenverkehrsrechtlichen Vorschriften (Straßenverkehr-Ordnung (StVO) und Straßenverkehrs-Zulassungs-Ordnung (StVZO)) enthalten keine ausdrücklichen Regelungen für den Betrieb von Kühlschränken mit Gas während der Fahrt auf öffentlichen Straßen.“ Lediglich die allgemeinen Vorschriften zur Verkehrssicherheit sind zu beachten. Damit aber bei einem Unfall kein Gas austreten und zu einer Explosion führen kann, sollte die Anlage unbedingt mit Schlauchbruchsicherung und Gasstopp (s. Kapitel „Gasanlage“ S. 88) ausgestattet sein. Andernfalls muss man vor jeder Fahrt die Gasflasche verschließen.

Problematisch wird es nur bei der Anreise mit der **Fähre** (siehe „Kühltipps" auf Seite 125).

Auf dem **Campingplatz** angekommen ist man alle Sorgen los: Hier kann man sein Bierchen wieder mit Strom aus der Steckdose kühlen. Und für den Nachmittag auf dem Strandparkplatz schaltet man auf Gasbetrieb um.

Verbrauch und Kosten

Da beim Absorberprinzip ein Teil der Energie als Wärme ungenutzt entsorgt wird, ist sein Verbrauch relativ hoch. Bei guter Ventilation ermöglicht der Absorber eine Kühlung um ca. 25 °C gegenüber der Außentemperatur (im Eisfach auch mehr). Der Verbrauch ist von verschiedenen Faktoren wie z. B. der Außentemperatur, der Ventilation etc. abhängig, doch bei einem mittelgroßen Gerät kann man mit einem Verbrauch von ca. 250 g Gas pro 24 Stunden ausgehen bzw. von ca. 2,5 kW im Elektrobetrieb. Da dieser Verbrauch selbst eine große Batterie in wenigen Stunden entleeren würde, wird der Kühlschrank durch ein Relais automatisch vom 12-Volt-Bordnetz getrennt, sobald der Motor nicht mehr läuft.

Im Gasbetrieb entstehen Kosten von ca. 0,40 €/Tag (bei einem Preis von 1,60 € pro kg Gas); im Elektrobetrieb sind es ca. 0,92 €/Tag (bei einem Preis von 0,37 €/kW auf dem Campingplatz). Sofern die Stromkosten auf dem Campingplatz nicht pauschal abgerechnet werden, ist es also günstiger, den Kühlschrank weiter mit Gas zu betreiben.

Betreibt man den Kühlschrank **während der Fahrt** mit Gleichstrom, so muss der Motor entsprechend mehr Kraft für die Lichtmaschine erzeugen, sodass durch den zusätzlichen Spritverbrauch ähnliche Kosten wie im 230-V-Betrieb entstehen!

Kompressor-Kühlgeräte: stromsparend und tropentauglich

Wo selbst die besten Absorber-Modelle schlapp machen, kühlen Kompressor-Geräte munter weiter. Sogar bei tropischer Hitze von über 40 °C erreichen sie eine ideale Kühltemperatur und im Gefrierfach sogar bärenstarke –18 °C. Ihnen kann man bedenkenlos selbst empfindliches Gefriergut anvertrauen.

Zudem sind sie sehr effizient. Im Schnitt brauchen sie etwa die Hälfte dessen, was ein entsprechender Absorber schluckt. Doch im Gegensatz zu den Absorbern sind sie nicht ganz geräuschlos, da sie eine motorgetriebene Pumpe brauchen. Außerdem können sie nicht mit Gas betrieben werden – erfordern also elektrischen Strom. Doch das heißt nicht, dass man vom Netz abhängig ist. Da sie so sparsam sind, können sie ruhig einen Tag lang aus der Bordbatterie gespeist werden, und dies sogar auf unbegrenzte Zeit, wenn ein Solarpaneel oder eine Brennstoffzelle für Nachschub sorgt. Während Absorber solche „Stromfresser" sind, dass sie selbst mit

☐ Funktionsweise des Kompressor-Kühlschranks

einer Solaranlage nicht wirklich wirtschaftlich betrieben werden können, ist der Kompressor ein idealer Partner für eine Solaranlage.

Ein weiterer Trumpf des Kompressors gegenüber dem Absorber ist seine Lageunabhängigkeit. Während Absorbergeräte möglichst eben stehen sollten und nur bis zu einer Neigung von 8° funktionieren, kühlt der Kompressor auch am Hang unvermindert weiter. Zudem bieten Kompressorgeräte bei gleichen Außenmaßen konstruktionsbedingt einen größeren Nutzraum als Absorbergeräte – und ersparen so Wanddurchbrüche und den Aufwand für einen Gasanschluss.

Wie es funktioniert: Kühlen wie zu Hause

Auch der Kompressor nutzt zum Kühlen das Prinzip der Verdunstung. Allerdings arbeitet er dazu nicht mit einer Wärmequelle, sondern mit einer Pumpe, die von einem Elektromotor angetrieben wird (deshalb kann er nicht mit Gas laufen). Diese Pumpe komprimiert das FCKW-freie Kältemittel im Kühlkreislauf – daher die Bezeichnung „Kompressor"-Kühlung. Das gasförmige Kältemittel wird an den Kondensator außerhalb des Kühlgeräts weitergeleitet und dort durch hohen Druck und Wärmeabgabe verflüssigt. Über den Trockner läuft das flüssige Kühlmittel zum Verdampfer im Inneren des Kühlgeräts. Dort geht es unter geringerem Druck wieder in den gasförmigen Zustand über: Es verdampft und entzieht dadurch dem Inneren des Geräts Wärme – so entsteht der Kühleffekt. Das Gas wird dann von der Pumpe angesaugt und erneut verdichtet, womit der Kreislauf sich schließt.

Kompressor-Geräte mit **Kältespeicherplatte** können die Kälte sogar in einer Art Kühl-Akku speichern, wenn genügend Energie zur Verfügung steht (z. B. bei Netzanschluss oder Solarbetrieb) und dann die optimale Temperatur ohne Stromaufnahme rund 24 Stunden aufrecht erhalten.

079wh wa

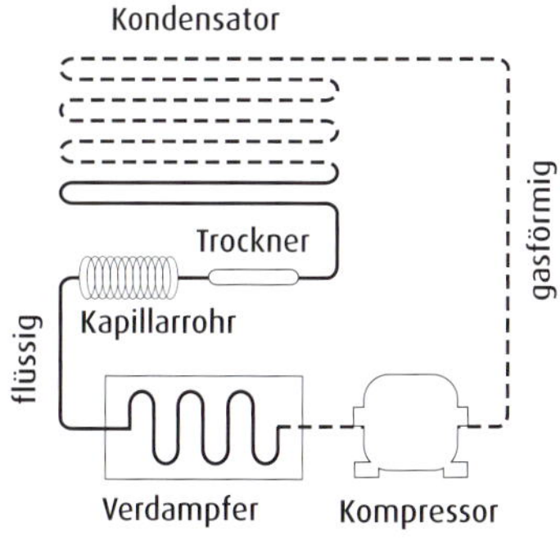

080wh da

Lüftung: Ein Innenkreislauf reicht

Natürlich produziert auch der Kompressor **Abwärme:** zum einen die Wärme, welche er dem Innenraum des Kühlgeräts entzieht, und zum anderen die (geringe) Abwärme des Elektromotors. Beides zusammen ist erheblich weniger als die Abwärme eines mit einer Heizquelle funktionierenden Absorber-Geräts. Eine Luftzufuhr von außen und eine Ableitung nach außen sind deshalb bei Kompressor-Kühlschränken unnötig. Die entsprechenden Durchbrüche in der Außenwand von Wohnmobil oder Caravan entfallen. Es muss lediglich, wie beim Kühlschrank zu Hause, für eine Hinterlüftung des Geräts im Innenraum gesorgt werden. Dazu reicht ein geringer Abstand zwischen Kühlschrank und Außenwand sowie zum Fußboden hin. Die Warmluft kann dann über eine Gitterblende oben an der Kühlschrank-Rückseite entweichen und im Winter den Wohnraum aufwärmen oder im Sommer durch das Fenster nach außen geleitet werden. Bei einer Installation des Kühlschranks in Augenhöhe entweicht die Warmluft über eine Blende oben an der Kühlschrank-Front. Eine entsprechende Luftführung ist auch beim Einbau unter der Arbeitsplatte möglich.

Wüstentauglich und winterfit zugleich

Dass ein Kompressor-Kühlgerät selbst bei Wüstenhitze zuverlässig arbeitet, wird allgemein als großes Plus hervorgekehrt. Und das ist auch völlig richtig. Dass es aber zugleich der ideale Partner für den Wintercamper ist, wird leicht übersehen, leuchtet aber rasch ein: Der Absorber erzeugt viel Abwärme, die durch Lüftungsgitter nach außen abgeleitet werden muss. Dazu sind Durchbrüche erforderlich, durch die im Winter Frost und Sturm ins Innere des Wohnmobils dringen, sofern man sie nicht verschließt und isoliert. Selbst bei maximaler Heizleistung kann dann im Küchenblock alles einfrieren. Der Kompressor hingegen erzeugt erheblich weniger Abwärme, sodass ein Innenkreislauf auch im Sommer ausreicht: Lüftungsöffnungen sind nicht erforderlich und im Winter kann daher auch keine Kälte in das Fahrzeug eindringen.

Verbrauch und Kosten

Vielfältige Faktoren spielen eine Rolle, doch eine ungefähre Vorstellung kann folgendes Beispiel vermitteln: Ein durchschnittliches Kompressorgerät verbraucht etwa 60 Watt, bei 12-Volt-Betrieb sind das also (60 : 12 =) 5 Ampere. Wenn man davon ausgeht, dass das Gerät unter durchschnittlichen Bedingungen etwa 30 % der Zeit läuft, so wären das im Schnitt ca. 1,5 Ampere pro Stunde.

Wenn Sie eine Batterie mit 100 Ah an Bord haben, dann stehen Ihnen etwa 60 Ah zur Verfügung (bei einer nicht nutzbaren Restkapazität von ca. 40 %). Sofern kein anderer Verbraucher läuft, was z. B. bei einer Fährpassage der Fall ist, dann können Sie diesen Kompressorkühler mit der vollständig geladenen Batterie also ca. 40 Stunden lang betreiben. Da im „normalen" Einsatz auch andere Verbraucher laufen und auch die

Batterie nicht immer randvoll geladen sein wird, ist in der Praxis natürlich eine kürzere Zeit anzusetzen. Bei einem Absorber-Kühlschrank mittlerer Größe ist mit einem Verbrauch von ca. 120 Watt zu rechnen; das würde bei 12 Volt also (12 V : 12 =) 10 Ampere bedeuten. Der Verbrauch wird vom Hersteller mit etwa 2,4 kWh pro 24 Stunden angegeben, was bedeutet, dass das Gerät im 12-Volt-Betrieb rund 80 % der Zeit läuft, also im Betrieb etwa 8 Ampere pro Stunde verbraucht. Die gleiche Batterie würde dann im Idealfall (60 : 8 =) etwa rund 7,5 Stunden lang reichen; realistischer gerechnet etwa die Hälfte.

Das entsprechend dimensionierte Kompressor-Gerät (s. o.) verbraucht bei durchschnittlich 1,5 Ampere pro Stunde in 24 Std. also 36 Ah x 12 V = 432 Wh = 0,43 kWh. Bei einem Kilowattpreis von 0,40 € auf dem Campingplatz bedeutet dies Kosten in Höhe von ca. 17 Cent pro Tag für den Kompressor und 0,96 € pro Tag für den Absorber – also nahezu das Sechsfache.

187wh do

Tests und Problemlösungen

Der Absorber-Kühlschrank kühlt nicht richtig:

- Wird der **Abgaskamin** warm? Falls nicht, läuft der Kühlschrank nicht auf Gas.
- Steht das Fahrzeug **eben?**
- Ist das Lüftungsgitter der **Sonne** ausgesetzt?
- Ist die **Kühlschranktür** dicht geschlossen, auch am unteren Rand?
- Ist der Kühlschrank **überfüllt** oder wird die Tür zu oft geöffnet?

Falls sonst alles ok ist und das Gerät trotzdem nicht gut kühlt, könnte die **Gaszuleitung verengt** sein. Dann brennt die Flamme zu schwach, weil sie nicht genügend Gas erhält, und kann leicht verlöschen. In diesem Fall sollten Sie die Gaszufuhr abstellen, das untere Lüftungsgitter abnehmen und mit zwei Schraubenschlüsseln das Rohr vom Brennertopf lösen. Im Einlass des Brenners sitzt das Ventil, das man nun herausnehmen und reinigen kann. Manchmal hilft es, wenn man nach Abnehmen des Lüftungsgitters gegen Gasrohr und Brennertopf klopft.

< Absorbermodelle kühlen wahlweise mit Gas, Batterie- oder Netzstrom

Heizung

Auch wer keine Neigung zum Wintercamping verspürt, wird ohne eine Heizung nicht glücklich werden. Fast zu jeder Jahreszeit können die Nächte kühl sein und im Norden oder in den Bergen gibt es nicht selten Sommerabende, an denen man für einen Wärmespender dankbar ist. Wer einmal an einem kalten Morgen ohne Heizung aufstehen und bibbernd frühstücken musste, der weiß, was so eine Heizung wert ist.

Kurz: Ein Wohnmobil ohne Heizung hat diesen Namen nicht verdient. Dabei kann der Reisemobilist im Prinzip zwischen zwei Arten von Heizsystemen

220wh jsh

(Warmluft oder Warmwasser) und zwei Arten von Brennstoffen (Gas oder Diesel/Benzin) wählen. In der Praxis sind jedoch fast alle Wohnmobile mit einer Warmluft-Gasheizung ausgestattet. Und das hat seinen Grund.

Brennstoffe

Flüssiggasheizungen haben mit Abstand die Nase vorn, da ohnehin Gas an Bord ist und der Nachschub unterwegs kaum Probleme macht. Die Gasheizungen sind bequem zu bedienen, leise und zuverlässig. Außerdem funktionieren die üblichen Direktheizungen selbst dann noch, wenn die Bordbatterie schwächelt. Flüssiggas ist zwar teurer als Diesel oder Heizöl, doch das fällt bei einem Reisemobil weniger ins Gewicht.

Kleinere Ausbau-Kastenwagen werden oft mit Dieselheizungen (z. B. von Webasto oder Eberspächer) ausgestattet, weil man Dieselkraftstoff im Fahrzeugtank ohnehin mit sich führt, weil man damit länger frei stehen kann und weltweit nirgends Nachschubprobleme hat. Der etwas höhere Preis für die Heizung wird längerfristig durch die um ca. 50 % niedrigeren Heizkosten ausgeglichen. Nachteilig ist, dass diese Heizungen kräftige Stromverbraucher sind (ca. 10–20 Watt, also rund 1–2 Ah!) und daher die Bordbatterie stark strapazieren, und ohne genügend Strom funktionieren sie überhaupt nicht mehr. Empfehlenswert ist daher die Kombination der Dieselheizung mit einer Solaranlage. Am billigsten im Verbrauch sind Dieselheizungen mit eigenem Tank, da man sie dann mit dem preisgünstigeren Heizöl betreiben kann.

Der Clou sind die Combi-Geräte von Truma (s. Anhang), die es als Gas-/Elektro- und als Diesel-Modell gibt und die gleichzeitig Warmluft und/oder Warmwasser bereiten.

Nicht nur für den Wintercamper ist die Heizung unverzichtbar

Warmluftheizung

Die meisten Wohnmobile sind mit einer preisgünstigen Warmluft-Heizung ausgestattet. Dabei hat man die Wahl zwischen zwei Typen: einerseits einer **Direktheizung,** die frei installiert werden muss, billiger ist und ohne Gebläse (also auch ohne Strom) noch funktioniert, und andererseits einer **Umluftheizung** mit Zwangsgebläse, die nur funktioniert, solange das Gebläse läuft, also nur solange genügend Strom zur Verfügung steht, dadurch aber auch selbst nie sehr heiß wird, sodass man sie Platz sparend in einen Staukasten einbauen kann.

Direktheizung

Die Direktheizung ist die einfachste und preisgünstigste Wohnmobil-Heizung und meist vollkommen ausreichend. Viele ältere Wohnmobile sind daher serienmäßig mit einem **Trumatic S-Modell** ausgestattet. Bei Bedarf lassen sich die S-Modelle aber auch problemlos nachrüsten. Sie sind solide, zuverlässig und sehr effizient mit einem Wirkungsgrad von über 95 %.

Die S-Modelle bestehen aus einem offen installierten **Heizkörper** (meist unterhalb des Kleiderschranks), der durch einen Ausschnitt im Fußboden oder in der Wand Frischluft ansaugt und seine Abluft durch einen Kamin abgibt. Die heißen Verbrennungsgase werden zunächst durch ein labyrinthisches Alu-Gehäuse geleitet, sodass sie ihre Wärme effizient an den Wohnraum abgeben. Diese Modelle können zur Luftverteilung mit einem Gebläse ausgestattet werden, aber sie funktionieren auch, wenn es nicht läuft.

Direktheizungen sorgen sehr schnell für angenehme Wärme und sind problemlos zu bedienen. Bei Geräten mit **Zündautomat** muss man nur den **Temperaturregler** (Thermostat) drücken, aufdrehen und 5–10 Sekunden eingedrückt festhalten. Dadurch wird die Gaszufuhr geöffnet und zugleich die **elektrische Zündung** aktiviert (das Kontrolllämpchen blinkt bei jeder Zündung, die zugleich als leises Ticken auch hörbar ist). Wenn die Heizung brennt und das Tickern der Zündung aufgehört hat, nicht zu früh loslassen, da sonst die **Zündsicherung** das Gas wieder abstellt (was Sie daran merken, dass die automatische Zündung wieder zu blinken beginnt).

Bei Geräten mit **Piezozündung** muss man – solange der Temperaturregler aufgedreht ist – mit der anderen Hand einen Knopf drücken (meist mehrmals), der den Zündfunken auslöst. Ansonsten ist die Prozedur die gleiche wie bei Kühlgeräten mit Zündautomat.

Falls die Flamme während des Heizbetriebs einmal verlöschen sollte (beispielsweise durch den Wind), sorgt die **Zündautomatik** dafür, dass sofort nachgezündet wird, ehe die Gaszufuhr von der Sicherung abgestellt wird. Sollten Sie allerdings nachts aufwachen, weil die Zündautomatik unablässig tickt, so ist dies sehr wahrscheinlich ein Anzeichen dafür, dass die Gasflasche leer ist. Also müssen Sie raus in die Kälte, um die Flasche zu wechseln, oder die Heizung abstellen, um so die Batterien der Zündautomatik zu schonen.

Bei Geräten mit **Piezozündung** (ohne Zündautomatik) wird bei Verlöschen der Flamme die Gaszufuhr einfach abgestellt, damit nichts passieren kann. Dann muss man von Hand neu zünden, was dazu führt, dass man am Morgen in der eisigen Stube erwacht, weil die Flamme ausgegangen ist.

Den Strom für die automatische Zündung liefern zwei Mignon-Batterien in einem Kästchen am Fuß der Heizung (dort wo das Lämpchen blinkt). Die Direktheizung läuft zwar auch ohne Strom, zum Zünden ist sie jedoch darauf angewiesen! Halten Sie daher stets zwei **Reservebatterien** bereit, sonst könnte es sein, dass Sie, trotz funktionsfähiger Heizung und reichem Gasvorrat, hilflos im Kalten sitzen. Dass die Batterien schwach werden, merkt man daran, dass die Zündfolge langsamer wird.

Umluftgebläse: gegen kalte Füße

Eine Direktheizung funktioniert zwar auch ohne Gebläse, doch damit die Warmluft nicht unter dem Dach hängt, während Sie unten kalte Füße bekommen, ist ein Umluftgebläse durchaus sinnvoll. Ein kleiner, elektrisch betriebener Propeller saugt die Warmluft vom

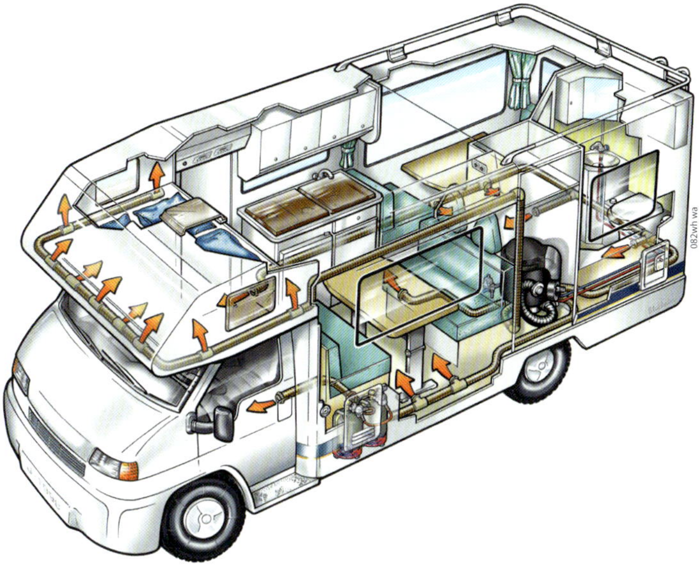

Alu-Gehäuse ab und bläst sie durch Rohre zu verstellbaren Öffnungen, die dicht über dem Fußboden an verschiedenen Stellen des Wohnraums verteilt sind. Für den Winterbetrieb sollte auch der Alkoven (sowie evtl. Rücklehnen, Staufächer etc.) damit ausgestattet sein, um zu vermeiden, dass sich Kondenswasser bildet. An der Fernbedienung, meist über der Sitzgruppe, kann man das Gebläse ein- und ausschalten und die Geschwindigkeit manuell einstellen. Man kann es auch, abhängig von der Heizleistung, automatisch regeln lassen.

Das A und O für ein angenehmes Wohlfühlklima ist die Luftverteilung innerhalb der Wohnkabine. Truma bietet für diesen Zweck das System Multivent für eine gleichmäßige Luftverteilung und hohen Wohnkomfort. Es ist einfach zu montieren und bietet eine hohe Luftleistung sowie vielseitige Funktionen. Das zweistufige 12-V-Universalgebläse Multivent bietet eine gute Leistung und ist die optimale Ergänzung zum Heizsystem S 2200.

Das Komfortzubehör **Airmix** mischt für ein angenehmes Raumklima je nach Bedarf Warm- und Frischluft und ist daher die optimale Ergänzung zum Trumavent-Gebläse. Es ist nicht nur im Winter von Vorteil: Im Sommer wirkt es wie ein Ventilator und saugt kühle Luft unter dem Fahrzeug an. Im Winter mischt es der Warmluft der Heizung trockene Frischluft bei.

Eine gute Verteilung der Warmluft (orange Pfeile) ist besonders im Winter sehr wichtig

Um auch den letzten Winkel des Wohnmobils bzw. Caravans zu erreichen und vor Kondenswasser zu schützen gibt es eine große Auswahl von flexiblen Rohrleitungen unterschiedlichen Durchmessers, Abzweig- und Endstücke, Verteiler, Reduzierstücke, Drosselkappen, Schwenkdüsen, etc. Da das Warmluftsystem im Gegensatz zum Warmwassersystem nicht absolut dicht sein muss, sind die Leitungen mit Clipverbindungen relativ einfach und preiswert zu installieren.

Heiztipps

Im Winterbetrieb kann die **Abwärme des Kühlschranks** den Innenraum mit heizen. Man sollte aber dann die Lüftungsgitter des Kühlschranks verschließen. Sonst dringt eisiger Wind durch die Gitter ins Fahrzeug, und im Küchenblock gefriert trotz Heizung alles knochenhart. Für die meisten Gitter gibt es Abdeckungen, die man bequem von außen aufsetzen kann. Andernfalls muss man die Gitter abnehmen, den Ausschnitt mit Styropor verschließen und dann die Gitter wieder aufsetzen. Falls man den Kühlschrank trotzdem benutzen will, muss ein guter Innenkreislauf die Luftzirkulation sichern.

Falls sich während der Fahrt niemand im Wohnteil aufhält, kann man diesen Bereich bei Alkoven-Modellen durch einen **„Thermovorhang“** (z. B. eine Decke, eine Steppdecke oder einen rechteckigen Schlafsack) abtrennen, den man auf ganzer Fahrzeugbreite vom Alkoven bis auf den Fußboden hängen lässt. In diesem Fall reicht die Motorheizung aus, um die Fahrerkabine gut zu beheizen.

Umluftheizung

Umluftheizungen sind in neueren Wohnmobilen Standard. Sie sind leicht, kompakt und flexibel. Da das im Heizbetrieb permanent laufende Zwangsgebläse dafür sorgt, dass sich die Geräte selbst nicht aufheizen, lassen sie sich sehr platzsparend in Staukästen installieren. Zudem sind sie wartungsfrei und bequem zu bedienen: einfach einschalten und am Thermostat die Temperatur regulieren – alles andere geht automatisch. Allerdings sind Umluftheizungen wegen des Gebläses auch recht kräftige Stromverbraucher (ca. 0,5–2,3 A!) und falls einmal die Batterie zu schwach wird, funktionieren sie nicht mehr!

In vielen Wohnmobilen ist eine Heizung der Serie **Truma VarioHeat eco** oder **comfort** (Nachfolger der Serie Trumatic E) eingebaut. Den aktuellen Stand der Heiztechnik repräsentieren die **Kombigeräte Combi CP** von Truma, die Heizung und Wasserboiler platzsparend miteinander verbinden.

Praktisch und platzsparend: Trumatic E-Modelle

Die Flüssiggas-Heizungen der **Truma VarioHeat-Serie** (mit oder ohne E-Kit) sind kompakt und flexibel. Viele neuere Wohnmobile sind serienmäßig damit ausgestattet. Sie lassen sich aber auch gut nachrüsten, da sie kompakt sind und in fast jeden Stauraum eingebaut werden können. Mit einer elektronischen Thermostat-Steuerung bieten sie höchsten Bedienkomfort: Einfach einschalten und Temperatur vorwählen – fertig. Ein sicherer Wärmespender für kleinere Reisemobile ist die Truma VarioHeat eco mit 2,8 kW, für größere Fahrzeuge empfiehlt sich die Truma VarioHeat comfort mit 3,7 kW Leistung.

Alles in einem: Truma Combi CP plus

Toplösung und Standard für neue Komfort-Reisemobile sind die modernen Combi CP-Modelle von Truma, die Heizung und Boiler in einem Gerät kombinieren. Egal, was man sucht – hier findet man die Lösung. Eine reine Gasheizung oder eine Kombination aus Gas- und Elektroheizung? Oder vielleicht sogar eine Dieselheizung? Wollen Sie nur heizen oder auch Warmwasser bereiten? Soll die Leistung für kleinere oder auch für große Mobile bemessen sein? Die C-Klasse bietet alle Optionen – und sogar noch mehr. Heizbetrieb ist bei diesen Geräten auch ohne Warmwasser möglich; Warmwasserbereitung auch ohne Heizen. Zur Auswahl stehen Modelle mit Gas-, Gas-/Elektro- und Dieselbetrieb. Alles mit optimaler Effizienz (Wirkungsgrad 98 % bei Gasbetrieb, ca. 90 % bei Dieselbetrieb) und schonend für die Bordbatterie. Hier sind die Stärken im Überblick:

- Gleichmäßige, thermostatgeregelte Wohlfühltemperatur
- Optimale Warmluftverteilung
- Gleichzeitig heizen und Warmwasser produzieren
- Kombinierter Gas-Elektro-Betrieb möglich
- Booster für schnellere Erstaufheizung des Fahrzeugs
- Zeitschaltuhr integriert
- Als Gas- oder Dieselversion
- Wartungsfrei
- Energieeffiziente und umweltschonende Heiztechnik
- Hoher Wirkungsgrad von bis zu 98 %
- Gebläseleistung individuell einstellbar
- inet ready: mit Truma iNet-Box per App über Smartphone steuerbar
- Wasserbooster für schnelle Warmwasserversorgung

Auch die Gasheizung braucht Strom

Gasheizungen heizen zwar mit Gas, kommen dabei aber doch nicht ganz ohne Strom aus. Vor allem das Warmluftgebläse ist auf die Bordbatterie angewiesen; in geringerem Maß aber auch die Steuerung und die Zündung.

Ganz ohne Bordbatterie funktioniert nur die S-Heizung. Sie kann entweder mit einer Piezozündung gestartet werden (also ganz ohne Batterie) oder mit Strom aus zwei separaten Mignon-Batterien, die unten in die Heizung eingesetzt sind. Modelle der Truma Vario-Heat-Serie und die Truma Combi-CP-plus-Heizungen hingegen laufen nur mit einem Gebläse, das etwa 0,5–2,3 A Strom zieht.

Falls die Bordbatterie einmal zu stark entladen ist, koppelt die Elektronik sie von den Verbrauchern ab, was eine Kettenreaktion zur Folge haben kann. Denn dann fällt nicht nur die Heizung aus, auch Wasserpumpe und WC-Spülung funktionieren dann nicht mehr. Zudem öffnet sich am Boiler älterer Truma Combi-Modelle das Ablassventil, sodass sich der komplette Inhalt auf den Stellplatz ergießt. Bei Modellen mit Frostwächter ohne Strom kann das nicht mehr passieren.

Warmwasserheizung

Eine Warmwasserheizung ist erheblich teurer, schwerer und aufwendiger als die bisher besprochenen Modelle und sie braucht länger, bis sie den Raum erwärmt hat. Dafür schafft sie aber ein sehr angenehmes Klima mit weniger Zugluft, mehr Strahlungswärme und höherem Komfort. Außerdem lässt sie sich mit dem Kühlwasserkreislauf des Motors kombinieren, sodass während der Fahrt die Motor-Abwärme zum Heizen genutzt werden kann. Umgekehrt kann man an einem kalten Morgen per Heizung den Motor vorwärmen und somit schonen. Wegen der höheren Kosten des Gewichts und Platzbedarfs werden Warmwasserheizungen nur in größere Reisemobile der Luxusklasse eingebaut.

Heizen während der Fahrt

Wenn es richtig kalt ist, reicht die Motorheizung nicht aus, um während der Fahrt den Wohnraum des Reisemobils ausreichend zu temperieren. Dann kann man mit der Zusatzheizung nachhelfen. Hierbei sind die Bestimmungen für den Betrieb von Flüssiggasheizungen zu beachten: Fahrzeuge mit einem Baujahr vor 2007 sollten, neuere müssen mit einem automatischen **Gasstopp** ausgestattet sein.

Empfehlenswert ist in jedem Fall eine **Schlauchbruch-Sicherung** gleich hinter dem Druckregler des Gassystems (s. a. Kap. „Gasanlage“ S. 88). Außerdem darf sich der Abgaskamin der Heizung nicht im Luftstau irgendwelcher Aufbauten befinden, sonst können die Abgase zurück in den Schornstein gepresst werden und außerdem kann die Brennerflamme dann das Kabel der Zündautomatik beschädigen, sodass sich die Heizung nicht mehr starten lässt. Bei fachmännisch eingebauten Heizungen dürfte dies allerdings kein Problem sein.

Tests und Problemlösungen

Die Direkt-Heizung zündet nicht:

- Blinkt die **Kontrollleuchte** der Zündautomatik? Falls nein, Batterien auswechseln.
- Ist noch **Gas** vorhanden? Probehalber Kochflamme anzünden.
- Sind alle **Gasventile** geöffnet, auch das Schnellventil für die Heizung?
- Falls sonst alles in Ordnung ist, könnte das Kabel der Zündautomatik beschädigt sein. Um das zu überprüfen, müssen Sie allerdings unter das Fahrzeug kriechen!

Kontrollleuchte der Zündautomatik blinkt plötzlich:

- Falls sie nur kurz blinkt und dann wieder aufhört, war die **Flamme** erloschen und wurde erneut gezündet.
- Falls sie permanent blinkt, ist die Gaszufuhr **unterbrochen.** Gasflasche wechseln oder Heizung abstellen.

Umluft-Heizung zündet nicht:

- Hat die **Bordbatterie** noch genügend Spannung?
- Ist noch **Gas** vorhanden und sind alle Ventile geöffnet?
- Ist der **Abgasschacht** frei und offen?
- Ist das **Gaswarngerät** in Betrieb (besonders bei US-Wohnmobilen)?

Diesel-/Benzin-Heizung

Treibstoffheizungen brauchen, zusätzlich zum Elektroantrieb des Gebläses, auch für jede Zündung relativ viel Strom aus der Bordbatterie, insbesondere Dieselheizungen, die dabei jedes Mal zunächst vorglühen müssen. Da diese Heizungen ohne Strom überhaupt nicht mehr funktionieren, kann man Strom sparen, indem man:

- die **Heizung** höher stellt, sodass sie permanent läuft und dann zeitweise ganz abschaltet (gegebenenfalls mehr lüften);
- die Heizung nachts ganz **ausschaltet** und erst morgens vor dem Aufstehen wieder heizt. Um die Heizung trotz fast leerer Bordbatterie zu starten, kann man in Notfällen das Trennrelais überbrücken (am Sicherungskasten oder am Automatik-Ladegerät), sodass Starter- und Bordbatterie verbunden sind – aber nicht zu lange, sonst startet am Morgen der Motor nicht mehr!

Erst eine gute Heizung macht aus dem Mobil eine behagliche Wohnung

221wh tr

232wh as©robepco

Klimaanlage

Heiße Sommer sind der Hit – den ganzen Tag Sonnenschein und Badewetter bis zum Abwinken. Doch wenn es des Guten zu viel wird, ist Kühlung gefragt. Sonst wälzt man sich nachts klatschnass auf dem Laken und findet keinen Schlaf. Nicht ohne triftigen Grund zählt ein Kühlschrank längst zur Grundausstattung in jedem Reisemobil und Caravan. Und was den Würstchen recht ist, kann dem Camper nur billig sein. Bei Reisen in der Vor- und Nachsaison bzw. in gemäßigten Breiten reicht es ja meist, die Dachluke zu öffnen und/oder ein oder zwei Fenster, um die wohltuende Abendkühle hereinzulassen. Doch bei mediterraner Backofenhitze kommt auch von außen keine Kühle mehr. Die Luft steht, nichts strömt und die Laken kleben auf der Haut.

Das muss nicht sein. Eine Klimaanlage kann für wohlige Entspannung sorgen, selbst wenn draußen der Sand brennt. Dabei hat man die Wahl zwischen zwei Arten von **Kühlsystemen** (Verdunster oder Kompressor) und zwei Arten der **Installation** (Dachmontage oder Einbau im Stauraum). Die Systeme funktionieren ganz unterschiedlich. Jedes hat spezifische Vor- und Nachteile. Daher muss man zunächst seine persönlichen Anforderungen klären und die Gegebenheiten des Reisemobils oder Caravans berücksichtigen.

Was ist zu beachten, damit der Kältemacher optimal funktioniert, und wie kann man ihn auf Höchstleistung

In der australischen Nullarbor-Ebene herrschen beide Temperaturextreme: starke Hitze tagsüber und große Kälte nachts

tunen? Welches System ist für welche Bedingungen am besten? Ist es möglich, von Stromnetz und Campingplatz unabhängig zu sein? Wie lange kann man ohne Netzanschluss kühlen? Kann man die Klimaanlage während der Fahrt zuschalten? Und gibt es Klimaanlagen, die auch heizen?

Die folgenden Tipps ermöglichen es, auch an den heißesten Tagen ein Wohlfühlklima zu genießen und so eine angenehme Atmosphäre zu schaffen.

Wohlfühlklima

Ob ein Klima als angenehm empfunden wird, hängt nicht allein von der Temperatur, sondern wesentlich auch von der **Luftfeuchtigkeit** ab. Viele Menschen empfinden 22 °C bei 50 % Luftfeuchtigkeit als angenehm. Temperaturen bis zu 27 °C werden als „noch angenehm" empfunden, wenn die Luftfeuchtigkeit entsprechend auf etwa 30 % zurückgeht. Umgekehrt ist selbst eine Temperatur von sonst angenehmen 18–20 °C nicht mehr komfortabel, wenn die Luftfeuchtigkeit dabei eine Schwelle von 80 % übersteigt. Das Diagramm veranschaulicht den Wohlfühlbereich in Abhängigkeit von Lufttemperatur und Luftfeuchtigkeit. Es macht klar, dass die verbreitete Ansicht „je kühler, desto besser" ein Irrtum ist. Vielmehr kommt es auf ein ausgewogenes Verhältnis dieser beiden Faktoren an!

„Was muss die Klimaanlage leisten?" – „Na kühlen, natürlich!", würden die meisten spontan antworten. Stimmt ja. Doch wie das Diagramm unten deutlich macht, kommt es nicht nur auf die Temperatur an, sondern vor allem auf **das richtige Verhältnis von Lufttemperatur und Luftfeuchtigkeit.** Am Tag erfordern beide im Diagramm dargestellten Orte eine Absenkung der Lufttemperatur.

Nachts hingegen ist das Komfortklima nur durch eine geringere Luftfeuchtigkeit und ohne „wirkliche" Kühlung zu erreichen. Da bei schweißnasser Haut kühle Zugluft krank machen kann, muss die kühlende Luft schonend und gleichmäßig verteilt werden.

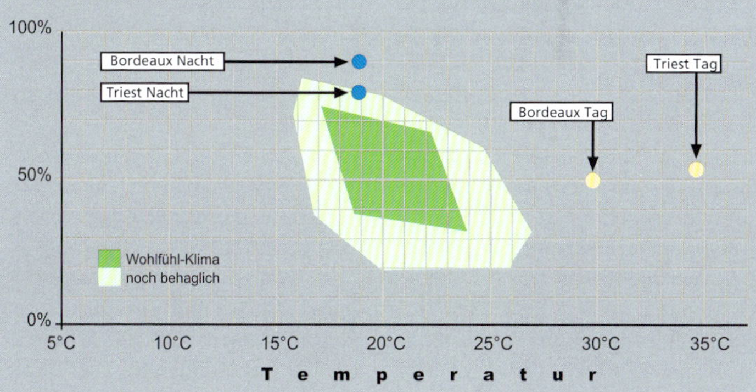

Wohlfühlklima ist mehr als kalte Luft

Wer bei tropischen Temperaturen schmachtet oder in trockener Backofenhitze schwitzt, der wünscht sich nur eins: Abkühlung! Dabei vergisst man leicht, dass ein angenehmes Klima nicht allein von der Lufttemperatur abhängig ist, sondern von drei verschiedenen Faktoren: Temperatur, Luftfeuchtigkeit und Luftbewegung. Es ist bekannt, dass bei unverändert hoher Temperatur schon ein leichtes Lüftchen für angenehme Linderung sorgt. Steht die Luft, so tropft der Schweiß, doch bei einer minimalen Brise atmet man gleich erleichtert auf. Warum? Weil die Luftzirkulation die körpereigene Klimaanlage unterstützt.

Das Gleiche gilt auch für die Luftfeuchtigkeit. Bei trockener Luft sind selbst hohe Temperaturen ganz gut zu verkraften, doch bei schwülem Treibhausklima klebt alles und man hat das Gefühl zu ersticken. Warum? Der Körper muss eine konstante Temperatur von 37 °C halten. Bedingungen, unter denen ihm dies ohne große Anstrengung möglich ist, empfindet er als angenehm. Je schwerer es ihm fällt, desto unangenehmer fühlt es sich an. Um die Temperatur auf einem konstanten Niveau zu halten, unterhält der Körper seine eigene Klimaanlage: Er erzeugt Schweiß, der auf der Haut verdunstet und dadurch kühlt. Das weiß jeder – nur denkt man nicht immer daran, unter welchen Bedingungen diese Kühlung am besten funktioniert. Bei kühler Umgebungsluft ist der Körper nicht auf seine Klimaanlage angewiesen, da er auch ohne Verdunstung genügend Wärme abgibt, um seine 37 °C zu halten. Sobald die Außentemperatur aber eine gewisse Schwelle überschreitet, bzw. wenn der Körper mehr Wärme produziert, als er auf direktem Wege abstrahlen kann, muss er seine eigene Verdunstungs-Klimaanlage zuschalten. Die Verdunstung funktioniert umso effizienter, je trockener die Umgebungsluft ist und je rascher eine Brise die Feuchtigkeit ableitet. Deshalb sind es genau diese Bedingungen, die man als angenehm empfindet.

Wenn jedoch der Luftstrom zu stark und/oder kalt ist, wird er als unangenehm empfunden, weil er zu stark kühlt, sodass sich die Muskeln verkrampfen (dies kann z. B. zu Nackenstarre führen) oder durch Unterkühlung sogar eine Erkältung droht. Die Anlage muss daher so reguliert sein, dass zwar stets ein Strom trockener Frischluft herangeführt wird, dies dann aber ohne dass man einen kalten Luftzug spürt.

Richtig dimensionieren

Für die Leistungsfähigkeit der Klimaanlage spielen drei Faktoren eine Rolle. Grundsätzlich kann man sagen:

- Je größer das Raumvolumen,
- je wärmer und feuchter das Klima,
- je weniger Schatten, desto höher sollte die Kühlleistung sein.

Die Hersteller bieten Tabellen mit Richtwerten, um zu klären, welche Klimaanlage für welche Fahrzeuglänge passt. Sie sind eine sehr gute Entscheidungshilfe für durchschnittliche Bedingungen. Wer jedoch häufig in sehr warme und insbesondere in feuchtwarme Gebiete reist, sollte eine etwas leistungsstärkere Anlage wählen. Eine hervorragende Lösung für mittlere bis größere Reisefahrzeuge ist auch die „Kühlung im Doppelpack“. Anstatt einer großen, leistungsstarken Klimaanlage kann man zwei kleinere installieren. Diese Kombination erbringt dann die gleiche Leistung, bietet allerdings deutlich mehr Flexibilität und wird auch auf Campingplätzen mit schwach abgesicherten Steckdosen problemlos starten.

Zwei Kühlsysteme: Verdunster und Kompressor

Auch wenn die Luftfeuchtigkeit eine wichtige Rolle spielt – um das Kühlen selbst kommt man letztlich nicht herum. Wie aber kriegt man die Luft dazu, ihre Temperatur zu senken? Hierfür gibt es zwei verschiedene Techniken mit spezifischen Vor- und Nachteilen:

Verdunster-Klimaanlagen sind die einfacheren und preiswerteren Systeme. Sie können mit 12-Volt-Batteriestrom betrieben werden und brauchen weniger Energie. Aber sie sind von Außenbedingungen abhängig und verlieren mit steigender Luftfeuchtigkeit zunehmend an Effizienz.

Kompressor-Klimaanlagen (Wärmepumpen-Technik) sind etwas aufwendiger und teurer. Sie können im Normalfall nur mit 230 Volt betrieben werden und schlucken ordentlich Strom, aber dafür sind sie von Außenbedingungen weitgehend unabhängig und können selbst bei tropischer Schwüle hervorragend kühlen. Diese Anlagen sind daher marktführend.

Zwei Bauformen: Dachanlage und Staukastenanlage

Verdunsteranlagen müssen auf dem Dach installiert werden, bei Kompressor-Modellen hat man die Wahl: **Dachanlagen** arbeiten effizient und verteilen die schwerere Kaltluft energiesparend nach dem Schwerkraftprinzip in den Raum darunter.

Staukastenanlagen können an beliebiger Stelle installiert werden und

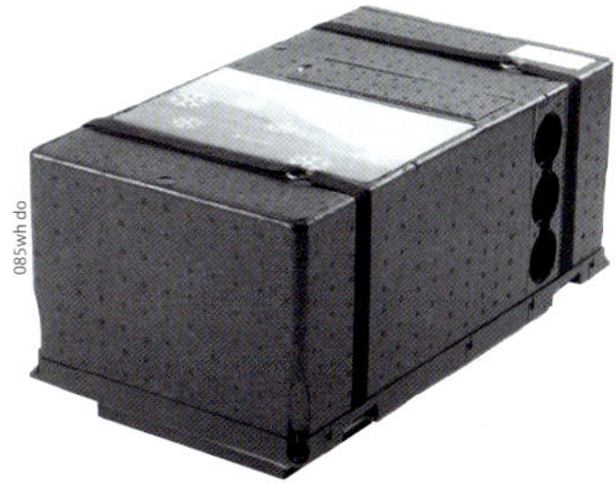

Dachanlage (links) und Staukasten (rechts)

verteilen die gekühlte Luft per Gebläse und Rohrsystem. Das erfordert zwar zusätzlichen Strom, erlaubt aber auch eine gezieltere Verteilung der kühlen Luft. Außerdem wird der Schwerpunkt des Fahrzeugs nicht negativ beeinflusst.

Die drei führenden Hersteller von Klimaanlagen setzen unterschiedliche Prioritäten: Truma ist auf Einbaugeräte spezialisiert, Telair auf Dachgeräte und Dometic bietet beide Optionen.

Dachanlagen

Praktisch jedes Reisefahrzeug kann mit einer Klimaanlage nachgerüstet werden. Falls sich in Stauräumen oder Zwischenboden kein Platz findet, entscheidet man sich für eine Dachanlage, die auf **beinahe jedem Fahrzeug** installiert werden kann. Zudem ist eine Dachanlage meist schnell und preisgünstig zu installieren. Staukastenanlagen sind zwar ebenfalls relativ leicht einzubauen, doch erfordert die Montage mehr Zeit und ist teurer.

Ehe man sich für eine Dachanlage entscheidet, ist abzuklären, wo sie installiert werden soll und vor allem, ob die zulässige Dachlast ausreicht. Die Klimaanlage allein wird dieses Limit in den seltensten Fällen erreichen, aber ihr Gewicht muss zu möglicherweise vorhandenen Einrichtungen wie Satellitenschüssel, Solaranlage, Dachbox, Gepäckträger addiert werden. Moderne Dachanlagen sind so konzipiert, dass sie in den Ausschnitt einer **Dachluke** passen. Einfach Luke herausnehmen, Klimaanlage einsetzen und eine Stromzuleitung legen. Allerdings ist zu beachten, dass damit auch eine Lichtquelle und Lüftungsöffnung verloren geht. Wenn der Platz es gestattet, kann es sinnvoll sein, die Klimaanlage an anderer Stelle einzubauen.

Bei einem **Verdunstermodell** ist zu beachten, dass außer der Stromversorgung eine Zuleitung vom Wassertank her erforderlich ist.

Kalte Luft fällt nach unten, da sie schwerer ist als die warme. Eine Dach-Klimaanlage nutzt dieses physikalische Prinzip, um die Kaltluft energiesparend und geräuschlos im Innenraum zu verteilen. Allerdings gibt es kaum eine Dachklimaanlage, die nur nach diesem Prinzip arbeitet. Denn obwohl Kaltluft fraglos fällt, so stimmt es doch auch, dass sie (salopp gesagt) eben „dahin fällt, wohin sie trifft“. Ein schlichtes „Runterplumpsen“ der Kaltluft ist jedoch unangenehm, da sie einem buchstäblich „kalt über den Rücken läuft“. Wichtig ist eine gleichmäßige und zugfreie Verteilung. Deshalb sind selbst Dachgeräte mit Ventilatoren und einem mehr oder minder komplexen **System zur Luftverteilung** ausgestattet. Die Ventilatoren heutiger Dachgeräte können für eine optimale Luftumwälzung auf verschiedenen Stufen betrieben sowie manuell oder auch automatisch geregelt werden.

Im einfachsten Fall wird die warme Raumluft durch eine Öffnung angesaugt und die gekühlte Luft durch eine zweite Düse abgegeben. Aber es gibt auch Systeme mit zwei, vier und sogar zehn Düsen, die eine individuelle Verteilung in verschiedene Richtungen gestattet. Allerdings sitzen die Luftöffnungen bei Dachgeräten stets im kleinen Innenteil der Klimaanlage, also auf einer relativ geringen Fläche. Eine so gleichmäßige und variable Luftverteilung wie bei Einbaumodellen ist daher nicht möglich. Dafür erspart die Dachanlage das aufwendige System von Rohrleitungen.

Da Reisemobile bekanntlich unterschiedliche Dachstärken haben, bieten Hersteller wie Dometic ihre Dach-Klimaanlagen mit individueller Anpassung an. Das Bedienelement mit den Luftdüsen innen kann in variablem Abstand zum Kühlaggregat außen auf dem Dach montiert werden.

Was das **Gewicht** anbelangt, gibt es von Hersteller zu Hersteller keine großen Unterschiede (eine mittlere Dachanlage wiegt 33–34 kg) doch abhängig von der Leistungsfähigkeit kann das Gewicht beträchtlich variieren: von rund 22 kg für eine der kleinsten Anlagen bis zu 45 kg für die leistungsstärksten Kältemaschinen. Außerdem sollte man bedenken, dass die hohe **Position** der Dachanlage den Schwerpunkt des Fahrzeugs beeinflusst.

Staukastenanlagen

Wenn der Platz es zulässt, ist der **Einbau im Stauraum** meist vorteilhafter, doch neben der Klimaanlage muss dann noch zusätzlich ein Leitungssystem zur Verteilung der Kaltluft installiert werden. Je nach Modell, Fahrzeug und Verteilersystem erfordert dies dann ca. 4–6 Stunden zusätzlich an Montagezeit. Staukasten- oder Einbaumodelle sind vor allem **in größeren und teureren Reisemobilen** zu Hause. Sie sind vor Wind und Wetter geschützt und können weder Fahrzeugmaße noch Windwiderstand oder Spritverbrauch negativ beeinflussen. Mit ihrem ausgetüftelten Leitungssystem gestatten sie außerdem eine optimale Verteilung und Durchmischung der gekühlten Luft.

Wer Platz genug hat, lässt seine Klimaanlage in einem Möbel verschwinden. Dort verändert sie weder die Fahrzeugmaße noch den Windwiderstand oder Spritverbrauch.

Für ein angenehmes Raumklima reicht es nicht, nur Kaltluft zu produzieren. Der Komfort einer Klimaanlage steht und fällt mit ihrer **Luftverteilung.** Was dies anbetrifft sind Staukastenmodelle einfach unschlagbar. Sie erfordern ein Gebläse und ein System von Rohrleitungen, doch dafür erreichen sie mit ihrer variablen Luftführung auch den hintersten Winkel des Wohnmobils und gestatten eine individuelle Regulierung des Luftzustroms.

Verdunster-Klimaanlage: einfach und preiswert

Das Prinzip ist altbewährt: Durch die Verdunstung von Wasser haben schon vor Jahrtausenden die Bewohner von Wüstenstädten ihre Lehmhäuser gekühlt. Auch im Wohnmobil- und Caravan-Bereich hat dieses System seine Stärken. Zudem ist es preisgünstig, leise und stromsparend, und wenn man trockenheiße Klimazonen bereist, sind die Verdunster durchaus effizient. In feuchtwarmen Regionen hingegen stoßen sie an ihre Grenzen.

Vorteile der Verdunster

Die Technik erfordert kein Kühlmittel und ist daher umweltfreundlicher als die Kompressoren. Da die Verdunstung selbst keine Energie benötigt, brauchen diese Geräte deutlich **weniger Strom** (knapp 100 Watt im Vergleich zu gut 1000 Watt bei einer Kompressoranlage). Ganz ohne kommen sie allerdings auch nicht aus, da Wasserpumpe und Ventilator betrieben werden müssen. Diese sind aber auch mit 12 Volt aus der Bordbatterie zufrieden, jedoch sollte man sie nicht ununterbrochen laufen lassen, da sich der Energieverbrauch in der Summe früher oder später auf die Leistungsfähigkeit der Bordbatterie auswirkt.

Außerdem sind Verdunstergeräte einfacher gebaut und daher kompakter und leichter als Kompressoranlagen: Andererseits muss man den Wasserverbrauch der Verdunster beachten, der immerhin zwischen 0,5 und 5 Liter pro Stunde (neuere Modelle max. 1,5 l pro Stunde) beträgt und sich rasch zu einem hübschen Ballast summieren kann.

Ein klares Plus ist auch die **einfache Verteilung der gekühlten Luft** nach dem Prinzip der Schwerkraft: Kaltluft fällt bekanntlich nach unten und so strömt die gekühlte Luft der Dachgeräte ganz von alleine, energiesparend und geräuschlos ins Fahrzeuginnere. Zudem geschieht auch die Verdunstung völlig **geräuschlos,** während die Kompressoren eine Pumpe benötigen.

Nachteile der Verdunster

Dass das Verdunstungssystem bei steigender Luftfeuchtigkeit seine Effizienz verliert und schließlich zusammenbricht, wurde bereits erläutert. Weitere Probleme bereitet der **Wasserbedarf** von 10–20 l pro 24 Std. (ältere Modelle z. T. noch mehr).

Außerdem wird das verdunstete Wasser nicht vollständig an die Außenluft abgegeben. Ein Teil davon kondensiert und fließt auf das Dach, der andere wird von der einströmenden, gekühlten Luft aufgenommen und ins Fahrzeuginnere geblasen. Doch erhöhte Luftfeuchtigkeit ist genau das, was man bei heißem Wetter eben nicht will. Geräte mit „indirekter Verdunstungskühlung“ lösen das Problem durch einen Wärmetauscher: Die gekühlte Luft gelangt nicht direkt ins Fahrzeuginnere, sondern kühlt die Innenluft per Wärmetauscher, sodass die Feuchtigkeit draußen bleibt.

Verdunster sind allerdings inzwischen eine aussterbende Spezies (erhältlich ist z. B. noch das Modell Holiday IIIS – 12 Volt von Viesa).

Kompressor-Klimaanlagen: stark und tropentauglich

Bei hoher Luftfeuchtigkeit braucht man eine Kompressor-Klimaanlage. Sie arbeitet mit einem geschlossenen Kreislauf (wie der Kühlschrank) und ist daher von Außenbedingungen weitgehend unabhängig. Das heißt, dass sie auch dann effizient kühlt, wenn man es am dringendsten braucht, nämlich bei schwülem Treibhauswetter. Zudem blasen diese Anlagen keine weitere feuchte Luft ins Fahrzeug, sondern können die Raumluft sogar trocknen. Dieser Komfort hat zwar seinen Preis (Energieverbrauch und Gewicht), doch unter dem Strich werden meist die Vorteile überwiegen, weswegen Kompressoranlagen auch die führenden Systeme sind.

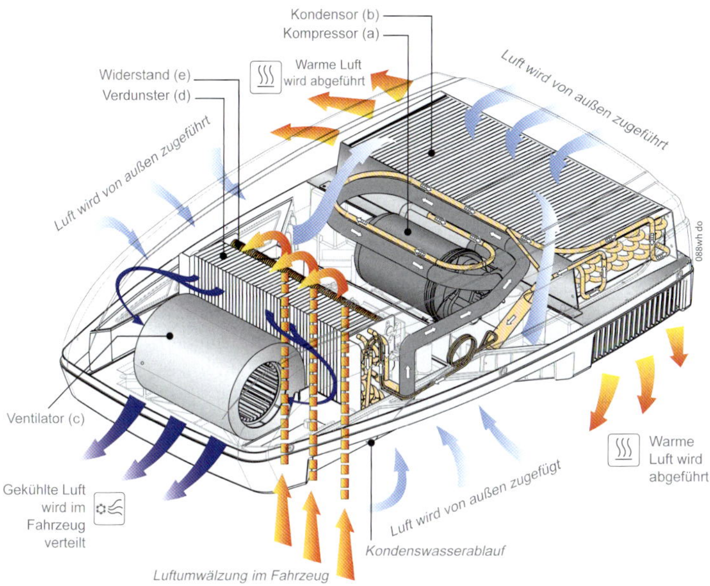

Kompressor-Klimaanlage: wie sie funktioniert

Die Kompressor-Klimaanlage „lässt" nicht einfach verdunsten, so wie es die Außenbedingungen erlauben, sondern sorgt „aktiv" für effiziente Verdunstung. Das Kühlmittel, das bei normalen Verhältnissen gasförmig ist, wird mittels einer Pumpe so stark komprimiert (daher der Name), dass es sich verflüssigt. Die hierfür erforderliche Kraft erklärt den relativ hohen Energiebedarf dieser Systeme. Außerdem entsteht dabei Wärme, die über Kühlrippen an die Außenluft abgegeben werden muss. Das verdichtete Kühlmittel wird durch eine Düse in den Verdampfer gesprüht, wo es schlagartig verdunstet und dadurch der Umgebung Wärme entzieht. Anschließend wird das gasförmige Kühlmittel wieder abgepumpt und erneut verdichtet, sodass ein **geschlossener Kreislauf** entsteht. Diese Art der Kühlung ist so effizient, dass damit auch Gefriertruhen mit –20 °C betrieben werden können.

Vor- und Nachteile der Kompressorgeräte

Das entscheidende Plus der Kompressor-Klimaanlagen ist ihre überlegene **Leistungsstärke** und **Unabhängigkeit von den Außenbedingungen.** Zudem kühlen sie praktisch sofort nach dem Einschalten. Im Gegensatz zu den Ver-

So funktioniert eine Kompressor-Klimaanlage

Sind Kompressoranlagen völlig temperaturunabhängig?

Wer die Funktionsweise verstanden hat, kennt auch die Antwort: **nein.** Ganz unabhängig funktionieren auch Kompressoranlagen nicht. Sie müssen ihre Abwärme an die Außenluft abgeben – und das wird umso schwerer, je wärmer die Außenluft ist. Aber immerhin funktionieren diese Anlagen bis zu einer Außentemperatur von knapp über 40 °C gut. Ihre Grenzen sind also nicht so schnell erreicht. Andererseits kann man ihnen die Arbeit erleichtern, indem man im Schatten parkt, anstatt in der prallen Sonne.

dunsteranlagen brauchen sie auch kein Wasser, da sie mit einem geschlossenen Kühlmittelkreislauf arbeiten. Sie befeuchten die kühlende Luft nicht, sondern entziehen ihr sogar Feuchtigkeit und schaffen dadurch ein angenehmeres **Raumklima.** Sie verfügen über **Filter,** um die Luft zu reinigen. Kompressorgeräte nach dem Prinzip der Wärmepumpe können sogar als **Heizung** dienen, solange die Temperatur nicht unter -2 °C fällt. Diese Systeme können als Dachgeräte oder in einem Staukasten installiert werden. Der Preis für diesen Komfort ist ein hoher Energieverbrauch. Im Stand können sie nur mit Netzanschluss oder mit einem Generator betrieben werden. Und selbst auf Campingplätzen kann die schwache Absicherung der Steckdosen Probleme bereiten.

Ein kleinerer Nachteil ist eine leichte Geräuschentwicklung durch Elektromotor, Pumpe und Luftverteilung. Doch moderne Geräte sind gut schallgedämmt. Trotzdem empfiehlt es sich, die Anlage etwa 2–3 Stunden vor dem Schlafengehen einzuschalten, um den Wohnraum angenehm zu klimatisieren. Dann kann man sie ausschalten. So wird man nicht nur selbst ruhiger schlafen können, sondern eventuelle Nachbarn werden Sie am nächsten Tag sicher auch freundlicher grüßen.

Betrieb während der Fahrt

Die meisten modernen Wohnmobile haben im Fahrerhaus eine serienmäßig eingebaute Klimaanlage, die während der Fahrt mit Motorkraft läuft. Doch bei großen Fahrzeugen wird diese Anlage nicht ausreichen, das ganze Fahrzeug angenehm zu temperieren. Dann würde man gerne schon unterwegs das leistungsstarke Kühlaggregat zuschalten. Das allerdings verlangt 230 Volt Wechselstrom – und woher soll man den auf der Straße nehmen? Kein Problem: Den zaubert ein entsprechend dimensionierter **Wechselrichter** aus der Bordbatterie. Zusätzlich sind allerdings auch entsprechend dicke Leitungen erforderlich, welche diese Strommenge verkraften. Passende Komplettsets, sogenannte **DC-Kits,** werden vom Hersteller der Klimaanlage angeboten. Allerdings muss dann auch die Lichtmaschine neben Licht, Radio, Gebläse etc. den Energiehunger der Klimaanlage stillen. Die Sets guter Hersteller umfassen daher zugleich einen Ladestromverteiler mit Unterspannungsschutz, der dafür sorgt, dass nichts schiefgeht.

Tipp: Die Saphir compact von Truma ist so handlich, dass sie praktisch in jeden Staukasten passt. Sie hat einen niedrigen Stromverbrauch mit drei Gebläsestufen und kann auf dem Campingplatz mit 3 A Absicherung (Anlaufstrom 15 A) und während der Fahrt oder im Stand mit dem Wechselrichter TG 1000 sinus betrieben werden.

Betrieb auf dem Campingplatz

Auf dem Campingplatz angekommen, ist die Kompressoranlage in ihrem eigentlichen Element, denn hier steht 230 V Wechselstrom zur Verfügung. Doch Vorsicht: Beim Einschalten ziehen die Kompressoren kurzzeitig ein Vielfaches der Nennstrommenge. Sogar Modelle, die im Schnitt mit knapp 3 Ampere zufrieden sind, erfordern einen „Anlaufstrom" von 15 A (bei Geräten mit einer mittleren Stromaufnahme von 6,6 A können es gar 32 A sein!). Selbst die kleinsten Geräte würden beim Start jede normale Campingplatzsicherung „rausfliegen" lassen, weil die Anschlüsse dort gewöhnlich nur mit 6 A abgesichert sind. Neue Klimaanlagen sind so konstruiert, dass der Anlaufstrom nur extrem kurze Zeit aufgenommen wird (meist nur 0,15 Sekunden). Entsprechend „träge" Sicherungen können gar nicht so schnell reagieren und ehe sie ans „Rausfliegen" denken, ist die Stromaufnahme schon wieder im grünen Bereich. Die Firma Dometic gibt z. B. bei ihren Klimaanlagen auch an, welche Ampere-Zahl eine Campingplatzsicherung haben muss. Dann kann man an der Rezeption nachfragen. Falls man eine ältere Klimaanlage hat, die ihren Strombedarf nicht so fix wieder drosselt (oder um sicherzugehen), kann man sich mit einem improvisierten „Anlaufstrom-Dämpfer" (s. Kasten rechts) behelfen.

Anlaufstrom-Dämpfer

Falls die Sicherung des Campingplatzes den Anlaufstrom der Klimaanlage nicht verkraftet bzw. um diesem Problem vorzubeugen, kann der im Folgenden beschriebene Trick hilfreich sein: Legen Sie zwischen den Sicherungskasten und das Bordnetz Ihres Wohnmobils oder Caravans ein möglichst langes und ganz abgewickeltes **Kabel.** Dies kann die Auswirkung des hohen Anlaufstroms ausreichend abdämpfen. Achten Sie aber unbedingt darauf, dass das Kabel abgewickelt ist, denn andernfalls könnte es so heiß werden, dass die Isolierung schmort!

Kalt und warm aus einer Quelle: mit der Kompressor-Klimaanlage heizen

Mit manchen Klimaanlagen (z. B. von Dometic und Telair, s. Anhang) kann man tatsächlich auch heizen. Die Kompressor-Klimaanlage ist ja im Grunde nichts anderes als eine Wärmepumpe. Sie produziert immer beides zugleich: Wärme und Kälte. Die Wärme wird gewöhnlich als „Abfallprodukt" über Kühlrippen nach außen abgegeben, während die Kälte in den Innenraum geleitet wird. Also braucht man den Prozess nur umzukehren (Wärme nach innen, Kälte nach außen), um mit dem „Kühlgerät" auch heizen zu können. Und die Heizleistungen sind gar nicht einmal übel: von 800 Watt bei den kleineren Dometic-Modellen über 1600 Watt bei den mittleren Dometic-Geräten bis zu 3300 Watt bei der Telair Silent bis 2500 Watt. Während Dometic seine

Die clevere Lösung: zwei Klimazonen

Die Kompressor-Klimaanlage **Dometic CA1000** ist eigentlich eine Dachanlage geringerer Leistung für kleinere Reisemobile (Kühlleistung 1000 Watt, Stromverbrauch 450 Watt). Man kann sie aber auch im „Doppelpack" montieren und dadurch im Innenraum zwei getrennte und individuell regulierbare Klimazonen schaffen (z. B. den Schlafbereich etwas kühler als den Wohnraum). Die Dachlast bereitet keine Probleme, denn zwei dieser Geräte wiegen etwa so viel wie eine größere Anlage. Und während sehr starke Klimaanlagen auf manchen Campingplätzen gar nicht betrieben werden können, gibt es mit dieser Kombination keine Probleme, denn die beiden kleinen Anlagen können nacheinander gestartet werden. Dann genügt bereits eine träge Sicherung mit 3 Ampere.

089wh wa

Geräte mit einem zusätzlichen elektrischen Heizelement ausstattet, nutzt Telair ausschließlich den umgekehrten Kreislauf der Wärmepumpe. Das hat den Vorteil, dass die Heizleistung genauso stark ist wie die Kühlung. Darüber hinaus bietet dieses Prinzip zugleich das erfreuliche Plus, dass man nicht genau so viel elektrische Energie hineinstecken muss, wie Wärmeenergie herauskommt, sondern nur etwas weniger als die Hälfte. Die verbleibenden ca. 55 % entzieht das Gerät als Wärmepumpe der Außenluft. Allerdings funktioniert dies nur bis zu einer Außentemperatur von 4° C Danach gibt die Außenluft einfach nicht mehr genug Wärme her und das Gerät verliert drastisch an Heizleistung. Für Wintercamping ist es daher nicht geeignet, aber in kühlen Sommernächten oder während der Übergangszeit kann es ausreichend sein (sofern man über einen Netzanschluss oder einen Generator verfügt).

Manchmal reicht ja schon etwas frische Luft

Jeder Camper kennt das: Selbst wenn die Luft draußen gar nicht heiß ist, heizt sich der Wohnraum durch die Sonnenstrahlung wie ein Backofen auf. Die Strahlung dringt trotz Dachisolierung durch Fenster und Dachluken ein. In solchen Situationen ist es unnötig, die aufgeheizte Innenluft mit großem Energieaufwand herunterzukühlen, etwas Frischluft von draußen genügt eigentlich. Dann ist man mit einem Gerät wie der Dometic FreshWell 3000 oder Dometic FreshJet 1700/2200 gut bedient, das auch eine Frischluftfunktion bietet.

Der batterieschonende Frischluftmodus empfiehlt sich immer dann, wenn die Außentemperatur niedriger ist als die Innentemperatur: z. B. nachts oder im Frühjahr und Herbst, wenn das Fahrzeug nur durch die Sonneneinstrahlung aufgeheizt wurde. In diesem Modus bleibt die Klimaanlage ausgeschaltet, während der leise Innenlüfter durch die geöffnete Luftklappe kühle Außenluft ansaugt und Stauwärme verdrängt. Bei Klappenstellung „Kühlbetrieb“ hingegen, bleibt die Hitze des Tages draußen und nur die Innenluft zirkuliert und wird durch die Anlage gekühlt.

Coole Tipps für heiße Tage

Moderne Klimaanlagen leisten Beachtliches. Doch die Beachtung weniger Punkte kann einen spürbaren Unterschied für den Komfort und für den Stromverbrauch machen:

Direkte Sonneneinstrahlung vermeiden, da die Strahlung der Sonne den Innenraum schneller und stärker aufheizt als warme Außenluft. Parken Sie also möglichst im Schatten.

Alle Glasflächen abdecken: Die Sonnenstrahlung dringt durch Glasflächen ein und ist wie in einem Käfig gefangen, da die Rückstrahlung eine andere Frequenz hat und nicht entweichen kann. Nach diesem Prinzip funktioniert ein Gewächshaus und wie in einem Gewächshaus wird dann auch das Fahrzeugklima. Auf der Sonnenseite sollte man daher Front- und Seitenscheiben mit Isolier- oder Strohmatten abdecken, die Jalousien schließen und die Dachfenster abschatten (am besten von außen).

Durchlüften: Hat sich der Innenraum bereits aufgeheizt, sollte man unbedingt zuerst gut durchlüften, ehe man die Klimaanlage startet. Eine Backofenhitze von 40–50 °C macht auch einer starken Kompressoranlage zu schaffen. Manche Geräte laufen dann gar nicht erst an. Also: alle Fenster auf und auch die Dachhaube nicht vergessen.

Warmluft draußen halten: Wenn die Klimaanlage läuft, sollten alle Fenster und Dachluken geschlossen sein, damit von außen keine Warmluft nachströmt. Auch die Außentür sollte man nicht unnötig öffnen.

Die richtige Temperatur wählen: Zu starke Kühlung kostet unnötig Strom und ist zudem ungesund. Es ist meist nicht die Klimaanlage an sich, sondern die zu starke Temperaturdifferenz, die zu Erkältungen führt. Eine Temperaturabsenkung um 6–8 °C in Relation zur Außenluft ist meist ausreichend. Unter 22 °C sollte die Innentemperatur nicht liegen.

Das Dach sauber halten: Dächer von Reisemobilen sind nicht umsonst weiß – auch wenn die Fahrzeuge selbst immer bunter werden. Ein dunkleres oder verschmutztes Dach heizt das Fahrzeug erheblich schneller und stärker auf. Eine gründliche Dachreinigung kann sich daher lohnen.

Wartung: Auch eine moderne, wartungsfreundliche Klimaanlage braucht etwas **Pflege.** Man sollte:

- den Luftfilter unbedingt regelmäßig kontrollieren,
- verschmutzte Filter austauschen,
- den Kondensator gelegentlich mit Druckluft von Staub und befreien,
- die Klimaanlage etwa alle zwei Jahre vom Fachmann überprüfen lassen.

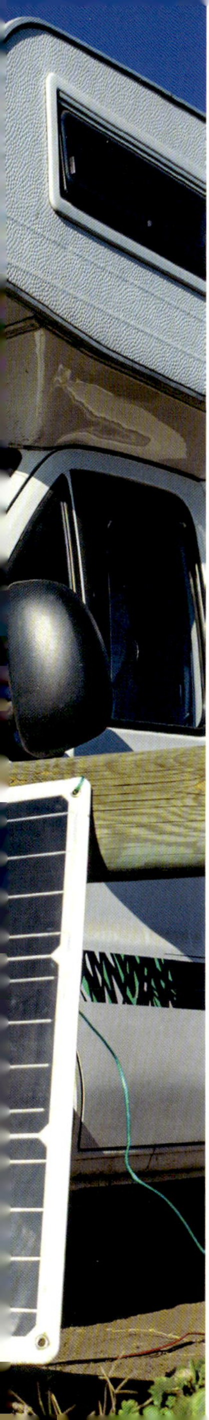

235wh as©Voyagerix

Strom-erzeuger

Immer mehr Wohnmobilisten versorgen sich mit Strom aus Sonnenenergie

Der Traum vom Wohnmobil ist der Traum von der großen Freiheit. Ungebunden reisen. Frei und flexibel sein. Fahren, wohin man will, und stehen, wo es am schönsten ist. Aber was hat man von seinem Traumplatz an der einsamen Bucht, wenn während des romantischen Strandabends plötzlich die Lichter ausgehen? Dann ist es Essig mit der großen Freiheit. Stattdessen herrscht der große Frust. Doch das muss nicht sein. Der Schlüssel zur großen Freiheit heißt Unabhängigkeit von Stromleitungen und Steckdosen, damit abends am Strand die Lichter nicht ausgehen. Das ist die Freiheit der Selbstversorger. Sie produzieren ihren Strom selbst, denn sie haben ihr eigenes Kraftwerk an Bord.

Das eigene Kraftwerk an Bord

Wenn man Tag für Tag mit seinem Reisemobil auf Achse ist und abends nichts anderes braucht, als ein paar Stunden Licht und ab und zu die Wasserpumpe, dann kommt man mit der Speicherkapazität seiner Bordbatterie locker hin. Da kann man ganz beruhigt schlafen, denn am nächsten Tag wird der Stromspeicher während der Fahrt von der Lichtmaschine wieder aufgefüllt. Kein Problem!

Aber hat man erst einmal sein Traumplätzchen entdeckt und will es sich dort für ein paar Tage gemütlich machen, dann wird es kritisch. Dann fängt vielleicht schon am zweiten Abend die Warnanzeige der Batterie nervös zu blinken an. Was nun? Ein Abendessen bei Kerzenschein mag ja noch romantisch sein, aber wenn nun die Pumpe den Dienst quittiert, kein Wasser mehr läuft und auch die WC-Spülung nicht mehr funktioniert, dann ist es aus mit der Romantik.

Um solche Unannehmlichkeiten zu vermeiden, kann man es entweder mit einer stärkeren oder mit einer zweiten Bordbatterie versuchen, doch auch dieser Lösung sind Grenzen gesetzt. Wer für mehr als 2–3 Tage vom Stromnetz unabhängig sein will, muss seinen Strom auch im Stand selbst erzeugen (man sollte aber auf keinen Fall den Motor stundenlang laufen lassen!). Er braucht also sein eigenes Kraftwerk. Dafür gibt es verschiedene Lösungen vom kostenlosen **Solarstrom** über den kraftvollen **Generator** bis zur umweltfreundlichen **Brennstoffzelle.** Aber was ist das Richtige? Wie viel Strom braucht man überhaupt und wie viel können die mobilen Kraftwerke liefern? Welches der drei Systeme ist das beste? Und wenn ein Generator, dann welcher? Ein Benzin- oder ein Dieselgerät? Ein tragbares Modell oder eines für den Festeinbau?

Energieberechnung: Damit der Saft nicht ausgeht

Um zu wissen, welchen Stromerzeuger man braucht, muss man seinen durchschnittlichen **Strombedarf** pro Tag kennen (eine Tabelle zur Bedarfsermittlung befindet sich im Kapitel „Installationen“, „Elektrische Anlage“). Wichtig sind aber auch der voraussichtliche

Spitzenbedarf sowie die Frage, welche Geräte betrieben werden sollen und wie viele zur gleichen Zeit. Brauchen Sie nur 12 Volt oder auch 230 Volt? Sind es überwiegend Kleinverbraucher, die Sie betreiben wollen oder auch Geräte mit hohem Strombedarf? Werden Sie nur in den Sommermonaten unterwegs sein oder auch öfters einmal im Winter?

Die Stärken und Schwächen der Systeme sind sehr unterschiedlich. Während die Solaranlage vom Sonnenlicht abhängig ist, arbeiten Generator und Brennstoffzelle völlig unabhängig von Licht, Wetter, Jahreszeit und Temperatur. Dafür liefert die **Solaranlage** den ganzen Tag über kostenlosen und absolut „sauberen“ Strom. Ihre kurzfristige Spitzenleistung hingegen ist eher gering und für starke Verbraucher wie Kühlschränke und Klimaanlagen nicht ausreichend. Außerdem liefert die Solaranlage in jedem Fall nur 12 Volt Gleichstrom. Auch die **Brennstoffzelle** liefert nur Gleichstrom, aber bei Bedarf rund um die Uhr, unabhängig von Sonnenstand und Wetter und zudem nahezu so umweltfreundlich und leise wie die Solaranlage. Um 230-Volt-Verbraucher anzuschließen, erfordern beide Systeme zwingend einen Spannungswandler (Wechselrichter). Das einzige mobile Kraftwerk, das direkt 230 Volt Wechselstrom erzeugt und liefert, ist der **Generator.** Er hat außerdem genügend Power, um selbst Geräte mit einem hohen Verbrauch, z. B. eine größere Klimaanlage, zu betreiben. Dafür gilt der Generator mit Verbrennungsmotor (inzwischen nicht mehr ganz zu Recht) als „Krachmacher“ und „Stinkekiste“. Er ist zwar der stärkste unter den drei Strommachern, aber auch der schwerste und lauteste.

Stromgeneratoren

Stromgeneratoren mit Verbrennungsmotor (auch einfach „Generator“ oder „Stromerzeuger“ genannt) liefern unabhängig von Jahreszeit und Sonnenstand Strom mit einer Spannung von 230 Volt und einer Dauerleistung von bis zu 3,5 kW. Alle Elektrogeräte, ob Notebook, Kaffeemaschine oder Föhn, können direkt angeschlossen werden, selbst Geräte mit hohem Anlaufstrom, allen voran die Klimaanlage. Betrieben werden sie mit **Benzin, Diesel** oder sogar **Flüssiggas (LPG).**

Man hat die Wahl zwischen tragbaren Modellen und Geräten zum Festeinbau. Aus Gewichtsgründen und bedingt durch Platzangebot, Zuladekapazität

Wer mit wem? – Klimaanlage sucht Generator

Für den Stromgenerator mit Verbrennungsmotor spricht nicht zuletzt der damit mögliche Betrieb einer Klimaanlage. Brennstoffzellen und Solaranlagen schaffen das nicht. Und selbst auf einigen Campingplätzen bekommt man die größeren Modelle trotz Netzstrom nicht zum Laufen. Da ist der Generator die ideale Lösung, denn er hat Power genug. Trotzdem ist es wichtig, **vor dem Kauf** abzuklären, welche Geräte zusammenpassen, denn nicht jede Klimaanlage läuft mit jedem Generator. Informationen liefern die Hersteller (teils schon mit Tabellen in ihren Katalogen).

und Leistungsbedarf verwenden Besitzer von kleineren Reisemobilen eher **tragbare Geräte,** während in größeren Reisemobilen **fest eingebaute** Generatoren dominieren. Erstere liefern zwischen 600 und 2800 Watt Dauerleistung, Festeinbaugeräte 2000 bis 4500 Watt. Alle Modelle verfügen zudem über einen 12-Volt-Gleichstromausgang. Sie können also 230-V-Geräte versorgen und gleichzeitig die Bordbatterie aufladen. Bei der Berechnung der erforderlichen Generatorgröße sollte man stets von der angegebenen Dauerleistung ausgehen. Die maximale Leistung ist ein Grenzwert, der nicht überschritten werden darf, aber auch nur sehr kurzfristig zur Verfügung steht.

Knattermaxe und Stinkekiste?

Keine Frage: Generatoren mit Verbrennungsmotor produzieren Abgase und sind lauter als Brennstoffzellen oder die völlig geräuschlose Solaranlage. Aber durch gute Schalldämmung hält sich bei neueren Geräten der Lärm in Grenzen. Trotzdem: Unüberhörbar ist das Brummen allemal und die Belästigung misst sich nicht allein in Dezibel. Auch ein mäßiges Motorengeräusch kann einem auf Dauer die Urlaubslaune vermiesen. Zudem darf die Belästigung durch Abgase nicht vergessen werden, denn immerhin haben diese Geräte Motoren in der Größe eines kleinen bis mittleren Motorrads. Hier sind Gasgeneratoren klar im Vorteil, da Propan und Butan nahezu geruchlos und schadstofffrei verbrennen.

Etwas aufwendiger: der Einbau

Stromgeneratoren für den Festeinbau können entweder im Fahrzeuginneren (Stauraum oder Heckgarage) oder unterflur installiert werden. Sie beanspruchen relativ viel Platz und können mit einem Eigengewicht von 50 bis 130 kg auch die Achslast des Wohnmobils wesentlich beeinflussen. Da zum Einbau auch elektrische Kabel verlegt, eine

092wh do

093wh ho

Treibstoffzuleitung installiert und evtl. sogar ein zusätzlicher Tank montiert werden muss, ist der Aufwand beim Generator größer als bei einer Solaranlage oder einer Brennstoffzelle. Geeignete Tanks aus Kunststoff oder Metall sowie Abgasrohre, Auspuffanlagen, Schalldämpfer etc. bieten die Hersteller an.

Der Strom eines fest eingebauten Generators kann über die vorhandenen Elektro-Installationen direkt ins 230-Volt-Bordnetz des Fahrzeugs eingespeist werden. In manche Geräte ist sogar ein geeignetes Ladegerät schon integriert. Dann braucht man lediglich ein Relais, das automatisch zwischen dem Generator und einem externen 230-Volt-Anschluss umschaltet.

Sobald das Fahrzeug an das Stromnetz (beispielsweise des Campingplatzes) angeschlossen wird, trennt das Relais den Generator vom Bordnetz (die Priorität kann aber auch umgekehrt festgelegt werden).

Bauart: Strom ist nicht gleich Strom!

Wer den Generator nur dazu nutzt, die Batterie aufzuladen, muss sich nicht unbedingt um die Bauart kümmern und kann auch einfachere, kleinere Stromerzeuger einsetzen. Doch wer empfindliche Elektronik wie HiFi-Geräte, Fernseher, Computer und SAT-Receiver direkt an den Generator anschließen möchte (z. B. wenn der Generator seinen Strom direkt in das 230-V-Bordnetz einspeist), der sollte bei der Auswahl des Geräts unbedingt auf eine geeignete Bauweise achten. Bei einfacheren Modellen können sowohl Spannung als auch Frequenz des Wechselstroms lastabhängig schwanken. Damit auch empfindliche Geräte störungsfrei betrieben werden können, ist ein **Inverter-Generator** erforderlich. Inverter-Generatoren arbeiten mit einer variablen Motor- und Generator-Drehzahl. So werden Frequenz und Spannung elektronisch zu einer optimalen Sinuskurve geformt. Solche Generatoren sind aufwendiger gebaut und daher teurer.

Verbrauch und Kosten

Ganz klar: Irgendwo muss die Power herkommen. Ein fest eingebauter Benzingenerator mit 2 bis 4,5 kW Dauerleistung braucht pro Betriebsstunde etwa 1,2 bis 3,2 l Treibstoff, ein tragbarer Generator mit 0,6 bis 1,6 kW schluckt 0,4 bis 1 l. Pro Kilowatt maximale Dauerleistung liegt der Verbrauch der Benzi-

094wh do

< Generator zum Festeinbau (links) und mobiler Generator (rechts)

> Einbaugeräte sind in einem Staukasten mit Außenklappe am besten untergebracht

ner also bei 0,6 bis 0,7 Liter/Std. Deutlich günstiger dagegen schneiden die Dieselgeneratoren ab: mit einem Verbrauch von rund 0,3 Liter pro Stunde und kW Dauerleistung. Bei den Gasgeneratoren sind die Unterschiede größer.

Bei den Herstellerangaben ist zu beachten, dass es sich in der Regel um den Maximalverbrauch handelt, also um die Spritmenge, die der Generator braucht, wenn er permanent auf maximaler Dauerleistung läuft. In der Praxis ist der Spritverbrauch direkt vom Stromverbrauch abhängig. Die Drehzahl der Generatoren ist lastabhängig geregelt. Wenn weniger Strom verbraucht wird, arbeitet auch der Motor weniger.

Laden der Bordbatterie

Alle Generatoren besitzen neben dem 230-V-Ausgang auch einen Gleichstromausgang. Das heißt: Wenn sie ein Elektrogerät mit Wechselstrom versorgen, können sie zugleich die Bordbatterie aufladen. Dabei liegt der Ladestrom bei den Einbaugeräten meist um 10 A und bei tragbaren Modellen um 6–12 A. Um eine 120-Ah-Batterie aufzuladen, bräuchte man mit üblichen Geräten also rechnerisch 10–20 Stunden. Die Ladezeit lässt sich verkürzen, indem man die Batterie zusätzlich über das bordeigene Ladegerät mit 230 V versorgt. Dies allerdings verhindert unter Umständen die Vorrangschaltung des Ladegeräts, falls eine Einspeisung mit 12 und 230 V parallel möglich ist. Über ein eingebautes Batterieladegerät mit 12 V/10 A verfügen inzwischen verschiedene Modelle von Herstellern wie z. B. Telair, Dometic und Carbest.

Brennstoffzellen: die Energiequelle der Zukunft?

Es hört sich an wie Zukunftsmusik: überall und jederzeit auch im hintersten Winkel der Welt seinen Strom selbst erzeugen, unabhängig von Sonnenstand, Wetter und Tageszeit, praktisch geräuschlos und obendrein fast abgasfrei – und das schon ab einem Gerät in der Größe eines Aktenkoffers, das deutlich unter 10 kg wiegt. Zu schön, um wahr zu sein? Nein. Die Zukunft hat begonnen. Und das Wunderwerk heißt Brennstoffzelle.

Sie leistet mehr als jede Batterie, denn sie speichert den Strom nicht einfach, sondern erzeugt ihn. Sie ist effizienter als jede Solaranlage und zudem von Jahreszeit, Sonnenstand und Wetter völlig unabhängig. Sie ist weit leiser als jeder Generator mit Verbrennungsmotor, nahezu abgasfrei und sehr umweltfreundlich. Sie arbeitet rund um die Uhr und lädt die Batterie vollautomatisch immer wieder auf.

Aber es gibt auch Schattenseiten, die man nicht übersehen sollte: hohe Anschaffunsgkosten, relativ hohe Betriebskosten (bei Methanol-Brennstoffzellen) und die bislang recht begrenzte Lebensdauer.

[>] EFOY-Brennstoffzellen mit unterschiedlicher Leistung, aber in gleicher Größe – etwa wie ein Aktenkoffer

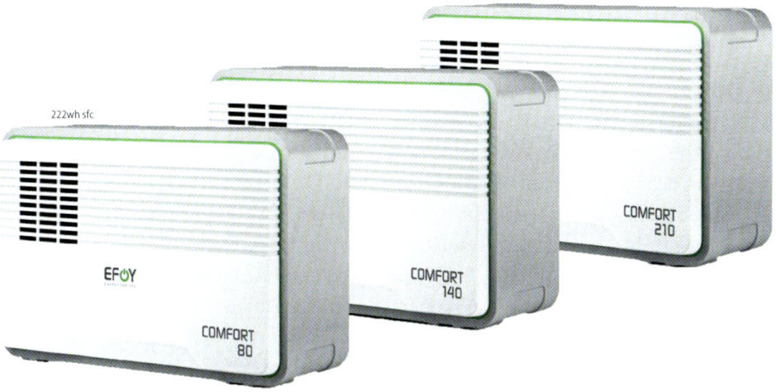

Wie funktioniert die Brennstoffzelle?

Auch wenn der Name „Brennstoffzelle“ diesen Eindruck erwecken mag: Verbrannt im wörtlichen Sinne wird darin gar nichts. Die Brennstoffzelle ist laut Definition eine „galvanische Zelle, die chemische in elektrische Energie umwandelt“. Das leistet im Prinzip auch eine Batterie, doch während die Batterie lediglich eingespeiste Energie speichert, ist die Brennstoffzelle ein **Energieerzeuger.** Der laufend zugeführte Brennstoff wird dabei fortwährend in elektrische Energie umgewandelt. Obwohl es auch andere Varianten gibt, handelt es sich heute meist um eine Wasserstoff-Sauerstoff-Brennstoffzelle.

Das ihr zugrunde liegende Prinzip wird auch „kalte Verbrennung“ genannt, da sich die Vorgänge bei Temperaturen unter 100 °C abspielen. Es ist quasi die Umkehrung der Elektrolyse: Durch die Verbindung von Wasserstoff und Sauerstoff zu Wasser wird elektrische Energie freigesetzt.

Da heutige Brennstoffzellen auf direktem Weg und ohne nennenswerte Verluste elektrische Energie erzeugen, ist der Wirkungsgrad viel höher als bei Generatoren und Turbinen. Zudem geht diese direkte Umwandlung nahezu geräuschlos und schadstofffrei vonstatten.

Das einzelne Element einer Brennstoffzelle liefert in der Praxis nur Spannungen von 0,5 bis 1 V. Um eine höhere Spannung zu erhalten, werden daher mehrere Zellen zu einem Stack (engl. für „Stapel“) in Reihe zusammengeschaltet.

PEM- und Direkt-Methanol-Brennstoffzelle

Der Grundaufbau einer Brennstoffzelle: Sie besteht aus zwei Elektroden, einer Kathode (plus) und einer Anode (minus), die durch eine Membran voneinander getrennt sind. Auf der Seite der Anode wird der Brennstoff (z. B. Wasserstoff oder Methanol) zugeführt, auf der Seite der Kathode kommt Sauerstoff aus der Umgebungsluft.

Wasserstoff- oder PEM- (Proton Exchange Membrane) Brennstoffzelle

An der Anode wird der Wasserstoff durch einen Katalysator (z. B. Platin) in ein Proton (H+-Ion) und ein freies Elektron (e-) aufgespalten. Die Protonen, also die H+-Ionen, wandern durch die Membran in Richtung Kathode. An der Kathode wird indessen der Luftsauerstoff reduziert, d. h. durch Elektronen angereichert, sodass negativ geladene O_2-Ionen entstehen. Die hierfür erforderlichen Elektronen können nicht den direkten Weg durch die Membran (bzw. den Elektrolyt) nehmen, sondern fließen auf dem Umweg durch den äußeren Stromleiter zur Kathode. So entsteht ein Stromkreis, der einen Verbraucher antreiben kann. Die H+-Ionen von der Anode können die Membran (den Elektrolyt) durchqueren und verbinden sich mit den O_2-Ionen zu Wasser.

Direkt-Methanol-Brennstoffzelle

Das Grundprinzip ist das gleiche wie bei der PEM-Zelle, nur dass an der Anode statt Wasserstoffgas flüssiges Methanol und Wasser zugeführt werden. Durch die Oxidation (Abspaltung von Elektronen) aus dem Methanol entsteht hier neben H+-Ionen und freien Elektronen (e-) auch Kohlendioxid (CO_2). Die Protonen können wiederum die Membran durchqueren, die Elektronen müssen über den angeschlossenen Stromkreis zur Kathodenseite wandern und erzeugen dann dabei Strom. An der Kathode entsteht aus den H+-Ionen, dem Luftsauerstoff und den Elektronen wiederum der Wasserdampf.

Schema einer Direkt-Methanol-Brennzelle

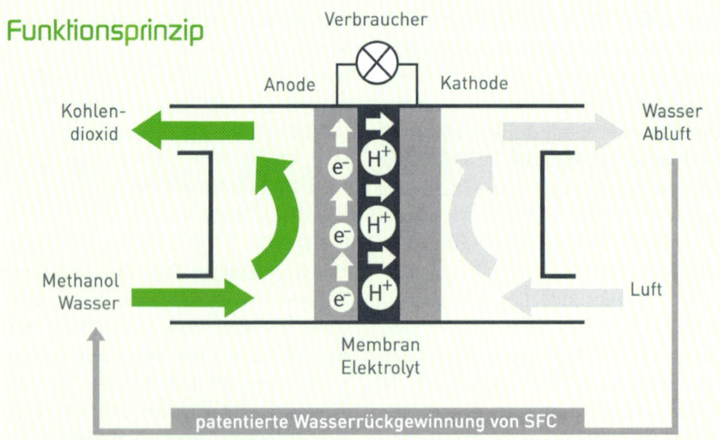

Schema einer Direkt-Methanol-Brennstoffzelle

Der Brennstoff für die Zelle

Die Ausgangsstoffe Wasserstoff und Sauerstoff können z. B. aus Methanol gewonnen werden, wobei aber etwa 20 % Kohlendioxid (Treibhausgas) und 2 % giftiges Kohlenmonoxid entstehen. Die Firma SFC Energy AG, Hersteller der EFOY-Brennstoffzelle, geht daher einen Schritt weiter und verwendet Direktmethanol-Brennstoffzellen (DMFC Direct Methanol Fuel Cells). Freier Wasserstoff (der in der Natur nicht vorkommt und dessen Herstellung viel Energie verschlingt) ist nicht mehr erforderlich. Zudem ist Methanol problemlos zu handhaben und völlig gefahrlos zu transportieren (selbst im Flugzeug!).

Theoretisch können Brennstoffzellen auch mit anderen Wasserstofflieferanten betrieben werden, etwa mit Propangas oder Diesel, doch aktuell gibt es keinen Anbieter, der solche Modelle produziert.

Alles vollautomatisch

Die Brennstoffzelle arbeitet nicht nur leise und schadstofffrei, sondern zudem vollautomatisch. Man muss sich (abgesehen vom gelegentlichen Wechsel der Brennstoffpatrone bei den EFOY-Modellen) um nichts kümmern. Die Brennstoffzelle liefert 12 Volt Gleichstrom und kann daher direkt an die Bordbatterie angeschlossen werden. So sind Stromerzeuger und Stromspeicher auf ideale Weise kombiniert. Die Batterie als Pufferspeicher deckt den momentanen Strombedarf und hat die Reserven, um auch hohe Spitzenströme zu liefern; die Brennstoffzelle als Stromerzeuger lädt die Batterie konstant und zuverlässig nach. Das Ergebnis ist eine immer voll aufgeladene Batterie. Zudem werden Tiefentladungen vermieden und die Lebensdauer der Batterie maximiert.

Entscheidend für das reibungslose Funktionieren ist ein integrierter Laderegler, der permanent den Ladezustand der Batterie überwacht. Sinkt ihre Spannung unter einen bestimmten Punkt, so schaltet der Regler selbsttätig die Brennstoffzelle ein und lädt sie wieder auf. Ist der vorgegebene Ladewert dann erreicht, so schaltet die Brennstoffzelle wieder zurück in den Stand-by-Modus.

Vergleich mit anderen Stromerzeugern

Durch die relativ niedrige Watt-Zahl bzw. Ladeleistung der Brennstoffzellen darf man sich nicht täuschen lassen. Entscheidend ist, dass diese Geräte vollautomatisch und (bei Bedarf) rund um die Uhr durcharbeiten, was keine Solaranlage kann und ein Generator möglichst nicht sollte. Somit liegt ihre **Tagesleistung** im Vergleich zu anderen Stromerzeugern verblüffend hoch und übertrifft mühelos andere Geräte, die eine höhere Leistung bieten, aber nur eine begrenzte Zeit pro Tag laufen können.

Ein weiteres Plus der EFOY-Methanol-Brennstoffzelle gegenüber dem Generator ist ihr verblüffend geringes **Gewicht** und ihr höchst bescheidener **Platzbedarf.** Während Einbaugeneratoren mindestens rund 50 kg und bis weit über 100 kg schwer sein können, bringt die leichteste EFOY-Brennstoffzelle gerade einmal 7 kg auf die Waage

Beispiel: Tagesleistung einer Brennstoffzelle

- Im Jahresdurchschnitt liefert die EFOY COMFORT drei- bis zehnmal so viel Strom wie eine Solaranlage mit gleicher Leistung. Im Winter ist die Ausbeute im Vergleich zur Solaranlage noch um ein Mehrfaches höher.
- Sie ist von Sonnenstand, Wetter und Tageszeit unabhängig.
- Sie erzeugt in etwa so viel Strom wie die Lichtmaschine in sechs Stunden Fahrbetrieb.
- Sie lädt die Batterie genauso voll wie ein Generator in sechs Betriebsstunden, aber ohne Lärm und Gestank.

und die schwerste noch nicht einmal 8,5 kg. Die Maße liegen einheitlich bei 44,3 x 20,2 x 28,8 cm – nicht mehr als ein Aktenkoffer.

Einfacher und rascher Einbau

Mit ihren kompakten Maßen passen die EFOY-Brennstoffzellen durch praktisch alle Serviceklappen, in jeden Stauraum und sogar in den Zwischenboden. Dank ihres Fliegengewichts braucht man sich auch keine Gedanken über die Gewichtsverteilung oder eine veränderte Achslast zu machen. Der **Einbauraum** muss mindestens 68 x 38 x 34 cm (L x B x H) betragen, außerdem muss in unmittelbarer Nähe eine Tankpatrone Platz haben.

Der Raum sollte möglichst bequem zugänglich und gut belüftet sein, sodass Abwärme und der entstehende Wasserdampf entweichen können. Da die Brennstoffzelle über eine Fernbedienung gesteuert wird, ist eine von innen zugängliche Installation nicht erforderlich. Praktisch für den Einbau sind von außen zugängliche Staukästen, die Heckgarage oder der Zwischenboden. Dort ist der Stromerzeuger weit genug vom Schuss, sodass man im Fahrzeuginneren so gut wie nichts von ihm hört. Auch technisch ist der Einbau der Methanol-Modelle vollkommen problemlos. Es genügt, die Brennstoffzelle in einem Staukasten zu fixieren und den Abgasschlauch ins Freie zu leiten. EFOY-Brennstoffzellen werden komplett mit allen für den Einbau erforderlichen Materialien, einer Fernbedienung und einer Installations- sowie einer Bedienungsanleitung geliefert, sodass man sie selbst einbauen kann. Auch der Verkabelungsaufwand ist gering: Es muss lediglich die Ladeleitung an das Bordnetz angeschlossen und die Fernbedienung montiert werden. Diese Elektroarbeiten sollte aber der Fachmann übernehmen.

Welche Geräte können betrieben werden?

Prinzipiell können **alle üblichen Elektrogeräte** mit Strom aus der Brennstoffzelle betrieben werden, denn Brennstoffzelle und Bordbatterie bilden ein geniales Hybridsystem: Kurze Leistungsspitzen werden von der Batterie gepuffert, die Brennstoffzelle sichert die konstante Langzeitversorgung. So können sowohl elektrische Geräte mit hohem Stromverbrauch (ggf. über einen Wechselrichter) als auch Langzeit-

Bedarfsberechnung

Während man Generatoren entsprechend dem Hauptverbraucher dimensioniert und so lange laufen lässt, wie der Bedarf es erfordert, ist es bei der Brennstoffzelle wichtig, seinen ungefähren Gesamtbedarf zu kennen. Nur dann ist garantiert, dass die Batterie voll aufgeladen und nie ganz entleert wird.

Um den **durchschnittlichen Strombedarf** zu berechnen, muss man alle Elektrogeräte berücksichtigen, die man im Laufe des Tages aus der Bordbatterie speist, ihre Leistungsaufnahme kennen und wissen, wie lange sie in etwa laufen. Dann kann man eine Tabelle erstellen, aus der sich der individuelle Tagesbedarf ergibt. Der Verbrauch kann je nach Personenzahl, Jahreszeit, Reiseziel etc. schwanken. Daher sollte der Stromerzeuger eher etwas stärker gewählt werden.

Eine **Tabelle zur Bedarfsberechnung** befindet sich auf S. 274 dieses Buches. Das dort aufgeführte Beispiel ergibt, dass eine 100-Ah-Batterie ohne nachzuladen gerade einmal für einen Tag reichen würde. Um die Batterie zuverlässig geladen zu halten, kann in diesem Fall bereits eine Brennstoffzelle ausreichen, die pro Tag 75 Ah liefert. Um den oben berechneten Verbrauch zu ersetzen müsste sie allerdings rund 20 ½ Stunden pro Tag laufen. Um für weitere Verbraucher oder einen höheren Bedarf (beispielsweise in den Wintermonaten) eine größere Reserve zu haben, ist es ratsam, ein stärkeres Modell zu wählen (siehe: www.efoy-comfort.com/de/modellcheck#mobile-homes-h).

Auch wegen der leider begrenzten Lebensdauer (in Betriebsstunden) der Brennstoffzellen, ist ein leistungsstärkeres Modell, das weniger lang laufen muss und daher dann länger genutzt werden kann, eventuell sinnvoller.

verbraucher versorgt werden. Manche Elektrogeräte ziehen zwar deutlich mehr Strom, als die Brennstoffzelle in der gleichen Zeit liefert. Da sie jedoch nur kurzzeitig laufen, kann die Batterie diese Spitzen problemlos abpuffern und danach füllt die Brennstoffzelle die Reserven wieder zügig auf.

An ihre **Grenzen** kommt die Brennstoffzelle, ebenso wie jede Solaranlage, wenn starke Verbraucher (Absorberkühlschränke oder Klimaanlagen) im Dauerbetrieb laufen sollen. Das schafft von den heutigen Stromerzeugern nur der Generator mit Verbrennungsmotor – der dann aber ebenfalls im Dauerbetrieb laufen muss!

Treibstoff: Methanol-Tankpatronen

Die EFOY-Brennstoffzellen dürfen ausschließlich mit EFOY-Patronen betrieben werden, um zu gewährleisten, dass der Brennstoff den Reinheitsanforderungen entspricht. Sonst könnten Rückstände an der Brennstoffzelle irreversible Schäden verursachen. Die Patrone muss in unmittelbarer Nähe der Brennstoffzelle platziert werden. Bei der Montage der Brennstoffzelle ist auf eine ausreichende Höhe des Einbauraums zu achten. Falls nur eine 5-l-Patrone passt, kann auch nur diese verwendet werden, ein Umfüllen ist nicht möglich.

Abgase, Verbrauch und Kosten

Die Brennstoffzelle arbeitet so umweltfreundlich, dass sie sogar die strengen kalifornischen „Zero Emission"-Anforderungen erfüllt. Bei der Stromerzeugung aus Methanol entstehen lediglich Kohlendioxid und Wasser. Die Abluft der Brennstoffzelle bei Volllast entspricht nach Angaben des Herstellers in etwa der Luft, die ein Kind ausatmet: Sie ist warm, feucht, mit CO_2 angereichert und etwas sauerstoffärmer als die Luft der Umgebung. Giftige Abgase entstehen nicht.

Da die Brennstoffzelle einen sehr **hohen Wirkungsgrad** besitzt (deutlich höher als Generatoren und Turbinen), ist die Energieausbeute erstaunlich hoch. Heutige Methanol-Modelle brauchen unabhängig von der jeweiligen Leistungsstärke ca. 0,9 l Treibstoff, um eine Kilowattstunde zu erzeugen. Wenn Sie also eine 100 Ah Batterie nahezu entleert haben, benötigt die EFOY-Brennstoffzelle etwa einen Liter Methanol, um sie wieder vollständig aufzuladen. Bei einem Tagesverbrauch von ca. 46 Ah würde eine 10-l-Tankpatrone für (920 : 46 =) 20 Tage vollkommene **Autarkie** reichen (ganz ohne Fahrt und Netzanschluss!). Nach Angaben des Herstellers genügt bei Reisen im Sommer meist sogar eine einzige 5-Liter-Methanol-Patrone für bis zu zwei Wochen.

Allerdings ist das hochgereinigte Methanol der Tankpatronen derzeit noch immer recht teuer: Die 10-l-Patrone kostet etwa 45 €, die 5-l-Patrone 25 bis 30 €. Bei heutigen Preisen kostet eine Kilowattstunde Strom aus der Methanol-Brennstoffzelle immerhin stolze (0,9 x 4,50–6 € =) 4,05 bis 5,40 €. Zum Vergleich: Ein Benzingenerator liefert die Kilowattstunde zu einem Preis von etwa 0,80 €. Und Dieselgeneratoren arbeiten noch preisgünstiger.

Eine nach Ländern geordnete Liste der Versorgungsstationen für EFOY-Patronen findet man im Internet unter www.efoy-comfort.com.

Lebensdauer

Ein **Schwachpunkt** heutiger Methanol-Brennstoffzellen ist ihre recht begrenzte Lebensdauer. Sie lässt sich nicht exakt festlegen, soll aber im Schnitt bei etwa 3000 bis 4000 Betriebsstunden liegen. Eben deshalb könnte ein Kombinationssystem aus Brennstoffzelle und Solaranlage eine sehr interessante Lösung sein, da sich dadurch die Lebensdauer der Brennstoffzelle erheblich verlängern lässt.

Ein starkes Team: Brennstoffzelle und Solaranlage

Solaranlagen sind die preisgünstigste Lösung zur Stromversorgung und bei sonnigem Sommerwetter perfekt – doch nachts, bei Wolken, im Winter und auf Nordlandreisen schwächeln sie doch bedenklich. Genau das sind die Situationen, in denen die Brennstoffzelle punktet: Unabhängig von Sonnenstand, Wetter und Breitengrad liefert sie Tag und Nacht zuverlässig Strom. Warum also nicht beides kombinieren? Solange die Sonne strahlt, von kostenloser Solarenergie profitieren – und wenn sie uns im Stich lässt, die Lücken im Bedarf mit

Winterbetrieb

Brennstoffzellen können problemlos das ganze Jahr über eingesetzt werden, auch in den kalten Wintermonaten. Ein sicherer Betrieb ist bei Temperaturen zwischen –20 °C und +40 °C garantiert. Die Geräte besitzen eine eigene **Frostschutz-Automatik,** die auch bei sehr tiefen Temperaturen ihre sichere Funktion gewährleistet. Auch ein kurzzeitiger Betrieb jenseits dieser Temperaturgrenzen ist problemlos möglich. Falls der Temperaturbereich in Extremfällen dauerhaft über- bzw. unterschritten wird, sollte man sich mit dem Hersteller in Verbindung setzen.

Bei längeren **Standzeiten** sollte man seine Brennstoffzelle ausbauen und frostfrei lagern, um somit Energie zu sparen. Der Ruhestromverbrauch von 15 mA würde ansonsten dazu führen, dass während einer fünfmonatigen Winterpause etwa in Mitteleuropa rund 10 l Methanol verbraucht werden.

der Brennstoffzelle schließen. Das wäre perfekt.

Und es gibt sie, die perfekte Kombilösung: Herzstück ist dabei die **Steuerelektronik.** Sie muss Jahreszeit, Wetterverhältnisse, Sonnenstand und Ladezustand der Batterie berücksichtigen, damit die Kombination auch jederzeit perfekt funktioniert. Vorrang hat die kostenlos arbeitende Solaranlage. Solange sie genügend Strom liefert, hat die Brennstoffzelle Pause. Sobald sie das nicht mehr schafft, muss die Steuerelektronik die Brennstoffzelle zuschalten, um jederzeit eine geladene Batterie zu garantieren.

Solaranlagen

Um länger vom Netz unabhängig zu sein, bietet es sich an, die Energie der Sonne zu nutzen. Solarstrom wird lautlos und absolut umweltfreundlich erzeugt und ist zudem – abgesehen vom Anschaffungspreis der Anlage – völlig kostenlos. Je nach Dimensionierung der Anlage kann sie den Strombedarf ganz oder teilweise abdecken, wobei zu beachten ist, dass die Leistung im Winter stark zurückgeht.

An ihre Grenzen kommt selbst eine leistungsstarke Solaranlage, ebenso wie die Methanol-Brennstoffzelle, bei Stromfressern wie Klimaanlagen und Elektroheizgeräten. Auch Kompressorkühlschränke sollten im Standbetrieb nicht mit Bordstrom, sondern mit Gas betrieben werden.

Was gehört dazu?

Eine Solaranlage ist an sich nicht sehr kompliziert. Wesentliches Element ist der **Solarregler.** Er befindet sich zwischen dem auf dem Dach montierten **Solarzellenmodul** und der Bordbatterie und sorgt dafür, dass die Batterie (solange die Sonne scheint) stets gleichmäßig und schonend aufgeladen wird. Sobald sie komplett geladen ist, unterbricht er die Stromzufuhr, um ein Überladen zu vermeiden. Bestehende Lademöglichkeiten über das Ladegerät mit Netzanschluss und die Lichtmaschine bleiben bestehen. Der Solarregler funktioniert parallel dazu.

Eine spezielle Solarbatterie, wie manche sie empfehlen, ist nicht erforderlich, der Solarregler kann jede Batterie aufladen. Allerdings sind Gelbatterien für die Aufladung über ein Solarpaneel weniger geeignet, da sie wegen des hohen Innenwiderstands durch schwache Solarströme u. U. nicht voll aufgeladen werden können. Ein Austausch der vorhandenen Bordbatterie ist auch nicht erforderlich.

Solarmodule: Aufbau und Unterschiede

Solarmodule gibt es in verschiedenen Bauarten mit je eigenen Vor- und Nachteilen: auf der einen Seite **kristalline Module** (mono- oder polykristalline Solarmodule) auf der anderen **Dünnschichtmodule** (amorphe Solarmodule, CIS).

Auf Wohnmobilen werden überwiegend kristalline Solarmodule mit Siliziumzellen eingesetzt, da sie dank eines höheren Wirkungsgrads (bis 20 %) die sehr begrenzte Dachfläche effektiver nutzen als Dünnschichtmodule mit einem Wirkungsgrad von weniger als 10 %.

Polykristalline Solarmodule bestehen aus miteinander verschmolzenen Siliziumkristallen. Sie sind günstiger herzustellen als monokristalline Solarzellen, haben jedoch einen etwas geringeren Wirkungsgrad von nur 12–16 %. **Monokristalline Solarmodule** bestehen aus einem einzigen Siliziumkristall. Sie sind etwas teurer in der Herstellung, aber inzwischen ebenfalls relativ preisgünstig zu bekommen und haben einen Wirkungsgrad von 14–20 %. Die starren Glasoberflächen der kristallinen Module sind sehr robust und halten auch Hagel und dem Kontakt mit Zweigen stand. In beiden Fällen sollte man nur solche Module verbauen, die speziell für den Einsatz auf Wohnmobilen hergestellt wurden. Große Module, die für den Einsatz auf Hausdächern konzipiert wurden, sind zwar oft preisgünstiger, aber empfindlicher gegen Erschütterungen und Vibrationen auf dem Fahrzeugdach.

Solarmodule im Überblick

	Monokristallin	Polykristallin	Dünnschicht
Wirkungsgrad	14–20 %	12–16 %	6–10 %
Leistung bei schwachem Licht	gering	gering	mittel
Preis/m²	ab 5,5 ct	ab 3,7 ct	ab 1,8 ct
Farbe	dunkelblau	schwarz/blau	rotbraun/schwarz
Material	Silizium-Zuchtkristall	verschmolzene Siliziumkristalle	Kupfer-Indium-Diselenid (CIS)

Sogenannte **Dünnschichtmodule** liefern dank ihrer speziellen CIS-Zellen-Bauweise vergleichsweise viel Energie und dies sogar bei schwacher Sonneneinstrahlung. Dieser Vorteil an Leistung hat jedoch auch seinen Preis: Sie sind teurer und bieten nur einen Wirkungsgrad von 6–10 %, d. h. für die gleiche Leistung ist mehr Dachfläche erforderlich. Amorphe Dünnschichtmodule haben außerdem den Vorteil, dass sie flexibel sind und dadurch problemlos selbst auf gewölbte Dachflächen geklebt werden können. Auch wenn bei der Fahrzeughöhe jeder Zentimeter zählt, sind diese extrem flachen Module von Vorteil.

Solarladeregler

Damit die Batterie nicht überladen wird und kein Rückstrom zurück zu den Modulen fließen kann, braucht man einen Laderegler. Es gibt zwei unterschiedliche Kategorien:

Der **PWM-Solarladeregler** schaltet das Modul direkt auf die Batterie und kontrolliert dabei die Spannung. Sobald die Endspannung erreicht ist, verhindert er ein weiteres Ansteigen. So bleibt die Batteriespannung konstant und man erhält eine IUoU-Ladekennlinie (s. S. 80). Der **MPPT-Laderegler** hingegen funktioniert wie ein Spannungswandler, der für eine flexible Eingangsspannung ausgelegt ist. Er nimmt die gesamte Leistung des Solarmoduls auf und leitet sie an die Batterie weiter, wobei er die Spannung stets anpasst. Mit MPPT-Ladereglern wird die Solarenergie besser ausgenutzt, daher gehören sie heute zum Standard.

Unkomplizierter Einbau

Die Solaranlage für Reisefahrzeuge funktioniert zwar wie eine stationäre Anlage zu Hause, muss aber im mobilen Einsatz besondere Anforderungen erfüllen. Daher haben verschiedene Firmen spezielle Anlagen für Reisemobile entwickelt. Die einfachste Lösung ist dabei sicherlich die Anschaffung eines Komplett-Sets, das vom Solarmodul über Verkabelung, Regler und Befestigungsmaterial alles enthält, was für die Solarstromversorgung unterwegs erforderlich ist. Diese Module überzeugen durch eine sehr hohe Lebensdauer, sodass manche Hersteller eine Leistungsgarantie von über 20 Jahren geben. Halbwegs geschickte Heimwerker können solche Anlagen selbst installieren. Die Module werden entweder an aufgeklebten Halterungen befestigt oder flächig verklebt. Die flächig geklebten Module punkten durch minimale Aufbauhöhe und Begehbarkeit, verlieren aber durch fehlende Hinterlüftung etwas an Leistung und können bei Fahrzeugwechsel kaum mitgenommen werden. Auch eine solide und absolut dichte Kabeldurchführung zum Innenraum liefern manche Hersteller gleich mit (z. B. Büttner Elektronik, siehe im Anhang dieses Buches).

Literaturtipp

Detaillierte und sehr hilfreiche Informationen zum Thema Solaranlagen für Reisemobile (Grundlagen, Dimensionierung, Einbau) bietet das Buch **„Solarstrom im Reisemobil"** von Bernd Büttner.

Tragbare Solaranlage

Üblicherweise werden die Solarpaneele fest auf dem Wohnmobildach installiert, aber auch tragbare Anlagen haben ihre Vorteile:

- Sie können flexibel nach der Sonne ausgerichtet werden und dadurch einen höheren Ertrag liefern (vor allem bei niedrigem Sonnenstand).
- Die Dachfläche kann anderweitig genutzt werden (z. B. für Stauboxen, Boote o. Ä.).
- Sie sind einfach zu installieren und vom Fahrzeug unabhängig.

Nachteile:

- Sie müssen jedes Mal neu aufgebaut werden.
- Es besteht Diebstahlgefahr.
- Es handelt sich meist um kleinere Module bis max. 100 Wp.

Mobile Solarmodule werden gern als Ergänzung im Winter eingesetzt, weil man dann mehr Fläche benötigt und wegen der tief stehenden Sonne flexibler sein muss. Sie sind aber auch im Sommer praktisch, da man dann z. B. sein Reisemobil im Schatten parken und das Solarmodul trotzdem in die Sonne stellen kann.

Mehr Sonne = weniger Strom?

Mehr Sonne muss bei Solaranlagen nicht zwangsläufig gleichbedeutend mit mehr Strom sein, denn die Effizienz der Solarzellen ist temperaturabhängig und sinkt mit steigenden Temperaturen! Am effizientesten sind die Anlagen also bei intensiver Sonneneinstrahlung aber niedriger Lufttemperatur. Bereits bei 40°C Umgebungstemperatur (die Zellentemperatur kann dabei weit höher liegen und bis zu 100°C erreichen!) kann der Überhitzungsschutz die Zellen abschalten und die Stromausbeute kann bis auf null abfallen. Solarzellen, die direkt auf das Dach des Wohnmobils aufgeklebt werden, sind daher nur für kühlere Regionen geeignet. Ihnen fehlt nicht nur jegliche Hinterlüftung, sondern sie sind zusätzlich an der Rückseite durch das Wohnmobildach isoliert! In warmen Zonen sollten die Solarzellen gut hinterlüftet sein. Dazu ist ein Abstand von ca. 30 mm zum Fahrzeugdach einzuhalten. Die gesamte Aufbauhöhe der Rahmen-Module beträgt dann etwa 70 mm.

Schatten-Probleme

Da die einzelnen Solarzellen eines Moduls in Reihe geschaltet sind, um die erforderliche Spannung zu erreichen, sinkt die Spannung schon, wenn ein kleiner Teil der Zellen abgeschattet wird. Das bedeutet: Sobald die Spannung des Solarmoduls durch eine geringe Abschattung unter die Batteriespannung abfällt, wird nicht mehr aufgeladen! Ein einzelnes Blatt, das auf Ihr Paneel gefallen ist, wird dazu nicht ganz ausreichen – aber das Problem sollte nicht unterschätzt werden. Achten Sie bei der Installation Ihrer Solaranlage z. B. auf einen möglichst großen Abstand zur Satellitenschüssel – damit das Paneel nicht schon am frühen Nachmittag in deren Schatten steht.

CIS-Module sind gegen Abschattung weniger empfindlich. Sie liefern auch

bei Teilabdeckung und geringer Sonneneinstrahlung mehr Strom als kristalline Modelle.

Größe der Anlage

Die Größe der Anlage ist u. a. vom **Verbrauch,** der **Standzeit** und den **Wetterbedingungen** abhängig. Im Sommer reicht für Licht, Wasserpumpe und Gebläse meist eine 75-W-Anlage. Im Winter hingegen wird die gleiche Anlage nur etwa ein Drittel der Strommenge liefern, während sich der Verbrauch mindestens verdoppelt. Falls Sie zudem stärkere Verbraucher wie ein Kompressor-Kühlgerät betreiben wollen, sollten Sie eine 150-W-Anlage wählen. Und um den bei Sonnenschein erzeugten Strom speichern zu können, ist für die 75-W-Anlage eine 100-Ah-Batterie zu empfehlen und bei 150 Watt entsprechend 200 Ah. Aber selbst wenn der Solarstrom nicht ausreicht, um wirklich ganz autark zu sein, so kann er doch die Standzeit erheblich verlängern.

Geneigte Paneele haben den Vorteil, bei flach stehender Sonne effizienter zu sein, aber den Nachteil, dass man sie dann auch nach der Sonne ausrichten muss

Satelliten-technik

‹ Satellitentechnik liefert Fernsehbilder in jeden Winkel Europas

Multimedia im Wohnmobil

Im Urlaub möchte man abschalten und den Alltag weit hinter sich lassen. Doch irgendwann fragt man sich vielleicht, wie der Lieblingsverein gespielt hat, wie die Wahl ausgegangen ist oder wie das Wetter werden wird. Möglichkeiten, sich auch unterwegs zu informieren, gibt es viele – Fernsehempfang im Wohnmobil ist inzwischen fast so selbstverständlich wie zu Hause und ein Smartphone mit Internetzugang hat fast jeder. Dieses Kapitel informiert über die verschiedenen Möglichkeiten, ihre Vor- und Nachteile sowie die Voraussetzungen, damit alles reibungslos funktioniert.

Ein **Glossar** zu diesem Kapitel befindet sich am Ende dieses Kapitels.

Wie kommen die Bilder aus dem All?

Inzwischen ist es über 60 Jahre her, dass der erste Satellit ins All geschossen wurde. Für viele begann damals die Zukunft. Dennoch vergingen Jahrzehnte bis das Satellitenfernsehen 1989 in Europa seinen Durchbruch schaffte. Ein Fernsehsatellit wird rund 36.000 km hoch ins All geschossen (gut das 5,5-fache des Erdradius) und dort über dem Äquator „geparkt". Damit man seine Signale europaweit rund um die Uhr empfangen kann, darf er natürlich nicht auf beliebige Weise um die Erde kreisen, sondern muss über einem bestimmten Punkt der Erdoberfläche „stillstehen" bzw. fachmännischer ausgedrückt eine „geostationäre Position" einnehmen.

Manuell oder automatisch?

Dies ist die zentrale Frage, um einen Fehlkauf zu vermeiden und den unbeschwerten Fernsehabend zu sichern. Manuell oder automatisch bezieht sich dabei auf die Ausrichtung der Empfangsantenne (meist eine Satellitenschüssel). Für den modernen Digitalempfang reicht es nicht mehr, sie nur so einigermaßen in die richtige Himmelsrichtung zu drehen. Die Antenne muss sehr präzise ausgerichtet sein, und das sogar in drei Ebenen. Sonst hat man nicht etwa ein schlechtes Bild, sondern gar keins. Da man die Antenne für den digitalen Empfang zudem nicht einfach durch Probieren und „nach Sicht" ausrichten kann (so wie beim analogen Empfang), sind zumindest gute Zusatzgeräte erforderlich. Noch besser und vor allem komfortabler ist eine automatische Anlage, die den Satelliten sucht und sich exakt darauf ausrichtet.

Tipp: Inzwischen habe ich mich eines Besseren belehren lassen. Mit SAT-Finder und etwas Übung soll sich die Parabol-Antenne auch manuell in 1 bis 2 Minuten ausrichten lassen!

Für Dauercamper, die eine solche Prozedur nur sehr selten ausführen müssen, kann eine deutlich billigere manuelle Anlage Sinn machen. Da mobile Reisende die Antenne aber jeden Abend

☐ Geostationäre Position verschiedener Satelliten

Geostationäre Position

Fernsehsatelliten müssen über einem bestimmten Punkt der Erde sozusagen „stillstehen“. Das heißt, sie müssen sich genau in die Richtung bewegen, in die sich die Erde dreht, und mit exakt der gleichen Winkelgeschwindigkeit wie die Erdrotation. Die „Parkposition“ der Satelliten ist eine recht heikle Sache, denn in der Regel ist ein Fernsehsatellit nicht nur ein einziger Satellit, sondern eine ganze Gruppe von Satelliten in einer annähernd gleichen Position (Co-Position). Astra betreibt z.B. auf Position 19,2° Ost sechs aktive Satelliten. Damit kann man deutlich mehr **Programme** ausstrahlen und sofort Ersatz schaffen, falls es Probleme mit einem einzelnen Satelliten gibt. Die Parkposition einer solchen Satellitengruppe mag mit einer Kantenlänge von ca. 40 km für unsere innerstädtischen Verhältnisse recht großzügig erscheinen. Wenn man jedoch bedenkt, dass sich die Satelliten 36.000 km von der Erde entfernt befinden und dass sie mit einer Geschwindigkeit von über 11.000 km/h durch das All rasen, dann ist das plötzlich gar nicht mehr so viel.

Hat der Satellit seinen Dienst aufgenommen, so beginnt er nicht etwa zu „senden“, wie man sich das bildlich vorstellt, vielmehr dient er eher als himmlischer Reflektor, der Signale von der Erde aufnimmt und eben dorthin zurückstrahlt. Bis die Fernsehbilder unsere SAT-Schüssel erreichen, haben sie also bereits 72.000 km zurückgelegt. Doch dieser Umweg ist notwendig, um den gesamten europäischen Kontinent lückenlos abzudecken, da bei terrestrischer Ausstrahlung zahlreiche sogenannte „Schattenlöcher“ unvermeidlich sind. Also sendet man die Bildsignale zum Satelliten, der sie nach dem Gießkannenprinzip gleichmäßig über ganz Europa verteilt. Auf diese Weise ist (im Idealfall) ein Empfang an jedem beliebigen Punkt zwischen Nordafrika und dem Nordkap, zwischen Irland und Anatolien möglich. Dass die Signale bei einer Verteilung über solch riesige Flächen allerdings extrem „verdünnt“ ankommen, leuchtet ein. Daher ist eine hochsensible und ausgefeilte Technik erforderlich, um die Signale in brillante Fernsehbilder zu verwandeln.

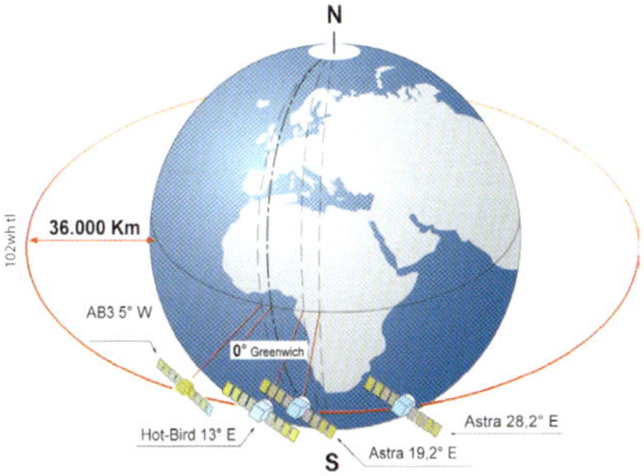

(oder sogar noch öfter) neu ausrichten müssten, sind diese Systeme für Wohnmobile weniger komfortabel. Manuelle Satellitensysteme werden daher in diesem Buch nicht weiter behandelt. Wer sich dennoch dafür interessiert, findet ausführlichere Informationen in dem Büchlein „SAT und TV an Bord" der Movera-Ratgeberreihe „Alles über:".

Empfangsbedingungen

Die sogenannte **Ausleuchtzone** – oft auch mit dem englischen Begriff *footprint* („Fußabdruck") bezeichnet – ist ein Richtwert, gibt aber keine Garantie. Unter ungünstigen Bedingungen kann der Empfang auch innerhalb des „Footprints" ausfallen, unter günstigen hingegen hat man auch ein ganzes Stück darüber hinaus noch Empfang.

Generell kann man sagen: Je näher man der Grenze rückt, desto geringere Störungen reichen für einen Bildausfall. Schon dichter Nebel oder Regen können dazu führen, dass man in Randbereichen der Zone plötzlich keinen Empfang mehr hat. Nahe dem Kernbereich der Ausleuchtzone hingegen, muss die Störung schon massiv sein, um den Empfang zu beeinträchtigen. Aber auch in der Kernzone ist auf freien Blick nach Süden hin zu achten. Bäume oder hohe Gebäude können selbst dort den Empfang beeinträchtigen.

Je weiter man in Richtung Norden reist, desto störanfälliger wird die Anlage für Erhebungen im Süden. Da die Satelliten über dem Äquator stehen, können selbst kleine Hügel bereits ausreichen, um die Satellitensignale deutlich abzuschatten.

Was braucht man für einen guten Empfang?

Erstens eine **Antenne** (z. B. Parabolspiegel oder Flachantenne), welche die Signale empfängt und weiterleitet, zweitens

Empfangsgebiet (Footprint)

Satelliten können ein weitaus größeres Gebiet abdecken als jeder Sender auf der Oberfläche der Erde. Im Idealfall sind die Signale der Astra- und Hotbird-Satelliten von Nordafrika bis zum Nordkap und von Irland bis nach Anatolien zu empfangen. Doch auch ihre **Reichweite** ist begrenzt (schon wegen der Erdkrümmung) und von verschiedensten Faktoren abhängig: beispielsweise von äußeren Faktoren wie Wetterbedingungen, vor allem aber von der Leistungsfähigkeit der Sender (Transponder) und der Empfangsanlage (Antenne).

Das Empfangsgebiet wird als Ausleuchtzone oder auch als „Footprint" (Fußabdruck) bezeichnet. Die Hersteller geben in ihren Katalogen gewöhnlich zu jeder Empfangsanlage (z. B. SAT-Schüssel) die Ausleuchtzone an, d. h. den Bereich, in dem die Programme des jeweiligen Satelliten mit der entsprechenden Anlage im Normalfall zu empfangen sind. Dabei gilt es zu beachten, dass der jeweilige Footprint für jede Anlage je nach äußeren Bedingungen variieren kann. Im Kernbereich wird man auch bei ungünstigen äußeren Bedingungen nur selten Probleme

☒ Mit der gleichen Antenne sind die Signale von drei Satelliten in unterschiedlich großen Bereichen zu empfangen

einen **Receiver,** der die Funksignale in Videosignale (Bilder) umwandelt, und drittens ein **TV-Gerät** bzw. einen **Monitor**, um die Bilder zu sehen. Diese drei Elemente wird das Buch im Detail behandeln. Bei allen dreien gibt es erhebliche Qualitäts-/Preisunterschiede. Wer bescheidene Ansprüche hat, kann viel Geld sparen. Aber wer auch am Polarkreis noch sein Lieblingsprogramm empfangen will, sollte lieber etwas mehr investieren.

haben, aber je mehr man sich der Randzone nähert, desto sensibler reagiert der Empfang auf diverse Störungen (z. B. Hügel und Bäume oder starker Regen und Schneetreiben).

Andererseits kann man unter günstigen Bedingungen zwar nicht alle, aber doch sehr viele Programme auch noch weit außerhalb der Grenzen des Footprints empfangen.

Wer sich überwiegend in Deutschland und den Nachbarländern aufhält, wird mit einer 65-cm-Schüssel gut auskommen. Doch je weiter die Ziele an die Grenzen Europas heranreichen (oder auch darüber hinaus bis zur Küste Nordafrikas), desto leistungsstärker muss die Anlage sein, um einen sicheren Empfang zu gewährleisten. Dann sollte man sich besser für einen 75-cm oder 85-cm Spiegel entscheiden. Lieber etwas größer als zu knapp, denn mit dem Durchmesser wachsen auch die Reserven für schlechte Wetterbedingungen.

Parabolantenne

Die Satellitenantenne muss Signale empfangen, die in einer Entfernung von 36.000 km ausgestrahlt werden und sich über eine Fläche von ca. 19 bis 20 Millionen Quadratkilometer verteilen. Dass da nur noch eine stark „verdünnte Suppe“ ankommen kann, ist klar. Deshalb braucht man eine Vorrichtung, die dieses dünne Süppchen wieder konzentriert. Sie besteht folglich aus der Antenne selbst (die so winzig ist, dass sie sich im Kopf des Empfängers versteckt) und einem weit größeren Parabolspiegel, der die Signale einfängt und in dem Punkt konzentriert, an dem sich die eigentliche Antenne befindet. Die Empfangsenergie wächst dabei mit der Fläche – das heißt: im Quadrat zum Durchmesser. Eine 85-cm-Schüssel liefert die doppelte Signalstärke einer 60-cm-Schüssel.

Flachantenne

Anstatt die „dünne Suppe“ der Signale großflächig einzufangen und in einem Punkt zu konzentrieren, kann man auch die Fläche mit vielen kleinen Antennen ausstatten. Dann hat man eine **Flach-** oder **Panelantenne,** auch **Microstrip-**

Parabolantenne

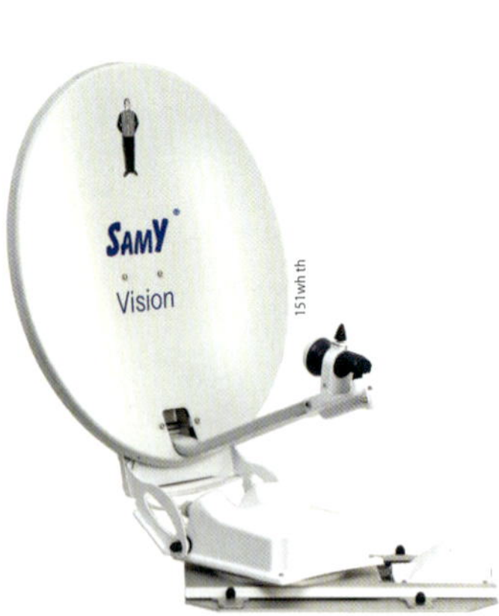

Flachantenne

155wh th

Auch in einsamen Gegenden bleibt man dank Satellitentechnik mit der Welt verbunden

103wh th

Kuppelantenne

Antenne genannt, die bezüglich ihrer Leistungsfähigkeit und preislich mit einer entsprechenden Parabolantenne ungefähr vergleichbar ist.

Der Vorteil dieser quadratischen Antennen für Reisemobil und Caravan liegt in eben dieser flachen Bauweise. Sie tragen am wenigsten auf, was für Reisefahrzeuge mit knappem Platz entscheidend sein kann.

Kuppelantenne

Eine Sonderform, die sich jedoch in letzter Zeit zunehmender Beliebtheit erfreut, ist die Kuppelantenne, eine Art „geschlossene Schüssel", die etwas an ein UFO erinnert. Sie erzielt mit relativ kleinem Durchmesser eine **hohe Empfangsleistung,** da die Wellen doppelt gespiegelt und konzentriert werden. Nachteilig sind der vergleichsweise geringe Empfangsradius und die etwas größere Bauhöhe. Vorteilhaft sind der minimale Drehradius und die geschlossene Bauform, in der die Empfangsanlage optimal geschützt ist.

LNB: Der Kopf des Ganzen

Die Parabolschüssel ist keine Antenne, sondern lediglich ein Reflektor, der die Wellen des Satelliten in einem Punkt bündelt. Dort sitzt der Empfangskopf der Anlage, in dem sich die eigentliche Antenne befindet. Das trichterförmige, durch eine Kunststoffkappe verschlossene „Hörnchen" (Feedhorn) schützt die Antenne und dient zugleich als Filter gegen störende Fremdstrahlen. Dahinter folgt ein Kästchen mit dem eigentlichen Konverter. Früher hieß dieses Bauteil LNC (Low Noise Converter = Rauscharmer Signalumwandler), denn seine Aufgabe ist es, die Hochfrequenz-Funksignale möglichst rauschfrei (low noise) in elektrische Signale umzuwandeln, die sich durch ein (Koaxial-)Kabel weiterleiten lassen. Moderne Signalumwandler können die Signalblöcke verschiedener Polarisation auf einmal verarbeiten und werden **Low Noise Block Converter (= LNB)** genannt.

Bis vor einigen Jahren waren die LNBs nur für das sogenannte Low-Band ausgelegt, das der Übertragung analoger Signale diente. Seit der Einführung des digitalen Fernsehens sind auch LNBs für das High-Band erforderlich, auf dem diese Signale gesendet werden. Konverter, die beide Frequenzbereiche so umwandeln können, dass sie für den Receiver nutzbar sind, heißen **Universal-LNBs.** Sie werden auch als „digitaltauglich" bezeichnet, da sie die Frequenzen des High-Bandes umsetzen, auf dem die digitalen Programme vorzugsweise gesendet werden. Nur die Universal-LNBs können die Frequenzen des High-Bandes empfangen, auf denen die Mehrzahl der deutschsprachigen Digitalprogramme ausgestrahlt wird.

Da die Signale sehr schwach sind, müssen die Antennen nicht nur leistungsstark, sondern auch sehr präzise auf den Satelliten ausgerichtet sein. Dies ist ohne technische Hilfsmittel praktisch unmöglich. Denn das digitale Bild wird zudem zeitverzögert (2–4 Sekunden) übertragen, sodass Korrekturen mit dem Fernsehbild als Feedback nicht möglich sind.

Halbautomatische Mastanlagen

Wer Geld sparen möchte und eher selten fernsieht, kann sich für eine halbautomatische Anlage entscheiden, etwa für die Kathrein Mastanlage mit der kompakten Flachantenne BAS 66, Nachfolgemodell von BAS 60, die sich einfach und präzise ausrichten lässt. Die 6,5 kg leichte Flachantenne erreicht trotz einer Kantenlänge von nur 50 cm fast die Empfangsleistung einer herkömmlichen 60-cm-Parabolantenne. Sie empfängt sowohl analoge als auch digitale Signale und Radio- ebenso wie Fernsehprogramme. Ihre Aufbauhöhe in abgesenktem Zustand beträgt knapp 22 cm.

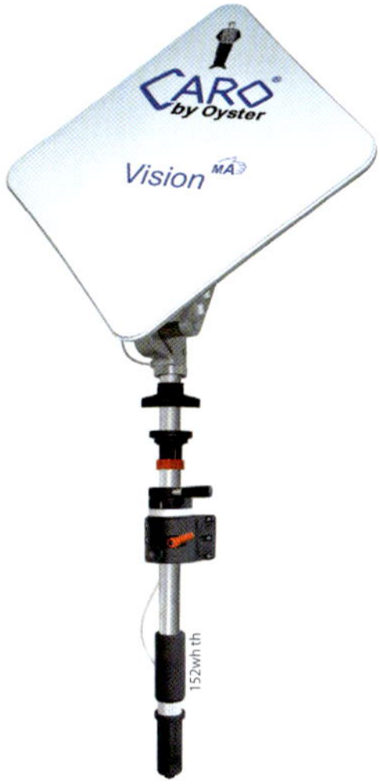

Der Elevationswinkel (Neigungswinkel) lässt sich mithilfe einer Skala am Gelenkkopf des Masts leicht einstellen. Für die Einstellung des Azimut-Winkels (horizontale Ausrichtung) braucht man einen geeigneten Receiver, der Laufbalken mit „Signal-Stärke" und „Signal-Qualität" anzeigt. Man schwenkt die Antenne, bis die Signalstärke-Balken maximale Länge erreichen und fixiert schließlich den Mast. Alternativ kann man einen SAT-Finder verwenden, ein günstiges Zusatzgerät, dass die Einstellung mit akustischen Signalen und ggf. auch optisch (wenn LED-Anzeige vorhanden) unterstützt, sodass der korrekte Winkel mit etwas Übung problemlos in weniger als einer Minute eingestellt werden kann.

Vollautomatische Systeme: Komfort auf Knopfdruck

Anstatt die Antenne nach jedem Positionswechsel manuell einzustellen, investieren die meisten Wohnmobilisten lieber in eine vollautomatische Anlage und genießen zwischen Gibraltar und Polarkreis den gleichen Komfort wie zu Hause: einschalten und zurücklehnen.

Die Steuerung der Antenne übernimmt in diesem Fall die mit einem eingebauten SAT-Finder kombinierte Elektronik. Sie kann entweder in den Receiver integriert sein oder in einem separaten Steuerteil sitzen, sodass sie sich mit Receivern verschiedener Her-

Halbautomatische Mastanlage

Drehkopftechnik der Oyster: Nur der Kopf dreht sich

Die richtige Einstellung

Um die Antenne exakt nach dem Satelliten auszurichten, muss sie vertikal und horizontal justiert werden. Der Winkel, in dem der Satellit über dem Horizont steht (den also die Antenne nach oben schwenken muss), heißt **Elevation.** Der andere Winkel, um den man die Schüssel von Süden abweichend nach Ost oder West drehen muss, heißt **Azimut.** Beide Winkel werden in Grad angegeben. Das Prinzip ist einfach, wenn man die Werte kennt: Für die Elevation wird die Antenne um den entsprechenden Winkel aus der Waagerechten nach oben geschwenkt; für den Azimut um den entsprechenden Winkel von Süden ausgehend nach Ost oder West verdreht. Doch die Winkel sind an jeder Stelle etwas anders und die präzise Ausrichtung ist nicht so einfach.

Mit dem Problem des **Skew** brauchen sich die meisten Nutzer von SAT-TV gar nicht zu befassen, aber es kann in bestimmten Situationen hilfreich sein, etwas Hintergrundwissen zu haben, damit man ggf. korrigierend eingreifen kann.

Die Satellitensignale werden in zwei Schwingungsebenen (Polarisationsebenen) ausgestrahlt, die senkrecht zu einander stehen. In jedem Empfangskopf (LNB) verbergen sich daher auch zwei Mini-Antennen, die im rechten Winkel zueinander angeordnet sind. Im Idealfall entspricht ihre Ausrichtung genau derjenigen der Schwingungsebenen. Abweichungen von +/– 10° spielen keine Rolle. Bei größeren Abweichungen (ca. 15°–20°) geht ein größerer Teil des Signals verloren. In der Praxis bedeutet dies, dass der

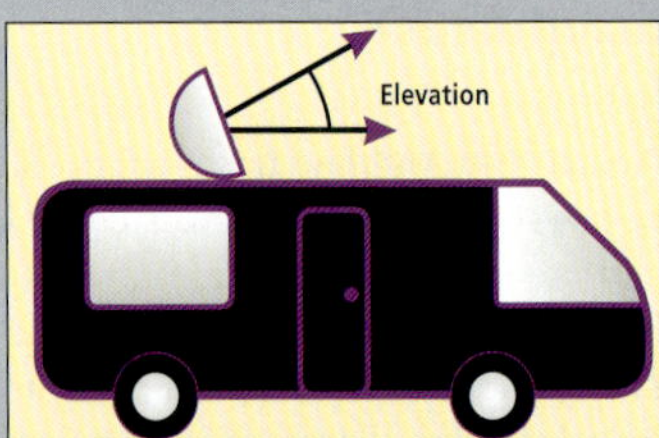

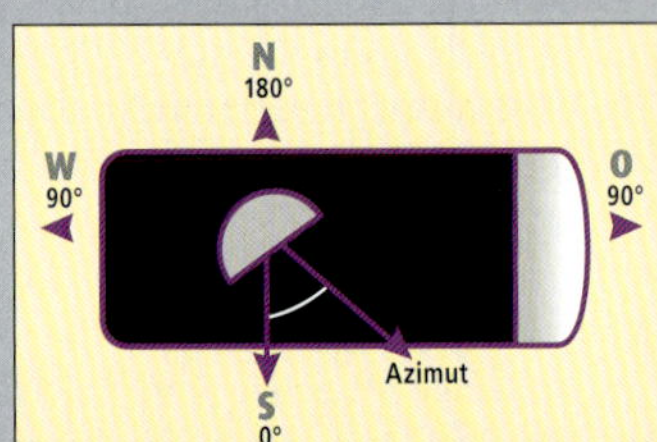

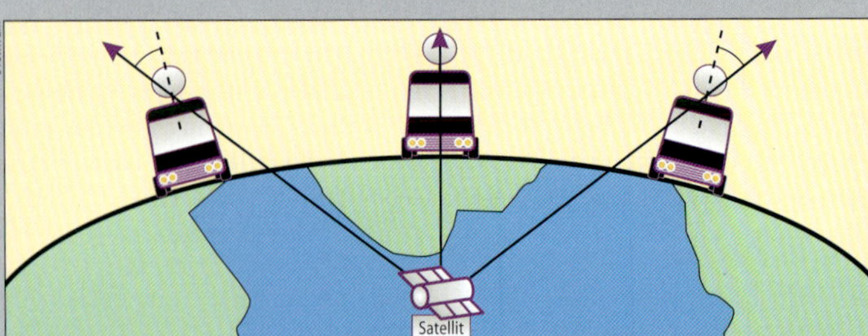

Empfang für zusätzliche Störungen zunehmend anfälliger wird. Bei stationären Anlagen spielt das keine Rolle, da sie einmalig optimal ausgerichtet werden. Aber Wohnmobilisten zeichnen sich dadurch aus, dass sie ihre Position laufend verändern – und so auch ihren Winkel zum Satelliten. Solange sie sich exakt auf dem Längengrad, über dem der Satellit steht (bei Astra 19,2° Ost und bei Hotbird 13° Ost) nach Norden oder Süden bewegen, spielt dies keine Rolle. Die Winkel bleiben unverändert. Doch wenn man sich nach Osten oder Westen bewegt, „kippt" man wegen der Erdkrümmung nach rechts oder links aus diesem Winkel heraus. Das wird umso deutlicher spürbar, je weiter südlich man sich befindet.

Da der Empfangskopf der Schüssel (LNB) drehbar angebracht ist, lässt sich diese Abweichung (z.B. bei Reisen nach Portugal oder Marokko bzw. nach Griechenland oder Anatolien) problemlos korrigieren. Eine gute Anleitung dazu inkl. Tabelle der erforderlichen Korrekturwinkel bietet Ten-Haaft unter https://download.ten-haaft.com/skew_winkel.pdf Wer sich die Mühe ersparen will, wählt eine Anlage mit **automatischer Skew-Optimierung.**

Systeme mit der **Funktion LPM (Last Position Memory)** speichern die letzte Empfangsposition der Antenne und fahren sie beim nächsten Einschalten zunächst in diese Stellung. Wird dort kein Bild empfangen, startet sofort die vollautomatische Suche.

Elevation, Azimut und Skew

steller kombinieren lässt. Aktiviert wird das Ausklappen der Antenne je nach Anlage bereits durch bloßes Einschalten des Fernsehgeräts. Gleichzeitig startet der selbsttätige Suchvorgang und nach durchschnittlich einer Minute erscheint schon das Bild. Startet man den Motor, klappt sich die Schüssel automatisch in die Ruhestellung. So kann man es nie vergessen und riskiert nicht, dass das teure Teil an einer niedrigen Brücke hängenbleibt.

Die „Auster" schließt sich automatisch, um den empfindlichen Empfangskopf zu schützen

107wh th

Bildschirme und Receiver

Früher bezeichnete man das Fernsehgerät auch als „Flimmerkiste“ – heute stimmt das im wahrsten Wortsinn „vorne und hinten“ nicht mehr: Weder flimmert das Bild, noch ist das Gerät eine Kiste. Die heute allgegenwärtigen Flachbildschirme haben auch die Mediennutzung in Wohnmobilen stark vereinfacht. Auch in den Receivern steckt Hightech vom Feinsten. Ein paar Dinge sollte man allerdings beachten, damit alles wirklich zusammenpasst und den hohen Beanspruchungen im Reisefahrzeug gewachsen ist, damit man genau die Programme empfangen kann, die man möchte, und damit man auch unterwegs den von zu Hause gewohnten Komfort genießt.

Flachbild-TV: leicht, robust und brillant

Flachbild-Geräte lassen sich an die Wand hängen wie ein Bild oder auf praktischen Schwenk- oder Einschubhalterungen installieren. Bei Bedarf verschwinden sie in Stauschränken oder

Digitales Fernsehen

DVB-T ist die Abkürzung für „Digital Video Broadcasting Terrestrial" (terrestrisches Digitalfernsehen), d. h. terrestrische (erdgebundene) Ausstrahlung digitaler Fernsehsignale. Im Gegensatz zu den Satellitenprogrammen können diese Signale mit einer Antenne und einem, teils in das Fernsehgerät integrierten, DVB-T-Tuner empfangen werden, auch im Wohnmobil. In Deutschland ist der Aufbau des DVB-T2-Netzes abgeschlossen. Auch im Ausland sind entsprechende Angebote unter verschiedenen Namen weitverbreitet – aber im Gegensatz zum SAT-Empfang stehen im Ausland natürlich keine deutschsprachigen Sender zur Verfügung.

HDTV steht für „High Definition Television" (hochauflösendes Fernsehen). Dieses Format zeichnet sich durch eine erheblich bessere Bildqualität mit höherer Auflösung, mehr Schärfe und satteren Farben aus. Um in den Genuss der hochauflösenden Bilder zu kommen, benötigt man neben einem HD-Receiver auch ein HD-taugliches Fernsehgerät.

Nischen und selbst große Bildschirmdiagonalen sind kein Problem.

Im Wohnmobil muss die empfindliche Elektronik allerdings einige Strapazen verkraften: Bordsteinkanten und Holperpisten, Vibrationen auf der Autobahn, Staub und Hitze unter südlicher Sonne und gelegentliche Frostnächte im heimischen Winter. Da leuchtet es ein, dass es nicht ein beliebiges Gerät aus dem Elektronikmarkt sein sollte. Speziell für den Einsatz in Reisefahrzeugen konstruierte TFT-Bildschirme mit **Erschütterungsschutz** sind zwar etwas teurer, aber sie funktionieren auch unter erschwerten Bedingungen zuverlässig und liefern eine konstant hohe Bildqualität. Zudem dürfte sich der Preis schon durch die längere Lebensdauer rasch rechnen.

Aber es gibt noch eine Reihe weiterer Unterschiede zwischen heimischem Wohnzimmer und dem mobilen Einsatz, denen die Geräte Rechnung tragen müssen. So werden sie zum Beispiel unterwegs meist über die 12-Volt-Bordbatterie betrieben, die aber je nach Ladezustand nicht immer ganz exakt 12 Volt liefert. Also sollte das Gerät so konstruiert sein, dass es in einem **Toleranzbereich von 10 bis 15 Volt** problemlos arbeitet. Um auch höhere Spannungsspitzen (zum Beispiel beim Starten des Motors) schadlos zu überstehen, muss es mit einem **Überspannungsschutz** ausgestattet sein. Da die Geräte im Reisefahrzeug oft nicht optimal in Blickrichtung installiert werden können, sind sie auch in Bezug auf die Bildqualität aus ungünstigem **Betrachtungswinkel** optimiert. Und schließlich sollte für den Einsatz fernab des Stromnetzes der **Verbrauch** möglichst gering sein, damit nicht nach wenigen Stunden die Lichter ausgehen. Auch hier haben die speziell für Reisefahrzeuge entwickelten Geräte die Nase vorn. Hochwertige Camping-TVs verbrauchen sehr wenig Strom, viele Geräte liegen im TV-Betrieb zwischen 1,53 und 1,77 Ampere.

◁ Mit TV im Wohnmobil kann man den Urlaub doppelt genießen

Moderne LCD-Fernseher bieten zahlreiche **Multimedia-Anschlüsse** für verschiedenste Geräte: von der Digitalkamera über die Spielkonsole bis zum Notebook, DVD-Player oder der Videokamera. Nicht außer Acht lassen sollte man die Qualität der eingebauten **Lautsprecher,** denn ein guter Klang steigert das Filmerlebnis mehr, als mancher glaubt. Zudem kann man ja über die SAT-Anlage auch Radioprogramme empfangen.

Receiver

Der Receiver (Empfänger) ist erforderlich, um die empfangenen elektrischen Signale in Video- (also Bild-)Signale umzuwandeln, die dann auf dem Bildschirm angezeigt werden. Da die Ausstrahlung analogen Satellitenfernsehens eingestellt wurde, können heute nur noch **digitale Receiver** verwendet werden.

Bei der Anschaffung einer Satellitenanlage mit Receiver (bzw. beim Kauf eines neuen Receivers für eine bestehende Anlage) ist unbedingt darauf zu achten, ob das Empfangssystem eine eigene Steuereinheit für die Ausrichtung der Antenne besitzt. Andernfalls ist ein Receiver mit **integriertem SAT-Finder** erforderlich.

Besitzt die Anlage eine separate Steuerung, so ist man bei der Wahl des Receivers flexibler. Ist diese Funktion in den Receiver integriert, so muss man meist das Gerät des Anlagenherstellers dazukaufen (Receiver und Antenne müssen zusammenpassen), hat aber dafür den Vorteil, alles über die Fernbedienung steuern zu können.

Um auch verschlüsselte Pay-TV-Sendungen empfangen zu können, muss der Receiver mit einem **CI-Slot** (Common Interface Schacht) ausgestattet sein. Darin wird das **CA-Modul** eingesteckt, das zusammen mit der **Smartcard** für die Entschlüsselung der Bezahlprogramme erforderlich ist. Das CA- (oder CI-) Modul ist gewöhnlich nicht im Preis enthalten. Die kleinere Smartcard, die in das Modul eingesetzt wird, erhält man im Fachhandel oder vom jeweiligen Programmanbieter. Sie entschlüsselt nur bestimmte Programme und um ständiges Wechseln zu vermeiden, haben manche Receiver deshalb mehrere CI-Slots.

Da die deutschen öffentlich-rechtlichen Sender hochauflösende Bilder (HDTV) übertragen und viele Privatsender dies gegen Aufpreis auch tun, lohnt es sich, darauf zu achten, dass der Receiver HDTV-fähig ist, was bei praktisch allen Neugeräten der Fall ist. Um HDTV nutzen zu können, muss auch das Fernsehgerät entsprechend gerüstet sein und den Vermerk „Full HD“ tragen.

Receiver mit eingebauter **Festplatte** bieten den Vorteil, dass man Sendungen sowohl aufzeichnen als auch zeitversetzt anschauen kann (d. h., dass der Film nach einer Unterbrechung an genau der gleichen Stelle wieder startet). Hilfreich ist es außerdem, wenn die wichtigsten Satelliten und Sender bereits vorprogrammiert sind, sodass man ohne vorherigen Suchlauf sofort starten kann. Der **EPG** (Elektronischer Programm-Guide) ersetzt unterwegs die Fernsehzeitschrift, da er Informationen über laufende und bevorstehende Sendungen einblendet.

Mobil ins Internet

Unterwegs E-Mails abrufen, dem Nachbarn ein paar Urlaubsfotos mailen oder per Online-Banking rasch den Kontostand überprüfen, kostenlose Internettelefonie, Informationen über die Stellplätze der Umgebung, eine Wettervorhersage, die Attraktionen der Urlaubsregion: Alles ist nur einen Mausklick entfernt. Die Technik für den mobilen Internetzugang hat auch im Wohnmobil für enorme Fortschritte gesorgt. Was gestern noch wie ein futuristischer Traum erschien, ist heute durch Smartphone, EU-Roaming und Surfstick längst Selbstverständlichkeit. Und wer die Vorteile erst einmal kennengelernt hat, wird sie nicht mehr missen wollen.

Wege ins Internet

Die Möglichkeiten, auch unterwegs das Internet zu nutzen, sind zahlreich und in raschem Wandel begriffen. War vor wenigen Jahren der mobile Satellitenzugang noch die optimale – aber sehr kostspielige – Lösung, so haben sich inzwischen weit preisgünstigere und komfortablere Lösungen durchgesetzt. Eine verbreitete Lösung ist der Zugang mit eigenem Notebook, Smartphone oder Tablet und **WLAN** über Hotspots. WLAN-Zugang gibt es z. B. an Flughäfen, Raststätten, Restaurants etc., aber inzwischen auch auf fast allen Campingplätzen. Die Tarife auf den Campingplätzen sind bislang sehr unterschiedlich (von kostenlos bis sehr teuer), aber zunehmend wird kostenloser WLAN-Zugang – zumindest auf besseren Campingplätzen – zum Standard. Auch in Wohngebieten findet man gelegentlich offene WLAN-Netze. Für das Auffinden gibt es verschiedene Hilfsmittel, z. B. Wifi-Finder-Websites wie www.hotsplots.de/hotspot-karte.html oder verschiedene Apps (z.B. WiFi@ für iOS, WIFI Scanner für Android, Osmino für iOS und Android). Bei offenen Netzwerken sollte man allerdings seine Daten nur verschlüsselt übertragen, da sie sonst nicht gegen fremden Zugriff geschützt sind.

Flexibler ist man mit einem Internet-Zugang via **Surfstick,** den man einfach in einen USB-Steckplatz des Notebooks steckt. Er schafft einen komfortablen und schnellen Zugang über das Funknetz der Mobiltelefone. Die Sticks sind recht günstig zu haben und es gibt sie teils mit Flatrate, teils mit Guthaben für ein bestimmtes Volumen. Für Nutzer im Inland sind sie eine durchaus komfortable Lösung.

Die derzeit einfachste, bequemste und preisgünstigste Lösung – zumindest für Reisen innerhalb der EU – besteht darin, mit dem **eigenen Smartphone** einen **Hotspot** für andere Endgeräte einzurichten. Dieser wird dann von Tablet, Notebook etc. als WLAN-Zugang erkannt. Man muss ihn nur auswählen und den vom Telefon angezeigten Code eingeben – schon kann man das im Mobiltelefonvertrag festgelegte Datenvolumen nutzen. Ein extra Surfstick wird nicht benötigt. Die üblichen Daten-Flatrates reichen zumindest für E-Mails und kürzeres Surfen, viele Verträge bieten ein Volumen um 50 GB, sodass man ausgedehnt surfen und sogar Filme aus dem Netz streamen kann. Seit 2017 die **Roaminggebühren** innerhalb der EU abgeschafft wurden, ist die eigene Internet-Flatrate EU-weit nutzbar. Bei Aufenthalten, die länger als ein paar Wochen dauern, kann der Anbieter allerdings weiterhin Roaminggebühren berechnen. Außerhalb der EU (z. B. in der Schweiz) fallen generell Roaminggebühren an. Für längere Aufenthalte im EU-Ausland oder für Reisen außerhalb der EU sollte man sich bei seinem Netzbetreiber Informationen über evtl. günstigere Auslandsdatenpakete einholen oder eine SIM-Karte im jeweiligen Land kaufen und diese ins Handy oder den Surfstick einlegen. Das funktioniert allerdings nur bei Telefonen oder Surfsticks ohne SIM-Lock (sonst werden SIM-Karten anderer Anbieter nicht akzeptiert).

Außerdem ist Internetzugang auch über einen **LTE-Stick** oder einen mobilen **LTE-Router** möglich. Beide ermöglichen flexibles und sicheres Surfen mit hoher Geschwindigkeit und einem Volumen von meist 50 GB. Die Geschwindigkeit kann allerdings lokal stark variieren und nicht überall hat man LTE-Abdeckung. Das Volumen wird im Vertrag mit dem Provider festgelegt. Bei manchen Verträgen ist das Gerät bereits enthalten. Der LTE-Router dient als Verteiler für das Internetsignal, besitzt einen SIM-Karteneinschub und ein Display. Je nach Modell können ca. 15–30 Endgeräte parallel mit Internetzugang versorgt werden. Der Router verstärkt den Empfang. Zusätzlich kann man eine **LTE-Antenne** zur Signalverstärkung einsetzen (am besten eine Dualbandantenne, falls man in fernere Länder reist). Sie verbessert den Empfang auch in abgelegenen Gegenden.

Internet per Satellit

Der Internetzugang über die eigene SAT-Anlage ist sicher eine sehr komfortable und flexible Lösung, aber auch deutlich teurer und durch die bequemen Lösungen über das Mobilfunknetz nicht mehr wirklich erforderlich. Der entscheidende Unterschied zwischen Satelliten-TV und Satelliten-Internet besteht darin, dass es für das Fernsehen ausreicht, die Signale zu empfangen. Für den Internetzugang hingegen muss man auch Signale **an den Satelliten** senden können. Bis vor etwa 15 Jahren war dies nicht möglich, da die LNBs nicht sendefähig waren. Inzwischen wurden **iLNBs** (interaktive LNBs) entwickelt, die eine Verbindung in beide Richtungen gestatten. Damit kann man nicht nur Bilder vom Satelliten empfangen, sondern auch Nachrichten über den Satelliten versenden und via Satellit telefonieren. Die Verbindung zwischen der Satellitenanlage und dem Notebook wird durch ein im Fahrzeug installiertes Modem hergestellt. Es enthält einen **DHCP-Server,** der alle erforderlichen Parameter für die Kommunikation automatisch festlegt und die Verbindung zum Satelliten managt. Auch Benutzernamen und Kennwort verwaltet es selbsttätig, sodass keine weiteren Einstellungen nötig sind. Einfach einschalten, Browser starten und lossurfen. So genießt man nun auch im Reisemobil den gleichen (aber meist doch etwas langsameren) Internet-Komfort wie zu Hause – und das an jedem beliebigen Ort. Voraussetzung ist, dass man sich innerhalb des Empfangsgebiets befindet.

Grundsätzlich ist es sogar möglich, mit einer Anlage TV-Empfang und In-

109wh th

ternetzugang zu kombinieren. Je nachdem, welche Satelliten genutzt werden, ist beides sogar parallel möglich. Prinzipiell können bestehende Anlagen mit einer Spiegelgröße von mindestens 85 cm für die Internet-Nutzung nachgerüstet werden. Über Einzelheiten beraten die Hersteller oder der jeweilige Fachhändler vor Ort.

Wer vor dem Kauf einer SAT-Anlage steht, aber sich nicht gleich für den Internetzugang entscheiden will, sollte zumindest die Möglichkeit einer späteren Nachrüstung im Auge behalten. Eine geeignete Anlage (85-cm Parabolspiegel und Feedhalter mit Skew-Optimierung) lässt sich jederzeit problemlos und kostengünstig aufrüsten. Wer beim Einbau zudem gleich ein Internetkabel verlegt, spart dann später weitere Kosten.

Bisher sind die mobilen Internetzugänge im Vergleich zu den stationären leider noch recht langsam, oder teuer – und oft genug sogar beides zugleich.

Empfang und Provider

Auch wenn Internet- und TV-Signale über die gleiche Parabolantenne laufen, können die Empfangsbereiche beider Systeme recht unterschiedlich sein. Selbst Programme, die von ein und demselben Satelliten ausgestrahlt werden, können **unterschiedliche Footprints** haben. Daher kann es durchaus vorkommen, dass man tadellosen TV-Empfang hat, der Internetzugang aber nicht mehr funktioniert.

Da verschiedene Provider den Internetzugang über unterschiedliche Satelliten (mit sehr unterschiedlicher Ausleuchtzone) anbieten, ist es wichtig, dass man sich bereits vor dem Kauf einer Anlage über den Provider, den von ihm genutzten Satelliten und dessen

[^] Der Satellit überträgt nicht nur Fernsehbilder, sondern auch E-Mails, Daten und Telefongespräche

Footprint informiert. Wer z. B. auch in Süditalien und Griechenland mobil online gehen will, wird sich für einen Provider entscheiden müssen, der Hellas Sat nutzt. Wer hingegen bevorzugt in den Norden Skandinaviens reist, wird einen Zugang über Astra 1E bevorzugen. Doch Vorsicht: Selbst ein Satellit kann unterschiedliche Ausleuchtzonen haben, wenn die Anbieter verschiedene Sender dieses Satelliten nutzen.

Während man eine fertig installierte Satelliten-TV-Anlage nur einzuschalten braucht, um auf Empfang zu gehen, muss man für die Internetnutzung vorher einen **Vertrag** mit einem Provider abschließen, der den Zugang ins Internet ermöglicht. Manche Hersteller von internetfähigen Satellitenanlagen binden ihre Kunden an einen bestimmten Provider, während andere ihren Kunden die Wahl überlassen. Dabei ist zu beachten, dass die Wahl des Providers über den von ihm genutzten Satelliten auch den Empfangsbereich festgelegt. Will man den Provider wechseln, muss man in der Regel auch ein neues Modem kaufen.

Geschwindigkeit, Volumen und Tarife

Die Übertragungsgeschwindigkeit beim mobilen Internetzugang bleibt zwar (noch) deutlich hinter der heimischen DSL-Geschwindigkeit zurück, reicht aber für die meisten Zwecke gut aus. Wer nur E-Mails checken und gelegentlich eine Website aufrufen will, kommt bereits mit 512 kB/s hin. Wer jedoch komfortabel surfen möchte, braucht einen etwas schnelleren Zugang. Bei schnelleren Zugängen steigen die Preise rapide. Da jedoch insgesamt mit eher fallenden Tarifen zu rechnen ist, kann sich das rasch ändern.

Die Verträge gestatten gewöhnlich freies Surfen ohne Zeitlimit, sodass man permanent online bleiben kann. Beschränkungen gibt es fast immer beim Volumen und bei der Geschwindigkeit. Das Angebot verschiedener Modelle und Tarife ist komplex und ändert sich zudem rasch. Grundsätzlich stehen drei Varianten zur Auswahl: Tagestarif, Volumentarif und Flatrate.

Der **Tagestarif** „Travel-50" des Providers IPcopter ist derzeit mit einer Geschwindigkeit von 2 MB/s erhältlich. Er läuft ein Jahr und bietet 50 Nutzungstage, die beliebig über das Jahr verteilbar sind. Das Volumen ist auf 6 GB limitiert und kann auf der Website www.ipcopter.com verfolgt werden. Weitere Infos: https://ipcopter.com/de/s_c1000i/Astra_Connect_Ku-Band.

Volumentarife von ca. 4 GB für 4 Monate bieten derzeit z. B. IPcopter und Hertzinger. Sie bilden für viele Nutzer eine günstige Lösung, sofern sie nicht gerade Filme schauen oder Programme herunterladen wollen, und er hat zudem den Vorteil kurzer Vertragslaufzeiten. Problematisch sind evtl. die schlechte Kostentransparenz und die Ungewissheit, wann das Guthaben aufgebraucht sein wird und damit die Verbindung unterbricht.

Im Internet werden Programme zum kostenlosen Herunterladen angeboten, die, über das verbrauchte Volumen informieren und rechtzeitig warnen, wenn man sich dem Limit nähert, zum Beispiel **TrafficMonitor** (www.trafficmonitor.de). IPcopter bietet eine eigene

Selbst in den abgelegensten und einsamsten Gegenden bleibt man dank Satellitentechnik mit der Welt verbunden

Lösung unter dem Namen My IPcopter. Hier können Sie z. B. den Status Ihres Internetzugangs und Ihren Volumenverbrauch kontrollieren: https://ipcopter.com/de/travel/reise.php.

Die größte Flexibilität und eine gute Kostentransparenz bieten die Flatrate-Tarife von Astra2se (Ten Haaft und Teleco), Filago (Alden/Crystop) und IPcopter (IPcopter, Crystop, Kerstan), die allerdings meist mit einer längeren Vertragszeit verbunden sind.

Einzelheiten und aktuelle Informationen über weitere Tarife und Modelle bieten die Providerwebsites, z. B.:

- **Teleco,** www.support-telecogroup.com
- **Ten Haaft,** https://ten-haaft.com
- **Ipcopter, Alden, Crystop, Kerstan,** www.ipcopter.com, www.filiago.de
- **Hertzinger,** www.hertzinger.nl

Glossar Satellitentechnik

ASTRA Satellitensystem der SES (Société Européene des Satellites). Analoge und digitale Transponder im Frequenzbereich 10,7–12,75 GHz.

Azimut Das horizontale Ausrichten der Satellitenantenne nach Osten oder Westen auf den gewünschten Satelliten.

BER, Bit Error Rate (Bit-Fehlerrate) Die Qualität eines empfangenen, demodulierten Datensignals. Je niedriger die Rate, desto besser ist das Signal.

CAM, Common Access Modul (dt.: „Modul für bedingten Zugriff") Ein elektronisches Bauteil, das in einen Common-Interface-Schacht gesteckt wird und dem Decoder z. B. das Entschlüsseln von Programmen des Bezahlfernsehens ermöglicht.

CI-Slot Common-Interface-Schacht; für die Aufnahme des CAM zum Empfang verschlüsselter Bezahlprogramme.

Conditional Access (CA)-System (Zugangsberechtigungssystem, ZBS) Beim Bezahlfernsehen eingesetzte Systeme zur Ver- und Entschlüsselung der Programminhalte.

Common Interface (CI) Ein Slot (Schnittstelle, Schlitz) in den z. B. bei Receivern oder Set-Top-Boxen eine Smartcard gesteckt wird, welche den Empfang von Programmen des Bezahlfernsehens ermöglicht. Karten, die in diesen Schacht passen, heißen CI-Module. Die wichtigste Gruppe bilden die Conditional Access Module (CAMs), die wiederum eine Smartcard aufnehmen können. Diese Module auf der Smartcard dienen der Entschlüsselung von Programmen der Kanäle des Bezahlfernsehens.

Datenrate Übertragene Datenbits pro Sekunde. Wird in kB/s oder MB/s angegeben. Je höher die Datenrate, desto schneller ist die Verbindung bzw. desto besser ist das übertragene Signal.

Datenreduktion Komprimierung von Bild- und Tonsignalen. Überflüssige Informationen werden weggelassen.

DiSEqC™, Digital Satellite Equipment Control Vom Satellitenreceiver erzeugte Schaltsignale zur Steuerung und Umschaltung von LNBs, ein Warenzeichen der European Telecommunications Satellite Organization (EutelSat).

D+-Klemme Schaltung der SAT-Anlage, die die Parabolantenne beim Starten des Motors automatisch einklappt.

Elevation Vertikale Neigung der Satellitenantenne zum Satelliten.

EPG – Electronic Programme Guide Elektronischer Programmführer/Programmzeitschrift.

EutelSat Europäischer Satellitenbetreiber mit Sitz in Paris; Transponder im Frequenzbereich 10,7–12,75 GHz.

Fair Use Policy Vertragsklausel der Provider, die eine optimale Nutzung der Bandbreite für alle Kunden gewährleisten soll. Für Nutzer mit zu hohem Datenverkehr wird die Übertragungsgeschwindigkeit vorrübergehend reduziert, bis sie wieder auf dem Standardniveau sind.

Footprint Der Bereich, in dem Signale eines Satelliten mit einem Parabolspiegel zu empfangen sind.

Free-to-Air Mit Free-to-Air-Receivern sind freie Programme empfangbar.

HDMI, High Definition Multimedia Interface Anschluss zur Übertragung digitaler HDTV Audio- und Videosignale vom Receiver zum Fernsehgerät.

Hotspot Drahtloser Internetzugang über WLAN; oft auf Flughäfen, Campingplätzen etc. vorhanden.

iLNB, interaktiver Low Noise Blockconverter Empfangskopf (s. u. LNB), der nicht nur Signale empfangen, sondern auch zum Satelliten senden kann.

IP-Adresse Die InternetProtokoll-Adresse identifiziert den Computer im Internet.

kB/s (oder **kbit/s)** Geschwindigkeit der Datenübertragung in Kilobit pro Sekunde. 1000 kB entsprechen einem MB (oder Mbit).

LCD (Liquid Crystal Display), Flüssigkristall-Bildschirm.

LNB – Low Noise Blockconverter (Speisesystem) Empfangskopf, der die eingehenden Satellitenfrequenzen in elektrische Signale umsetzt.

LTE Long Term Evolution – Bezeichnung für den Mobilfunkstandard der vierten Generation mit einer Geschwindigkeit von bis zu 300 MB/s.

Open-TV Betriebssystem für Set-Top-Boxen.

Parabolspiegel Gebräuchlichste Form der Satellitenantenne. Konzentriert die elektro-magnetischen Wellen auf den LNB.

Prepaid Prepaid-SIM-Karten fürs Handy haben ein bestimmtes Guthaben und eine eigene Telefonnummer. Ausländische Prepaid-Karten kann man in Handys ohne SIM-Lock stecken, um im Ausland günstig zu telefonieren. Es gibt auch **Prepaid-Sticks** für den Internetzugang.

Provider Vermittler, der dem Nutzer den Zugang zum Internet erschließt.

SIM-Lock Sperrung von Vertrags-Handys für fremde SIM-Karten; Prepaid-Karten können dann nicht genutzt werden.

Skew Abweichung der Antenne aus der Polarisationsebene, die vor allem im südöstlichen und südwestlichen Randbereich des Footprints spürbar wird und manuell oder automatisch korrigiert werden kann; Abweichungen bis +/–10° sind belanglos, Fehler ab 15–20° sollten korrigiert werden, damit das Signal nicht zu schwach wird.

Skew-Optimierung Automatische Korrektur des Skew.

Smartcard Eine Art Scheckkarte, die dem CA-Modul die Teilnehmer-Identifikation und Zugangskontrolle auf einen verschlüsselten Fernsehkanal ermöglicht.

Surf-Stick Kleiner Stecker, der in den USB-Anschluss eines Notebooks gesteckt eine Verbindung ins Internet aufbaut.

Traffic Volumen der Datenübermittlung.

Transponder Ein Funk-Kommunikationsgerät, das eingehende Signale aufnimmt und automatisch weiterleitet.

UMTS Universal Mobile Telecommunications System – Mobilfunk-Standard mit einer Geschwindigkeit von 384 kB/s.

Universal-Decoder Empfängt die Digitalpakete der öffentlich-rechtlichen Sender mit dem Programmführer (EPG) und alle freien Programme privater Anbieter.

Video-Bitrate Übertragene Datenmenge pro Sekunde eines digitalisierten Videosignals.

Wifi-Finder Gerät (teils als Schlüsselanhänger), das mittels LEDs anzeigt, ob ein WLAN-Netz in Reichweite ist und über die Signalstärke informiert.

HYMER

Navigations-systeme

[<] Heutige Navigationssysteme lotsen einen zuverlässig bis in entlegenste Winkel

Lotsen aus dem Weltall

Geräte zur Navigation mit Hilfe von Satellitensignalen – kurz Navis – haben sich inzwischen allgemein durchgesetzt und sind (von manch kleineren Schwächen einmal abgesehen) meist leicht zu benutzen. Dass sie eine enorme Erleichterung darstellen, muss man heute wohl niemandem mehr erklären. Aber man sollte sich auch **nicht blind auf die Technik verlassen.** Nicht nur veraltetes Kartenmaterial kann zu Problemen führen. Auch auf neueren Digitalkarten sind die Straßen gelegentlich nicht sinnvoll kategorisiert, sodass die Route zwar zum gewählten Ziel führt, aber nicht unbedingt entlang der Hauptstraße, sondern manchmal über recht gewagte „Abkürzungen", die gerade Wohnmobilisten in arge Schwierigkeiten bringen können. Besonders wer Ziele in Stadtgebieten per Wohnmobil ansteuert, sollte mitdenken und unterstützend einen Stadtplan verwenden, sonst wird ihn das Navi vermutlich durch die engsten Altstadtgassen lotsen. Deshalb muss nicht gleich ganz auf das Navi verzichtet werden, aber man sollte nicht jedem seiner Befehle blind folgen, denn es passt die Route ja automatisch neu an. Auch niedrige Durchfahrten können eine Route für Wohnmobile zur Sackgasse machen (womöglich ohne Wendemöglichkeit!). Es gibt zwar Geräte, die Informationen über die Höhe von Durchfahrten gespeichert haben und Strecken mit Durchfahrten unter einer frei wählbaren Höhe bei der Routenplanung ausschließen, aber ganz darauf verlassen kann man sich nach meinen Erfahrungen bislang auch nicht.

GPS – Signale aus dem Weltall

Das GPS (Global Positioning System) ist ein Satellitensystem, mit dem man weltweit an jedem beliebigen Ort, zu jeder Zeit und selbst bei schlechtem Wetter binnen Sekunden und ohne jede Mühe seinen Standort bestimmen kann. Das mit den heutigen Geräten nutzbare System heißt **NAVSTAR-GPS** und wurde vom US-amerikanischen Verteidigungsministerium entwickelt, das dieses System bis heute kontrolliert und seine Genauigkeit beeinflussen kann. NAVSTAR-GPS besteht aus drei Segmenten: dem Kontrollsegment (Bodenstationen zur Kontrolle der Satelliten), dem Raumsegment (Satelliten im Weltraum) und dem Nutzersegment (GPS-Empfänger im Fahrzeug). Die EU ist seit etlichen Jahren dabei, das eigene, zivile Satelliten-Navigationssystem **Galileo** auszubauen, das noch präziser sein soll als das US-System und das nach zahlreichen Startschwierigkeiten seit 2016 für die Allgemeinheit eingeschränkt zugänglich ist. Seit 2020 ist das System mit 30 Satelliten komplett, sodass es den Regelbetrieb aufnehmen kann. Viele neuere Geräte nutzen neben dem NAVSTAR-GPS-System und dem europäischen Galileo auch das russische GLONASS-Satellitensystem.

Weiter Horizont am Nordkap von Irland

Satelliten-Navigationssysteme – kurz „Navis“ genannt – sind heute so alltäglich, dass der Nutzer kaum noch daran denkt, dass er eigentlich mit Signalen aus dem Weltall seinen Weg zum Stellplatz findet. Das muss er auch nicht. Um heutige Navigationsgeräte nutzen zu können, braucht man nicht die geringste Ahnung davon zu haben, wie sie funktionieren, ebenso wenig, wie man sich mit LED-Technik auskennen muss, um die Fernsehnachrichten zu schauen. Dennoch kann es interessant sein, etwas über die Hintergründe des Systems zu wissen und seine grundlegende Funktion zu verstehen.

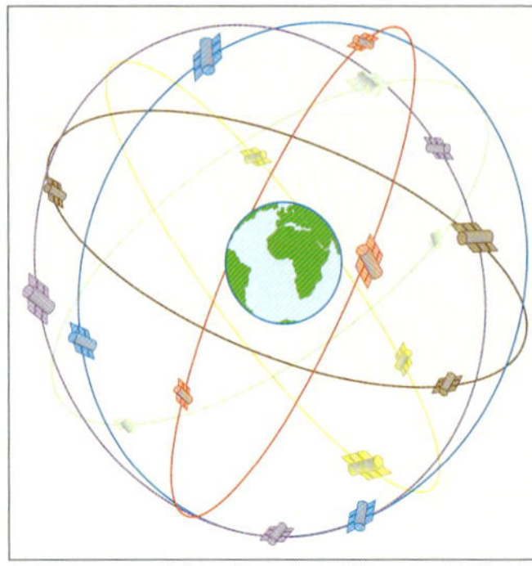

Das **Raumsystem** für die Satellitennavigation besteht aus 24–30 Satelliten, die den Erdball in ca. 20.000 km Höhe alle 12 Stunden einmal umrunden. Ihre Umlaufbahnen sind so angeordnet, dass man von jedem Punkt der Erdoberfläche und zu jeder Zeit Kontakt zu mindestens 4–6 Satelliten gleichzeitig hat, sofern keine Hindernisse im Weg sind. Jeder dieser Satelliten sendet laufend per Funk Informationen über seine Position und Umlaufbahn sowie die hochpräzise Atomzeit und eine ununterbrochene Serie von Signalen. Das GPS-Gerät empfängt diese Informationen und ermittelt daraus die exakte Zeit, welche die Funksignale brauchen, um den Weg vom Satelliten bis zum Empfänger zurückzulegen. Aus dieser Laufzeit und der bekannten Geschwindigkeit der Signale (Lichtgeschwindigkeit) errechnet es auf den Meter genau seine Entfernung vom betreffenden Satelliten (Geschwindigkeit x Zeit = Entfernung). Da sich Funksignale mit Lichtgeschwindigkeit ausbreiten (vom Satelliten bis zur Erde brauchen sie nur einige Hundertstelsekunden!), ist dafür eine äußerst präzise Messung und Zeit-Synchronisation erforderlich.

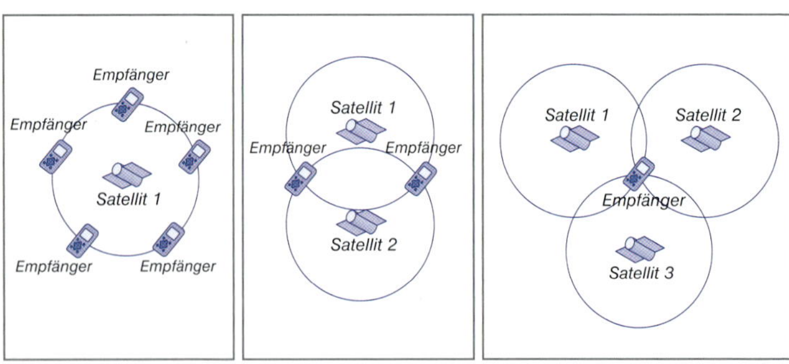

Aus der Entfernung zu einem einzelnen Satelliten ergibt sich eine Kugeloberfläche im Raum, auf der alle Punkte mit dieser Satellitenentfernung liegen. Den Mittelpunkt der Kugel bildet der Satellit, den Radius die errechnete Entfernung zwischen Satellit und Empfänger. Irgendwo auf der Kugeloberfläche muss das Gerät sich also befinden. Um die Lage eines Punktes in der Ebene zu bestimmen, benötigt man zwei Bezugsrichtungen: z. B. Länge und Breite oder x-Wert und y-Wert. Um eine Position im Raum zu fixieren, sind entsprechend die Entfernungen zu drei bekannten Punkten erforderlich: also drei Kugeloberflächen, die sich alle an einem Punkt berühren. Eine auf zwei Dimensionen projizierte Darstellung zeigt die Abbildung unten.

Die Satellitensignale sind allerdings sehr schwach. Um sie überhaupt empfangen zu können, sollten sich zwischen Satellit und Empfänger keine Hindernisse befinden. In einem nicht zu dichten Wald können die aktuell erhältlichen Geräte die Signale aber meist trotzdem noch nutzen – in einem Parkhaus oder Tunnel hingegen nicht. Auch in engen Straßenschluchten kann der Empfang stark eingeschränkt sein. Die Geräte rechnen bei Verlust des Satellitenkontakts noch einige Zeit auf Basis der letzten Informationen weiter, um solche Empfangslücken zu überbrücken.

◁ Oben: Anordnung der Satellitenbahnen
Unten: Erst die Signale von drei Satelliten ermöglichen die Positionsermittlung; für eine exakte Position sind vier Satelliten erforderlich

Da die Satellitensignale schwach sind und aus dem sogenannten „Rauschen" zahlreicher Störsignale herausgefiltert werden müssen, spielt für die Leistungsfähigkeit des Satellitenempfangs neben der Antenne vor allem der verwendete Empfänger (Chipsatz) eine ganz entscheidende Rolle. Die neue Generation von Empfängern (wie z. B. der SiRFstar III) sind um ein Vielfaches empfindlicher, leistungsstärker und schneller als die älteren Generationen und bedeutet einen wahren Quantensprung in der GPS-Technologie. Geräte mit diesen Empfängern arbeiten auch unter sehr schwierigen Bedingungen (dichter Wald, enge Täler etc.) noch problemlos, wo Geräte bisher nur noch ungenaue Ergebnisse lieferten oder überhaupt keinen Empfang mehr hatten. Außerdem ermittelt er die Position deutlich schneller als bisherige Empfänger: unter optimalen Bedingungen nach weniger als einer Sekunde. In Wohnmobilen hat er den wesentlichen Vorteil, dass er auch unter schwierigen Einbausituationen (z. B. in Alkovenmobilen und unter abschirmenden Blechdächern) noch ausreichenden Empfang gewährleistet.

Wie genau ist die ermittelte Position?

Die von modernen GPS-Empfängern ermittelte Position ist verblüffend genau, wenn man bedenkt, dass die Satelliten 20.000 km entfernt sind und die Position aus der Laufzeit von Signalen berechnet wird, die sich mit Lichtgeschwindigkeit ausbreiten. Sie liegt im Bereich von ca. 15 m und bei Nutzung zusätzlicher, kostenloser Korrektursignale (EGNOS) sogar im Bereich von ca. 1–3 m. Das heißt, dass die Geräte im optimalen Fall bei mehrspurigen Straßen sogar orten, auf welcher Spur Sie sich gerade befinden! Sollte es dennoch einmal passieren, dass ein GPS-Gerät Ihre aktuelle Position neben der Straße anzeigt, so ist das kein Grund zur Beunruhigung. Das liegt in der Regel nicht am GPS-Gerät, sondern daran, dass die Straßenkarten etwas vergröbert gezeichnet sind.

Die dennoch hohe Genauigkeit macht Navigationssysteme unabhängig von zusätzlichen Informationen, etwa vom Kilometerzähler (für zurückgelegte Entfernungen) und von einem Gyroskop (Richtungsmessung durch einen elektronischen Kreiselkompass für alle Richtungsänderungen). Und diese zusätzlichen Sensoren sind es, die früher den Einbau von Navigationssystemen so aufwendig und teuer gemacht haben. Kurze Unterbrechungen des Empfangs im Tunnel sind dabei unvermeidlich, doch sie werden mittlerweile von der modernen Technik der Geräte rechnerisch überbrückt und bereiten somit nur noch sehr selten Probleme.

Speziell für Wohnmobile und Lkw ausgelegte Systeme warnen vor engen Straßen …

Was kann das Navi?

Routing-Funktionen

In der Regel ist eine digitale Straßenkarte von einem Großteil aller europäischen Länder bereits in der Software der Geräte inbegriffen (je nach Gerät bis über 40 Länder). Auf der Karten-Software ist nicht nur das komplette Straßennetz dieser Länder abgespeichert (teilweise bis zu kleinsten landwirtschaftlichen Nutzwegen), sondern auch Stadtpläne mit sämtlichen Ortsstraßen (in Karten größerer Städte meist inklusive Hausnummern). Auf Basis dieser Karten kann das System den Weg vom aktuellen Standort zu jedem beliebigen Ziel exakt berechnen. Dabei hat man die Wahl zwischen verschiedenen Routenoptionen und kann Prioritäten selbst festlegen, z. B. der Nutzung von Autobahnen oder Mautstraßen den Vorrang geben oder das Vermeiden von Fähren oder Verkehrszentren.

... und niedrigen Tunneln

119wh rh

Zusatzoptionen für Reisemobile

Niedrige Tunnel, schwache Brücken, schmale Durchfahrten und enge Serpentinen interessieren den PKW-Fahrer wenig. Doch eben diese „Engpässe" können für Wohnmobile und Caravans zur Falle werden. Der lange Umweg für eine **Umgehung** ist dabei das kleinere Übel, schlimmer sind die oft schwierigen Wendemanöver. Die Hersteller von Navigationssoftware beginnen allmählich, diese Lücke zu erkennen und zu schließen. Mehrere Firmen bieten bereits eine speziell ergänzte Software, in die man das individuelle Fahrzeugprofil eingeben kann (Höhe, Breite und Länge des Fahrzeugs, Gesamtgewicht und zulässige Achslast). Dann errechnet das Navi automatisch eine Route, die solche „Engpässe" umgeht. Allerdings erhält man leider noch recht häufig die Meldung „Wohnmobilzulässigkeit unbekannt" und es ist mir auch wiederholt passiert, dass zu niedrige Durchfahrten vom Gerät nicht erkannt wurden.

Eine für Wohnmobilisten sehr hilfreiche Zusatzoption sind Datenbanken mit Camping- und Stellplätzen, die teils bereits beim Kauf im Gerät gespeichert sind, die man aber auch aus dem Internet herunterladen kann, z.B. auf der Website von Promobil (www.promobil.de/stellplaetze-gps-daten-navi). Eine entsprechende App für Smartphones (Stellplatz Radar) findet man auf der Seite www.promobil.de/neuheiten/download-stellplatz-radar-app-kostenlos.

Routenkorrektur-Funktion

Falls man eine Abzweigung tatsächlich einmal verpassen sollte oder falls man sie bewusst ignoriert, etwa wegen einer überraschenden Sperrung, eines Staus oder wegen persönlichen Präferenzen, berechnet das Gerät sofort die nächstbeste Alternativroute und navigiert weiter nach dieser Option. Bei drohenden Staus kann man also getrost die nächste Ausfahrt oder Abzweigung nehmen und sich vom Navi über die Landstraße lotsen lassen. Eventuell sollte man vorübergehend die Option „Autobahnen meiden“ aktivieren, damit man nicht umgehend zur nächsten Autobahn zurückgeführt wird.

Zusatzfunktionen

Neben den Hinweisen auf Abzweigungen etc. bieten die meisten Geräte auf der Navigationsseite auch verschiedene zusätzliche Funktionen wie **Radarmelder** oder eine Warnung, falls Sie die zulässige Höchstgeschwindigkeit überschreiten sollten. Diese Informationen sind nicht immer ganz exakt, aber bei regelmäßiger Aktualisierung oft ganz hilfreich. Es ist jedoch zu beachten, dass Radarwarnsysteme in manchen Ländern verboten sind und teils schon das Mitführen solcher Geräte strafbar ist (z.B. in Frankreich).

Weitere interessante Funktionen, die inzwischen zum Standard gehören, sind Sprachsteuerung und Bluetooth, etwa, um das Handy direkt mit dem Navi zu verbinden und es so als Freisprechanlage zu nutzen.

Firmware-Updates – stets auf dem aktuellen Stand

Die **Software der GPS-Geräte** und damit ihr Leistungsumfang werden laufend weiterentwickelt. Derzeit beziehen bereits mehrere Gerätehersteller spezielle Informationen für Wohnmobilfahrer in ihre Berechnungen ein (z.B. niedrige Tunnel, enge Passagen, schwache Brücken), die anderen werden rasch nachziehen. Wer bereits ein Gerät gekauft hat, kann von solchen Fortschritten profitieren, wenn er die sogenannte „Firmware“ seines Gerätes über die Internetseite des Anbieters aktualisiert. Diese Updates sind kostenlos und bei neueren Geräten ist meist auch die Aktualisierung des Kartenmaterials im Kaufpreis enthalten.

Reiseführer-Funktion

Da das Navigationsgerät ein spezialisierter Computer ist, kann es auch jede Menge Zusatzinfos speichern. Üblicherweise enthalten die Programme bereits höchst umfangreiche Datenbanken mit sogenannten **POIs** (Points of Interest) wie zum Beispiel Tankstellen, Sehenswürdigkeiten, Hotels, Campingplätzen, Flughäfen und Restaurants, die teils noch vielfach untergliedert sind, etwa in italienische, chinesische oder vietnamesische Restaurants, und die sich nach individuellen Suchkriterien auswählen lassen. Dann genügen ein paar Klicks auf den Touchscreen und das Navi lotst Sie zur nächsten Tankstelle, zum ausgewählten „Chinesen" oder es zeigt Ihnen alle technischen Museen im gewünschten Radius um Ihre aktuelle Position. Falls Sie ein Lokal gefunden haben und einen Tisch reservieren wollen, kein Problem: Die Telefonnummer kann ebenfalls angezeigt werden, und bei modernsten Systemen stellt der Bordcomputer gleich die Freisprechverbindung her!

In den Geräten lassen sich zudem ganze Reiseführer, Campingplatzverzeichnisse und Stellplatzlisten abspeichern. Aber nicht jedes Gerät bietet alle diese Optionen, daher lohnt es sich, zu vergleichen und zu prüfen, was für die persönlichen Bedürfnisse wirklich relevant ist. Für Wohnmobilisten besonders interessant ist zum Beispiel die Frage, ob sich die Stellplatzlisten der Wohnmobil-Zeitschriften (etwa der RMI-Bordatlas) problemlos importieren lassen oder nicht.

Bei Geräten, die auf den Gebrauch im Wohnmobil spezialisiert sind – wie z. B. dem Garmin Camper mit 7-Zoll-Bildschirm und Sprachsteuerung – sind Stellplatzlisten und ein Campingplatzverzeichnis inkl. der GPS-Koordinaten bereits vorinstalliert.

Zieleingabe: Komfort oder Nervenkrieg?

Über Touchscreen, selten noch über Tastatur, ist der Zielort rasch eingegeben – vorausgesetzt man weiß, wie er richtig geschrieben wird. Wahlweise kann man bei vielen Systemen auch die Postleitzahl eingeben, falls man sie kennt. Dann gilt es abzuwarten, ob das Gerät die Eingabe akzeptiert oder nicht. Orte wie z. B. „Stetten" gibt es gleich im Dutzend. Welcher ist der Richtige? In diesem Fall muss man die Postleitzahl oder den Namenszusatz kennen – oder den gewünschten Ort zumindest erkennen, wenn das Gerät seine Auswahlliste anzeigt.

Zugegeben: „Härtefälle", in denen die Zieleingabe Ärger macht, wird es wohl immer geben, aber sie sollten wirklich die Ausnahme sein. Ein weiteres Ärgernis ist, dass manche Geräte nach erfolgreicher Eingabe des Zielorts partout eine Straßenangabe verlangen. Auch ansonsten gute Geräte wie etwa die „Nüvis" von Garmin können da ganz schön stur sein. Eigentlich sollten sie so programmiert sein, dass sie bei fehlender Straßenangabe von sich aus Zentrum, Kirche oder Rathaus ansteuern, was sie aber nicht immer tun. Dann muss man notgedrungen eine Straße aus der Vorschlagsliste akzeptieren, sollte dann aber bei Ziel-Annäherung aufpassen, dass man sich nicht in die Vororte lotsen lässt!

Bei vielen Geräten wird die Zieleingabe per Adresse durch verschiedene Techniken erleichtert, etwa durch die Anzeige der letzten ausgewählten Ziele (Auto-Memory) oder durch das Ausblenden nicht mehr möglicher Buchstaben (Look-Ahead oder SmartSpeller). Das kann die Auswahl erheblich beschleunigen.

Zieleingabe per Koordinaten

Ihre Tante Louise werden Sie per Adresseingabe problemlos finden. Aber die schönsten Stellplätze, Badebuchten und Strandparkplätze haben nun mal keine Postadresse. Im Tourguide stehen in solchen Fällen nur diese grauenhaften Zahlenkolonnen, die dort ganz fachmännisch „Koordinaten" genannt werden. Was also tun? Da hilft nur ein Gerät, das die Eingabe von **Geo-Koordinaten** akzeptiert. Viele Navis können das, wenn auch nicht alle.

Diese Geo-Koordinaten haben allerdings einen Schönheitsfehler: Es gibt sie in verschiedensten Formaten und falls man die verwechselt, ist es gerade so, als würde man Kilometer und Meilen durcheinander werfen. Das kann natürlich nicht gut gehen!

Seit Einführung von GPS müht man sich zwar in Fachkreisen redlich, das einfache **UTM-Format** zum allgemeinen Standard zu erheben, doch gerade unter Wohnmobilisten halten sich hartnäckig die Angaben über Stellplätzen in den längst veralteten geografischen Koordinaten Länge und Breite. Hier lauert der Teufel im Detail: Zu jeder Koordinate gibt es drei verschiedene Schreibweisen, die für Verwirrung sorgen. Zudem muss man aufpassen, ob

Das Navi kennt zwar die kleinsten Sträßchen, kann aber die Kategorien oft nicht sinnvoll unterscheiden

Das Kreuz mit den Koordinaten

Die Gemeinde der Wohnmobilisten liebt es, im Internet und sonstigen Verzeichnissen die Lage von Stellplätzen mit den geografischen Koordinaten **Länge** und **Breite** anzugeben. Sei es, dass man als „Kapitän der Landstraße" damit der alten Seefahrertradition nachhängt oder dass man sich einfach gern das Leben schwer macht – jedenfalls ist die Verwirrung groß (und unnötig, denn mit UTM-Koordinaten wäre alles viel einfacher!).

Das Problem liegt in der Natur des Gradsystems: Es entspricht nicht dem gängigen Dezimalsystem und erschwert daher jegliche Umwandlung: 8,5 Grad (8,5°) ist nicht das Gleiche wie 8 Grad und 50 Minuten (8° 50')! Ebenso wenig wie 8,5 Stunden keine 8 Stunden und 50 Minuten sind, sondern 8 Stunden und 30 Minuten. Bei der Uhrzeit ist das bekannt und selbstverständlich, aber bei den Koordinaten ist es eher ungewohnt und Ursache für viele Fehler. Und wer könnte auf Anhieb exakt sagen, wie viele Minuten und Sekunden 45,3225 Stunden sind?!

Beim **Umrechnen** darf man nicht einfach mit 10 multiplizieren oder dividieren (bzw. das Komma verschieben), sondern muss stets durch 60 dividieren oder damit multiplizieren. Doch hier folgt die gute Nachricht: Mit diesen Umrechnungen braucht man sich im Normalfall gar nicht zu beschäftigen. Wichtig ist nur, dass vor Eingabe der Koordinaten am Gerät das korrekte Format ausgewählt ist.

Wichtig ist außerdem, dass durch den entsprechenden Buchstaben die richtige **Hemisphäre** festgelegt ist. Da man sich als Wohnmobilist oft auf der Nordhalbkugel bewegt, ist für den Breitengrad fast immer der Buchstabe „N" (= nördliche Breite) korrekt (auf der Südhalbkugel müsste man ein „S" davor setzen).

Beim Längengrad muss man schon eher aufpassen. Meist ist „E" (= „East" oder „östliche Länge") korrekt. Doch in der Bretagne oder in Irland befindet man sich westlich des Nullmeridians und muss daher ein „W" (= westliche Länge) vor den zweiten Ziffernblock setzen.

Von Dezimalgrad in Dezimalminuten und in Dezimalsekunden

- Dezimal-Grad: 45,3225°
- in Dezimal-Minute: 45° 60 x 0,3225 = 45°19,35'
- in Dezimal-Sekunde: 45° 19' 60 x 0,35" = 45°19'21,0"

Von Dezimalsekunden in Dezimalminuten und in Dezimalgrad

- Dezimal-Sekunden: 48°34'21,0"
- in Dezimal-Minuten: 48°3421 : 60' = 48°34,35'
- in Dezimal-Grad: 4834,35 : 60° = 48,5725°

Darstellung in	Einstellung am Gerät	Anzeigebeispiel
■ Dezimalgrad:	hddd.ddddd°	N44.90015° E005.32467°
■ Grad und Dezimalminuten:	hddd°mm.mmm'	N44°54.009' E005°19.480'
■ Grad, Minuten, Dezimalsekunden:	dd°mm'ss.s"	N44°54'00.5" E005°19'28.8"

der Punkt östlich (E) oder westlich (W) des Nullmeridians liegt bzw. nördlich oder südlich des Äquators!

Alles entscheidend ist, dass man vor der Eingabe der Koordinaten am Gerät das richtige Format (Positionsformat) auswählt und bei geografischen Koordinaten zudem die richtige Schreibweise (s. Kasten).

Routenführung

Da es, wie oben schon erwähnt, nicht einfach nur darum geht, von A nach B zu gelangen, sondern auch darauf, auf welche Art und Weise man von A nach B gelangt, bieten die Navigationssysteme verschiedene Optionen, die der Benutzer individuell auswählen kann, z. B. die Auswahl der kürzesten, schnellsten, schönsten oder einfachsten Route oder das Vermeiden von Autobahnen, Mautstraßen oder z. B. Verkehrszentren. Außerdem kann er meist ein persönliches Benutzerprofil gestalten (etwa PKW schnell, PKW normal, PKW langsam, LKW, Fahrrad, Motorrad, Fußgänger etc.). Entsprechend diesen Vorgaben berechnet das Gerät den Weg zwischen A und B. Vorteilhaft ist die Möglichkeit, auch die Gesamtstrecke zu überblicken (am besten auf einer Karte, notfalls durch Auflistung der einzelnen Streckenabschnitte), um sicher zu sein, dass die berechnete Route auch wirklich den persönlichen Vorstellungen entspricht. So kann das Navi für die Strecke Stuttgart – Lyon eine Route durch Frankreich oder eine ganz andere durch die Schweiz auswählen. Beide Routenführungen haben ihre Vor- und

116wh rh

Nachteile und es ist natürlich wichtig vor Reiseantritt zu wissen, auf welchem Weg das Navi einen ans Ziel lotsen wird.

Falls man nicht durch die Schweiz fahren will, kann man das Gerät dazu bringen, die Frankreich-Route zu wählen, indem man geeignete Zwischenziele auf dieser Route eingibt. Allerdings muss man in diesem Fall darauf achten, dass die Zwischenziele genau auf der Strecke liegen (z. B. das Autobahnkreuz A36/A39), sonst wird Ihr himmlischer Lotse Sie womöglich durch die engen Winkelgassen der Innenstadt von Besançon führen!

Soll das Navi sehr lange Strecken ohne Autobahn berechnen, so sind dafür sehr viele Abzweigungen und Einzeletappen erforderlich. Dann kann es passieren, dass dadurch die Kapazität des Geräts überfordert ist. In solchen Fällen sollte man zunächst ein Zwischenziel ansteuern und das endgültige Ziel erst dann eingeben, wenn der Weg dorthin nicht mehr zu lang ist.

Die meisten Geräte zeigen unterwegs die Ankunftszeit, Restfahrzeit und Entfernung bis zum Ziel. Diese Informationen werden laufend aktualisiert und sind für die Reiseplanung durchaus hilfreich. Dabei kann das Gerät natürlich Pausen oder mögliche Staus nicht im Voraus berücksichtigen, jedoch werden diese unterwegs dann laufend mit einbezogen. Auf Autobahnen und Überlandstrecken sind die Berechnungen des Navis erstaunlich exakt. Bei Stadtdurchfahrten und auf kleinen, kurvenreichen Sträßchen muss man jedoch mit deutlich längeren Fahrzeiten rechnen. Aber mit etwas Erfahrung kann man auch hier ganz gut abschätzen, wie lange man tatsächlich brauchen wird.

TMC – dynamische Routenführung

Wenn man erst mal im Stau drin steckt, ist es meist zu spät, die Anweisung der Navi-Berechnung zu ignorieren. Was dann? Dafür gibt es die dynamische Navigation nach laufend aktuellen Informationen des TMC (Traffic Message Channel). Die von Messschleifen, Staumeldern, Polizei etc. erfassten Informationen über Verkehrsbehinderungen werden von Verkehrsfunksendern in einem von den Navigationsgeräten nutzbaren Format ausgestrahlt (etwa die geografische Position der Behinderung und ein Zifferncode für die Art des Problems). Navigationsgeräte, die mit einem TMC-Empfänger ausgestattet sind (und das sind heute schon recht viele), können diese Informationen in Deutschland und vielen anderen Ländern Europas gebührenfrei empfangen und sofort in ihre Routenberechnung einbeziehen. So kann Ihr Navi Sie rechtzeitig auf dem besten Weg um einen Unfall oder Stau herum lotsen, ehe andere Autofahrer überhaupt wissen, dass er existiert. Mit der inzwischen sehr starken Verbreitung von Navigationsgeräten in den zahlreichen Fahrzeugen funktioniert das leider nicht immer so famos. Denn nun wissen sehr rasch fast alle, dass ein Problem besteht und fast alle wollen es auf der gleichen Route umfahren!

[<] In der Wüste von New Mexiko: Selbst im Offroad-Betrieb können Navis hilfreich sein

194wh as © Marta P. (Milacroft)

Satellitennavigation in jeder Lebenslage

Bis vor wenigen Jahren waren hochwertige Navigationssysteme nicht nur sehr teuer, sondern zudem fest in das Fahrzeug eingebaut. Heute lassen sich viele Geräte einfach aus der Halterung lösen und in der Tasche mitnehmen. Das dient nicht nur dem Diebstahlschutz, sondern auch der Flexibilität. So kann man sein gewohntes Navi rasch in einen Mietwagen mitnehmen, vom PKW ins Wohnmobil verpflanzen oder auf das Motorrad, das Quad oder die Jacht. Oder man kann es unterwegs nach Belieben für Radtouren, Stadtrundgänge oder Wanderungen nutzen. Die Batteriekapazität reicht in der Regel für mehrere Stunden Unabhängigkeit und inzwischen gibt es für bestimmte GPS-Geräte (etwa Garmin oder Magellan) sogar topografische Wanderkarten mit vielen Details.

▲ Himmlische Navigation: bis ans Ende der Welt – und noch viel weiter

Literaturtipp

Nähere Details zur Nutzung von GPS-Geräten im Outdoor-Einsatz (Wanderungen, Rad- und Kanutouren, aber auch Offroad-Fahren) liefert das im Reise Know-How Verlag erschienene Buch **„GPS Outdoor-Navigation“** von Rainer Höh.

Rückfahr-Videosysteme

Wer hat nicht schon einmal versucht, mit Reisemobil oder Caravan „nach Gefühl" rückwärts zu rangieren? Die Abmessungen seines Fahrzeugs kennt man ja wohl, oder? Mag sein, aber die im toten Blickwinkel lauernden Äste oder Begrenzungspfosten sicher nicht. Höchstwahrscheinlich wird das auch oftmals gut gehen, aber irgendwann ist da dann eben doch „so ein verfluchter Betonblock, den man beim besten Willen nicht sehen konnte!". Und dieses eine Mal wird dann teuer. Eines ist gewiss: Selbst der kleinste Blechschaden wird rasch teurer als ein erstklassiges Rückfahr-Videosystem.

Elektronische Einparkhilfen kennt man auch vom PKW her. Bei neueren Fahrzeugen gehören sie fast schon zum Standard. Für große Reisemobile allerdings sind diese nicht ausreichend. Ihr kleiner Erfassungsbereich kann die Breite eines Wohnmobilhecks nicht abdecken. Dafür wären zumindest zusätzliche Sensoren erforderlich. Weitere Probleme schafft die „variable Hecklänge" eines Wohnmobils – mit oder ohne Heckträger bzw. mit oder ohne darauf befestigten Fahrrädern. Es kann passieren, dass der Sensor einen ausreichenden Sicherheitsabstand meldet, während die Fahrräder dem Hintermann schon durch die die Panoramascheibe kommen.

Für größere Fahrzeuge kommen eigentlich nur Rückfahr-Videosysteme in Frage. Bei diesen Systemen ist hoch am Heck eine kleine Videokamera installiert, die stets den Überblick bewahrt. Im Cockpit liefert ein Monitor Bilder aus dem bislang toten Winkel hinter dem Fahrzeug. Die Kamera schaltet sich automatisch ein, sobald man den Rückwärtsgang einlegt, aber bei den meisten Systemen kann man diese „Rücksicht" auch per Knopfdruck aktivieren, um jederzeit zu sehen, was einem im Nacken sitzt. Als drittes Element des Systems kommt noch die Bildübertragung hinzu. Meist laufen die Signale durch eine Leitung, es gibt aber auch Systeme mit Funkübertragung. Im Prinzip ist also alles ganz einfach. Und doch gibt es etliche Varianten und Details, die man in Betracht ziehen sollte, ehe man sich für eine bestimmte Lösung entscheidet.

Tipp: Da der Alkoven oft noch stärker gefährdet ist als das Heck, sollte man sich an beiden Seiten eine Videokamera installieren, um ihn in kritischen Situationen im Auge zu behalten.

Der Monitor

Der Monitor verrät Ihnen, was hinter Ihrem Rücken geschieht. Heutige Geräte haben meist einen 5- oder 7-Zoll-Flachbildschirm. Gewöhnlich sind selbst die Einsteigermodelle schon mit einer Sonnenblende ausgestattet, damit man auch unter gleißender Sommersonne noch ein klares Bild bekommt. Außerdem sollte der Monitor eine Umschaltung zwischen Tag- und Nachtbetrieb besitzen, um sich den Lichtverhältnissen anzupassen – sonst wäre er entweder am Tag zu dunkel oder würde nachts blenden. Auch diese Option bieten praktisch alle Geräte. Die besseren Modelle haben sogar einen Lichtsensor und einen automatischen Dimmer mit stufenloser Anpassung, der die Helligkeit bei jeder Tunneleinfahrt sofort anpasst. Auch bei etwas schrägem Blickwinkel sollte der Monitor noch ein gutes Bild liefern.

Und schließlich ist es vorteilhaft, wenn man zwischen Normal- und Spiegelbild-Ansicht umschalten kann, sodass die Ansicht der im Rückspiegel entspricht. Andernfalls muss man ständig umdenken, was recht verwirrend sein kann und der Fahrsicherheit nicht unbedingt dient.

LCD-Farbmonitor von WAECO

Das elektronische Auge: die Kamera

Der zentrale Bestandteil des Rückfahr-Videosystems ist natürlich das „elektronische Auge“: die kleine Videokamera oben am Heck. Sie ist winzig klein und leistet doch Erstaunliches. Zur Auswahl stehen Farb- und S/W-Kameras, die in wasserdichten Gehäusen untergebracht sind und mit extrem lichtempfindlichen CCD-Sensoren arbeiten, um auch bei wenig Licht noch gute Bilder zu liefern. Zudem sorgen starke Weitwinkelobjektive für einen großen Bildwinkel. Übliche Rückfahrkameras haben eine Diagonale von 120–140°. Die Bildwinkel nach oben und unten bzw. nach links und rechts sind kleiner. Ein diagonaler Bildwinkel von 120° entspricht einem

122wh wa

horizontalen Bildwinkel von 90° und einem vertikalen von 70°. Bei 140° diagonalem Bildwinkel beträgt der horizontale Winkel ca. 100° und der vertikale ca. 75°. Abweichungen sind je nach Bildformat möglich. Die Bilder solch starker Weitwinkelobjektive sind zwangsläufig etwas verzerrt.

Die Weitwinkelkamera ist im Normalfall nach unten gerichtet, um den Raum unmittelbar hinter dem Fahrzeug bis an die Stoßstange heran zu überblicken. Sie sieht dann zwar nur wenige Meter weit nach hinten – aber das ist ausreichend für den Raum, den man beim Rückwärtsfahren einsehen will. Um zu sehen, was noch weiter hinten passiert, gibt es Schwenkkameras und Kameras mit zwei Objektiven, die diesen Raum erfassen.

Praktisch alle Rückfahrkameras besitzen eine Sonnenblende, um auch bei flach einfallendem Sonnenlicht klare Bilder zu liefern. Viele bieten außerdem einen Objektivschutz (auch „Shutter" genannt).

Von einem kleinen Motor angetrieben, deckt er das Objektiv ab, sobald es nicht gebraucht wird, um es vor Spritzwasser und Verschmutzung zu schützen. Wenn die Kamera eingeschaltet wird, geht automatisch „der Vorhang" wieder auf. Bessere Modelle haben allerdings eine Heizung, die verhindert, dass das Objektiv bei tieferen Temperaturen beschlägt oder vereist.

Üblicherweise werden die Rückfahrkameras durch das Einlegen des Rückwärtsganges automatisch eingeschaltet. Vorteilhaft ist es jedoch (vor allem bei Twin- oder Schwenkkameras), wenn man sie auch durch Knopfdruck aktivieren und so als „Rückspiegel" nutzen kann. Und schließlich gibt es auch noch Modelle mit einem eingebauten, wettergeschützten Mikrofon, das zum Beispiel die Anweisungen eines Einweisers ins Cockpit überträgt.

Twin- oder Schwenkkameras

Gewöhnliche Rückfahrkameras mit Weitwinkelobjektiv sind nach unten gerichtet, um den Raum von der Stoßstange bis wenige Meter hinter dem Fahrzeug zu überblicken, der für das Zurücksetzen entscheidend ist. Oft ist es jedoch auch hilfreich, wenn man sieht, was etwas weiter hinten passiert. Da Wohnmobile oft keinen direkten Blick nach hinten ermöglichen, kann die Rückfahrkamera dann den Innenspiegel ersetzen und sogar noch weit übertreffen. Dafür gibt es zwei Lösungen: Ein schwenkbares Objektiv wird beim Einschalten der Zündung aktiviert und ist dann nicht nach unten, sondern nach hinten gerichtet, um während der

124wh wa

Twinoptik der CAM 33C von WAECO

Fahrt den Innenrückspiegel zu ersetzen. Sobald man den Rückwärtsgang einlegt, schwenkt das Objektiv automatisch um 30° nach unten und zeigt dann genau, was im Bereich von der Heckstoßstange bis wenige Meter hinter dem Fahrzeug liegt.

Andere Systeme (z. B. die CAM 44 oder 80 NAV von Waeco) kombinieren einfach zwei Kameras zu einer sogenannten Twin-Optik. Ein starkes Weitwinkelobjektiv ist nach unten gerichtet, um als Rückfahrkamera zu dienen, das andere Objektiv hat einen kleineren Blickwinkel und ist nach hinten gerichtet, um während der Fahrt den Innenrückspiegel zu ersetzen. Beim Einlegen des Rückwärtsganges wird automatisch auf die Nahbereichsoptik umgeschaltet, man kann aber auch manuell zwischen beiden Perspektiven wählen. Der klare Vorteil dieses Systems gegenüber den Schwenkkameras ist ihre hohe Bildqualität in beiden Bereichen, da die Objektive speziell für den jeweiligen Blickwinkel optimiert sind.

Weitsicht und Nachtsicht

Nach unten gerichtete Weitwinkelkameras vermitteln ein sehr gutes Bild von allen Gegenständen, die etwa in Bodenhöhe zwischen dem Fahrzeugheck und 5–6 m dahinter liegen. Denn in diesem Bereich lauern meist die gefährlichsten Hindernisse wie Begrenzungspfosten, Stromverteiler und niedrige Mauern. Höhere Gegenstände kommen jedoch bei dieser Kameraperspektive sehr spät ins Blickfeld, Hindernisse auf Höhe der Kamera (etwa Äste, Verkehrsschilder, Barrieren) sogar erst im letzten Moment. In solchen Fällen hilft die erweiterte Perspektive einer Kamera mit **Twin-Optik** oder **Schwenkkamera.**

In den Anfängen ihrer Entwicklung waren Rückfahrsysteme weitgehend nachtblind und ließen bei schlechtem Licht nur noch düstere Schatten erkennen. Das hat sich durch die Entwicklung lichtstärkerer Objektive geändert: Heute sehen sie sogar bei Nacht. Die Lichtempfindlichkeit der Objektive wird stets in LUX angegeben: Je kleiner die Zahl, desto weniger Licht brauchen sie und desto mehr zeigen sie auch bei schlechtem Licht. Hochleistungskameras besitzen eine Lichtempfindlichkeit von unter 1 LUX. Manche Modelle sind zudem mit Infrarot-LEDs ausgestattet, um auch bei tiefer Finsternis noch klare Bilder zu liefern.

Einparkhilfe plus Rückfahrkamera

Eine Einparkhilfe allein ist für Wohnmobile keine befriedigende Lösung, aber es spricht absolut nichts dagegen, sie mit einer Rückfahrkamera zu kombinieren. Die Verbindung beider Systeme verbindet aktive und passive Rangiersicherheit zu einem Optimum. Ein entsprechendes Kombisystem bietet Waeco mit dem Modell Magic Watch MWE 860, das einen Kameraeingang besitzt und daher der ideale Partner für eine Rückfahrkamera ist. Zudem bietet das mit vier Ultraschallsensoren ausgestattete Gerät eine sogenannte DSM-Funktion – eine Art „digitales Gedächtnis“ für fest am Fahrzeug montierte Objekte. So hat man zusätzlich zum Ka-

merabild die Abstandsmessung der Sensoren. Falls man doch einmal ein Hindernis übersieht, so wird man dann sofort akustisch gewarnt.

Navi und Rückfahrkamera

Wer bereits ein geeignetes Navi besitzt, kann sich die Kosten (und den Platz) für einen zusätzlichen Monitor sparen. Der Garmin Camper 770 LMT-D beispielsweise kann mit einer **drahtlosen Rückfahrkamera** (Modell BC-20) rasch und problemlos nachgerüstet werden. Das Bild wird auf dem großen 7-Zoll-Monitor brillant dargestellt und zwischen Navi und Rückfahrkamera kann rasch per Knopfdruck umgeschaltet werden. Bei entsprechendem Anschluss der Kamera (an die Stromversorgung des Rückfahrscheinwerfers) schaltet das Bild beim Einlegen des Rückwärtsgangs automatisch um. So hat man für nur etwa 150 € Zusatzkosten ein komplettes und zudem hochwertiges Rückfahr-Videosystem ohne komplizierte Kabelführung.

Wenn ferne Ziele locken

186wh hy

Reisevorbereitungen

Alles eingepackt?

Wer ein Wohnmobil besitzt und regelmäßig damit verreist, der wird die Grundausstattung stets im Fahrzeug lassen, sodass er nur einige Dinge ergänzen muss, um rasch startklar zu sein. Wer hingegen ein Wohnmobil mietet oder sein eigenes Fahrzeug zum ersten Mal für die Reise vorbereitet, der hat einiges zu bedenken und zu beachten. Hat man hingegen ein eigenes Wohnmobil eben erst gekauft, sollte man damit nicht sofort auf große Reise gehen, sondern zuerst einige Wochenendfahrten unternehmen. So lernt man das Fahrzeug kennen, merkt, was noch fehlt, und kann ggf. etwas ergänzen und ändern.

Reiseplanung

Wie oben schon erwähnt, wählen Sie zunächst ein Ziel im Nahbereich für einen Wochenendausflug und beschaffen Sie sich die Basis-Informationen vom zuständigen **Fremdenverkehrsamt** oder der Gemeinde. Dabei können Sie gleich um Zusendung von Informationen über geeignete Park- oder Stellplätze bitten. Viele Städte und Gemeinden informieren über Park- und Stellplätze auch auf ihren Internetseiten.

Nützlich für die Stellplatz-Suche bei Wochenendreisen können auch **Radwanderkarten** sein, auf denen Wanderparkplätze, Grillplätze, Schwimmbäder, Badestellen etc. eingezeichnet sind.

Außerdem gibt es beispielsweise von Reisemobil-Zeitschriften umfangreiche **Stellplatz-Verzeichnisse** eigens geschaffener Wohnmobil-Stellplätze, die seit einigen Jahrzehnten von Gemeinden, Firmen und privaten Betreibern vermehrt eingerichtet werden. In diesen Verzeichnissen findet man meist eine Anfahrtsbeschreibung (teils mit Skizze), Informationen über Ver- und Entsorgung, die tägliche Gebühr (bzw. ob er kostenlos ist), manchmal auch Telefonnummer und Internetadresse. Ein umfassendes, europaweites Stellplatzverzeichnis mit Koordinaten, Filmen, Karten, POI-Walk etc. sowie ein Forum bietet im Internet übrigens das **Wohnmobilportal** „MeinWomo", www.meinwomo.net. Weitere Stellplatzverzeichnisse können per App auf dem Handy genutzt werden, z. B. Promobil Stellplatzradar oder park4night.

Falls Sie sich generell auf dem Campingplatz wohler fühlen sollten (oder auch für die gelegentliche Campingplatz-Übernachtung), empfiehlt sich ein **Campingführer,** beispielsweise der ADAC- (zweibändig, sehr ausführlich, am teuersten), DCC- (gute Informationen über die Lage) oder ECC-Campingführer aus dem Drei-Brunnen- Verlag. Für Reisen nach Frankreich eignet sich besonders der Michelin-Campingführer, der aber nur in französischer Sprache erhältlich ist. Weitere Informationen erteilt der Deutsche Camping Club, Mandlstr. 28, 80802 München, Tel. 089 380142 0, Fax 380 142/42, www.camping-club.de

Sehr hilfreich sind auch die vom CIVD (Caravaning Industrie Verband

⊡ Kompakt und doch komplett: die Wohnküche

Deutschland) herausgegebenen Broschüren, zu beziehen über CIVD, Hamburger Allee 14, 60486 Frankfurt, Tel. 069 7040390, www.civd.de.

Neben allgemeinen **Reiseführern** (die beim Reise Know-How Verlag zum Teil auch Stellplatz-Tipps enthalten) gibt es spezielle **Wohnmobil-Reiseführer** mit detaillierten Informationen über Stellplätze, Ent- und Versorgung etc.; beispielsweise die sehr informativen Bände der Reihe „Wohnmobil-Tourguide" des Reise Know-How Verlages. Diese Bücher enthalten neben den genannten Informationen und einer Fülle Reisemobil-spezifischer Reisetipps auch sehr hilfreiche Routenvorschläge für einzelne Länder und Regionen. Die Bücher können Sie u. a. über die Internetseite des Verlags unter www.reise-know-how.de ansehen und bestellen.

Einrichten und Ausstatten

Das Mietmobil muss man so nehmen, wie es ist, aber am eigenen wird man sicher das eine oder andere verbessern oder ergänzen wollen, ehe es auf große Fahrt geht. Schon beim ersten Einräumen, spätestens aber auf den Probetouren, wird Ihnen manches auffallen, was besser sein könnte.

Für die **Küchenausstattung** können zunächst Anleihen im Haushalt gemacht werden: zwei bis drei Töpfe, einen Wasserkessel, eine Pfanne, ein Salatsieb, Rührlöffel, Besteck etc. wird man dort erübrigen können.

Schüsseln, Essgeschirr, Tassen, Becher etc. sollten nicht unbedingt aus der Wohnung stammen, da sie schwer und zerbrechlich sind. Im Campinghandel gibt es leichte und robuste Alternativen

129wh lc

Checkliste „Grundausstattung"

Papierkram
- Ordner mit Gebrauchsanleitungen
- Fahrzeugschein
- TÜV-, AU- und Gasprüfungs-Bescheinigung
- Grüne Versicherungskarte
- Kopien aller wichtigen Reise-dokumente
- Auslandsschutzbrief
- Notrufnummern
- Notizbuch und Stifte
- Wohnmobil-Tourguides und -Literatur
- Straßenatlas/Landkarten

Haushalt
- Töpfe, Pfanne, Sieb, Wasserkessel
- Geschirr, Tassen, Becher, Besteck
- Rühr- und Schöpflöffel, Pfannenschaber
- Dosenöffner, Korkenzieher etc.
- Kaffeefilter und Filtertüten bzw. Espressokanne, Thermoskanne
- Plastikschüsseln
- Eimer, Lappen, Bürste, Scheuerschwamm, Trockentücher
- Spül- und Reinigungsmittel
- Nähzeug und Reparatur-Set
- Schuhputzzeug
- Wäscheleine und Klammern
- Handfeger und Kehrschaufel
- Müllbeutel
- Gasanzünder, Feuerzeug
- Kerzen, Taschenlampe, Gaslaterne
- Karten-/Brettspiele (Ball u. Ä., Spielzeug für die Kinder)
- Mittel zur Wasserentkeimung
- WC-Papier, Klobürste, Chemikalien (besser: Entlüftungssystem für Fäkaltanks)

Bad
- Hautcreme, Sonnencreme
- Seife, Waschmittel
- Zahnbürste, Zahnpasta, Becher
- Duschmittel
- Mückenmittel
- Verbandszeug, Pflaster, Desinfektionsmittel
- Kleine Reiseapotheke

Schlafen
- Decken bzw. Schlafsäcke
- Kopfkissen
- Leintücher und Bezüge
- Schlafanzug

Lebensmittel (Grundvorrat)
- Reis, Nudeln
- Konserven
- Fertiggerichte (gefriergetrocknet)

aus hartem Kunststoff (für Teller kein weiches Plastik wählen). Um alles sicher in den Schränken zu verstauen, sollte man die Fächer mit Antirutschmatten auslegen (sonst könnte es in den Kurven klappern). Bei Hängeschränken hat sich zusätzlich eine Anschlagleiste bewährt, sodass beim Öffnen nichts herausfallen kann. Manche legen sogar eine Styroporplatte in die Schränke, aus der sie passende Aussparungen für das Geschirr schneiden. Dann kann wirklich nichts passieren und man kann sogar echte Gläser für Wein und Bier mitnehmen. Meist reicht es aber, alles so zu verstauen, dass es nicht viel Platz zum Rut-

- Suppen- und Soßenpulver
- Salz, Zucker, Gewürze
- Kaffee, Tee, Getränkepulver
- Knäcke- oder Dosenbrot
- Marmelade, Honig

Fahrzeug-Ausstattung

- Gasflaschen
- Kabeltrommel (ca. 15–20 m) und CEE-Adapter
- Wasserschlauch
- (Falt-)Kanister und Trichter bzw. Gießkanne
- Auffahrkeile
- Abschleppstange
- Starthilfekabel
- Wagenheber, Radkreuz und Werkzeug
- Fuß-Luftpumpe
- Arbeits- und Gummihandschuhe, Overall
- Gummistiefel
- Klappspaten, Eiskratzer, im Winter zusätzlich eine Schneeschaufel
- Glühbirnen- und Sicherungs-Set
- Reservebatterien für die Heizung
- Feuerlöscher
- Solardusche
- Campingmöbel

schen hat. Im Bodenfach des Küchenblocks kann man einen Flaschenkorb verstauen (vorher eine Leiste auf den Boden schrauben, sodass er nicht verrutscht). Wir stellen gleich einen ganzen Kasten Mineralwasser hinter den Fahrersitz, wo er durch die anschließende Mittel-Sitzgruppe perfekten Halt hat.

Den Mülleimer kann man im Küchenblock unterbringen oder innen an der Tür des Wohnaufbaus befestigen, wo er von innen und außen zugänglich ist.

Aufhänger für Trockentücher und Lappen sind immer knapp. Sowohl am Küchenblock als auch im Waschraum kann man Saug- oder Klebehaken anbringen und an geeigneter Stelle eine kleine Querstange an die Wand schrauben, an der man ein Handtuch oder T-Shirt zum Trocknen aufhängen kann. Praktisch sind auch Hakenleisten, die man oben an der Schrank- oder Badtür einhängen kann. Man bekommt sie für wenige Euro im Kaufhaus oder Baumarkt und muss sie nur in der Länge etwas kürzen, um daraus eine kleine Garderobe zu machen, an die man auch leichte Jacken hängen kann. Für Duschmittel, Kosmetika etc. eignen sich Hängetaschen sehr gut, die man in passenden Größen leicht selbst nähen und mit Aufhängeschlaufen dort befestigen kann, wo sie Platz haben, auch an einer Tür, über dem Bett oder im Alkoven.

Für Familien, die das allabendliche Kleiderberge-Chaos vermeiden wollen, haben sich einfache Stofftaschen oder Turnbeutel bewährt, in denen jedes Kind seine Kleider verstauen kann. Diese kann man unter das Bett legen, im Schrank stapeln oder an Haken aufhängen und am nächsten Morgen findet jedes Kind seine Kleider schnell wieder.

In die Staukästen, den Wohnmobil-„Keller“, gehört folgende **Grundausstattung,** die stets im Fahrzeug bleiben sollte:

- eine wasserfeste (Feuchtraum-)Kabeltrommel (15–20 m) mit Adaptern für 3-polige CEE-Stecker und -Steckdose (blau),

- Wasserschlauch, (Falt-)Kanister, Eimer, Trichter, Gießkanne oder sonstige Hilfsmittel zum Füllen des Wassertanks,
- Auffahrkeile, um das Fahrzeug eben zu stellen (man kann entweder Kunststoffkeile kaufen oder aber Holzkeile selbst anfertigen – s. r. „Nützliches Zubehör"),
- ein Starthilfekabel (für Dieselmotoren mindestens 25 mm^2 Querschnitt = ca. die Dicke des kleinen Fingers),
- eine Teleskop-Abschleppstange (Ein 3-Tonnen-Wohnmobil ohne Bremskraftverstärkung am Seil abzuschleppen, erfordert starke Nerven, gute Reaktion und kräftige Beine!),
- Schneeketten, zumindest im Winter (ggf. auch im Sommer, falls man sich gelegentlich auf unbefestigte Wege wagen sollte),
- Wagenheber, Radkreuz, Werkzeug, Arbeits- oder Gummihandschuhe und Fuß-Luftpumpe.

Nützliches Zubehör

Nach vorn haben Sie im Wohnmobil gute Sicht, aber nach hinten kann es problematisch werden. Daher gehört auf die rechte Seite ein **gewölbter oder geteilter Außenspiegel,** am besten ein Modell, wie es Lastwagen haben und das zusätzlich einen Rampenspiegel besitzt.

Den Abstand zu einem Hindernis einschätzen kann man damit jedoch nicht, sodass zusätzlich ein **Rückfahr-Videosystem** zu empfehlen ist (s. Kap. „Rückfahr-Videosysteme" S. 207).

Nicht ganz billig, purer Komfort und doch fast „unverzichtbar" ist eine Sonnenmarkise (z. B. Thule), die sich mit einer Kurbel oder elektrisch bis zu 2,50 m weit ausfahren lässt. Zwei Teleskopbeine stützen das Sonnendach ab. Bei Wind sollte man sie mit Heringen am Boden befestigen und/oder Gewichte (z. B. die Solardusche oder einen Wassersack) an die Markise hängen, damit sie nicht nach oben umklappt. Wird es zu windig, sollte man sie besser rasch einfahren. Heute gibt es kaum noch Wohnmobile ohne Markise – aber wer die Kosten sparen will, kann auch in der Regenrinne oder in einer Kederleiste ein Sonnensegel befestigen.

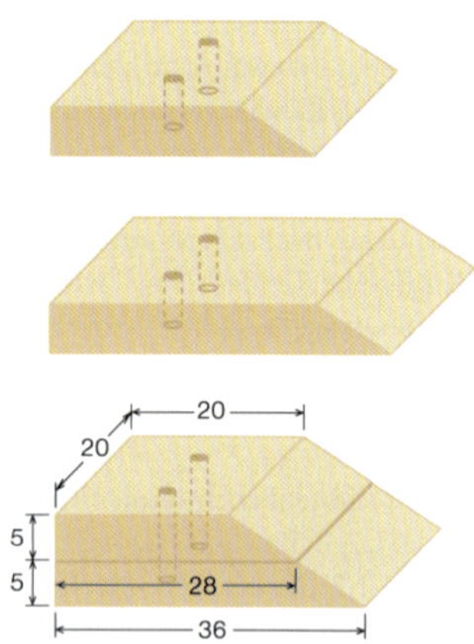

130wh tb

Wichtig für waagerechten Stand: Auffahrkeile

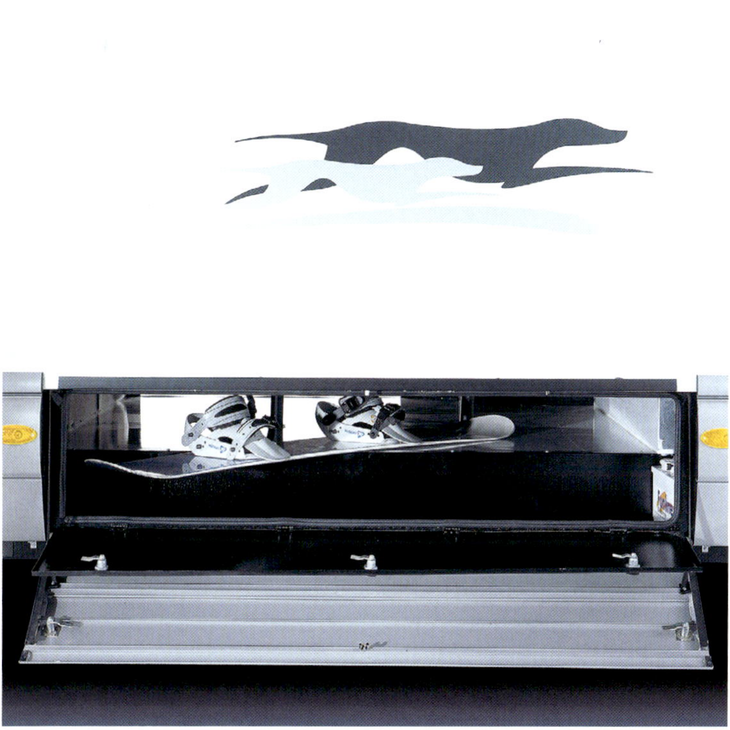

131wh lc

Damit das Wohnmobil auf ungleichmäßigem Terrain exakt horizontal steht, sind **Auffahrkeile** sehr hilfreich und zudem die einfachste und billigste Lösung. Man bekommt sie im Campinghandel oder man kann sie auch aus Balken- oder Bohlenstücken selbst anfertigen.

Kurbelstützen kosten etwa 50–120 € pro Paar und lassen sich am Heck fest montieren. Sie haben den Vorteil, dass sie beim Stehen das Chassis stützen und das Federn und Wanken des Aufbaus verringern. Um notfalls rasch wegfahren zu können, braucht man Quick-Lift-Stützen, die beim Anfahren einfach umklappen und hinterher gezogen werden (erhältlich z. B. von der Firma Linnepe, siehe Anhang dieses Buches). Wer es ganz komfortabel möchte, der kann sich für eine elektro-hydraulische Hubstützenanlage entscheiden, die auf Knopfdruck ausfährt und das Wohnmobil automatisch in die Horizontale bringt. Dieser Komfort muss einem dann aber auch gut 5000 € wert sein. Wer bereits ein Fahrzeug mit Vollluftfederung besitzt, erreicht durch eine Niveauautomatik für etwa 400 € den gleichen Effekt.

Stets gefragt: genügend Stauraum im „Keller" des Wohnmobils

132wh va

Um sperriges (aber nicht zu schweres) Gepäck zu verstauen, eignen sich **Dachkisten,** die man aus wasserfest verleimtem Sperrholz (Plan-Board), Alu-Winkelprofilen, Koffer-Ecken und Klavierband nach eigenen Maßen selbst fertigen, mit einem Vorhängeschloss versehen und auf dem Dachgepäckträger befestigen kann. Oder man kauft eine fertige „Top Box“ aus Kunststoff. Wir haben sperrige, aber leichte Gegenstände wie beispielsweise Klapptisch und -stühle oft einfach im Alkoven verstaut.

Für Fahrräder gibt es geeignete **Heckträger,** auf denen die teuren Drahtesel während der Fahrt allerdings tüchtig verspritzt und eingestaubt werden, sofern man sie nicht zumindest mit einer schützenden Plane verpackt. Besonders ruinös ist das Spritzwasser, sobald Salz gestreut wird! Größere Wohnmobile besitzen oft einen riesigen Heckstauraum, die sogenannte **Heckgarage,** in der man die Räder bequem und von Umwelteinflüssen geschützt transportieren kann.

⌃ Da geht was rein:
Mini-Garage beim Traummobil von Variomobil

› An jeder Gastankstelle nachfüllbare
Gas-Tankflasche

Befüllen und Beladen

Der Urlaub steht bevor, Sie haben bereits erste Probefahrten mit Ihrem neuen Wohnmobil gemacht und es nach Ihren Vorstellungen ergänzt und ausgestattet? Dann geht es jetzt endlich in die heiße Phase.

Schon einige Tage vorher können Sie beim nächsten Händler volle **Gasflaschen** erwerben. Falls Sie zwei 11-kg-Flaschen bunkern können, reicht es aus, rote Leihflaschen zu nehmen, denn dieser Vorrat sollte im Sommer gut und gerne 7–8 Wochen reichen. Wer hingegen auch im Winter einmal 1–2 Wochen Urlaub im Inland machen möchte, sollte sich für die grauen Tauschflaschen entscheiden, die man überall im Inland tauschen kann, während man die roten dorthin zurückbringen muss, wo man sie gekauft hat. Tipps und detaillierte Informationen zur Gasversorgung für längere Auslandsreisen finden Sie im Kapitel „Gasanlage“ S. 88.

Wenn Sie Chemikalien für Ihre Camping-Toilette verwenden, sollten Sie sich im Campinghandel einen kleinen Vorrat zulegen (umweltschonende Mittel wählen und fachgerecht dosieren). Mit den heute üblichen Entlüftungssystemen (z. B. von SOG) kann man jedoch auf Chemikalien ganz verzichten, ohne unter üblen Gerüchen zu leiden; zudem hat man dann enorme Vorteile bei der Entsorgung (s. Kap. „Ver- und Entsorgung“ S. 240).

Auch für die Wasserentkeimung können Sie sich dort gleich die geeigneten Mittelchen besorgen, sofern Sie Trinkwasser für mehr als drei Tage im Haupttank bunkern oder unterwegs aus zweifelhaften Quellen zapfen wollen. Solange man entkeimtes Trinkwasser verwendet und es nicht zu lange lagert, kommt man nach unseren Erfahrungen gut ohne solche Mittel aus. Präparate auf Silberbasis (z. B. Micropur) dienen nur der Konservierung des Wassers über einen langen Zeitraum (laut Hersteller mehrere Monate). Um Wasser zuverlässig zu entkeimen, benötigt man Chlorpräparate (z. B. Drinkwell Chlor). Wenn Sie den Wassertank zu Hause vor dem Start auffüllen, brauchen Sie kein Entkeimungsmittel (das Leitungswasser ist bereits ausreichend gechlort), sondern allenfalls ein Silberpräparat, das Sie in den Tank geben, bevor Sie das Wasser einfüllen.

133wh wg

Das erste Auffüllen des Wassertanks ist etwas aufwendiger als das Nachfüllen unterwegs. Hier eine **Merkliste,** damit Sie nichts vergessen:

- Überprüfen, ob der **Wassertank** trocken und sauber ist.
- Nachsehen, ob **Ablaufhähne** von Tank und Boiler geschlossen sind.
- Wassertank **auffüllen.**
- Pumpe am **Hauptschalter** einschalten und einen Warmwasserhahn öffnen (bzw. die Mischbatterie auf „heiß" einstellen).
- So lange warten, bis alle **Luft** entwichen ist und das Wasser ruhig fließt (erst dann ist der Boiler gefüllt).
- Den **Hahn** schließen und mit den anderen entsprechend verfahren, bis das ganze System geflutet ist. (Achtung, falls die Druckpumpe nicht kurz nach dem Schließen die Hähne abstellt, ist sie entweder defekt oder aber das Wassersystem hat eine undichte Stelle.)
- Wassertank **wieder nachfüllen.**

Auf der Rückfahrt vom Campinggeschäft halten Sie beim Supermarkt, um einen Vorrat an **Lebensmitteln** zu bunkern. Diese können so direkt in den Staukasten wandern und müssen nicht zweimal umgeladen werden. Denken Sie jedoch daran, schwere Dinge (Konserven, Getränke) möglichst tief (unter den Sitzbänken) und zwischen den Achsen zu verstauen – bei Frontantrieb möglichst weit nach vorn und keinesfalls hinter der Hinterachse. Lebensmittel, die gekühlt oder gar tiefgefroren gelagert werden müssen, sollten Sie zu Hause zunächst in Kühlschrank oder Gefriertruhe lagern, damit sie gut vorgekühlt in den Kühlschrank des Wohnmobils kommen.

Außerdem sollten Sie Ihr Fahrzeug in der Nacht vor der Abreise ans **230-Volt-Stromnetz anschließen,** damit der Kühlschrank ordentlich in die Gänge kommt und die Bordbatterie zu 100 % aufgeladen ist (bei längerer Anreise wird

195wh hb

sie auch unterwegs noch ausreichend geladen).

Überprüfen Sie anhand Ihrer **Checklisten,** ob nichts Wichtiges fehlt. Als Basis kann die nebenstehende Checkliste dienen, die Sie nach eigenen Vorstellungen ergänzen können. Und schließlich sollten Sie es nicht versäumen, mit allen Mitreisenden vollbetankt und beladen einmal **auf die Waage** zu fahren, um das Gesamtgewicht sowie die Achslasten hinten und vorn zu messen – und dann im Kfz-Schein nachschauen, ob Sie noch innerhalb des zulässigen Limits sind. Das ist im Interesse Ihrer eigenen Sicherheit, denn ein überladenes Fahrzeug ist schlechter zu bremsen, in Kurven schwerer zu kontrollieren und für einen Reifenplatzer viel anfälliger! Außerdem können sie sich erhebliche Probleme ersparen, denn in den Ferienzeiten werden Wohnmobile verstärkt kontrolliert und gewogen – an den Autobahnen, aber z.B. in Skandinavien an manchen Tagen auch sofort, wenn sie von der Fähre rollen. Und dann kann es mit dem Urlaubsvergnügen rasch vorbei sein, denn überladen weiterfahren dürfen Sie nicht – und was machen Sie in dieser Situation mit dem Übergewicht? Also, lieber vor der Abreise kontrollieren, unnötigen Ballast zu Hause lassen und evtl. auch den Wassertank nicht ganz füllen.

Wenn alles endlich startklar ist: Leinen los, das Abenteuer lockt! Doch nicht zu hastig – ist auch wirklich alles bereit für die Fahrt?

◁ Platzsparend und leicht:
ALUGAS-Flaschen mit Auszugboden

Checkliste „Vor der Abreise"

- Wassertank gefüllt?
- Wasserentkeimungs-/ -konservierungsmittel vorhanden?
- Batterien geladen?
- Toilette geleert und Wasserbehälter voll?
- WC-Chemikalien vorhanden (falls erforderlich)?
- Stromkabel entfernt und verstaut?
- Reifendruck geprüft (vor Langstrecken ca. 0,3 Bar mehr als angegeben)?
- Übliche Checks wie vor jeder Reise (Papiere, Licht, Wasserhähne etc.), Checkliste vor jedem Start (am besten kopieren und an Armaturenbrett oder Sonnenblende befestigen)
- Kühlschrank gut vorgekühlt und auf 12 Volt oder Gas umgestellt?
- Haupt-Gashahn geschlossen?
- Alle Fenster, Außenklappen und Dachluken geschlossen?
- Trittstufe, Fernseh-Antenne und Markise ganz eingefahren?
- Stützen hochgeklappt, Auffahrkeile verladen?
- Alle Schubladen und Klappen geschlossen und verriegelt?
- Bewegliche Gegenstände sicher verstaut?

Adventurer
LET'S GO
YU
LARGER
PLUS GRAN

224wh jsh

Unterwegs

< Kanada und sein ferner Norden zählen zu den beliebtesten Reisezielen in Übersee

Wohnmobil-Urlaub hat den Vorteil, dass er nicht erst am Urlaubsort beginnt, sondern bereits beim Start vor der Haustür. Damit das stimmt, sollte man die Fahrt aber auch entsprechend gestalten.

Fahr- und Fahrerverhalten

Das „typische" Wohnmobil hat sein eigenes **Fahrverhalten,** dem man sich als Fahrer am besten von Anfang an anpasst. Dann kann man auch den Urlaub von Anfang an genießen: Lehnen Sie sich bequem zurück, genießen Sie den Ausblick und stellen Sie Ihren Gasfuß auf **„gemütliches Reisetempo"** – auf der Autobahn um 80–100 km/h, auf kurvenreichen Landstraßen Bummeltempo. Ihr (vermutlich schwer beladenes) Fahrzeug wird es Ihnen danken, Sie selbst haben mehr von der Fahrt und die Unfallgefahr sinkt deutlich. Sie können es sich leisten, denn Sie haben ja Ihr Hotel samt Imbissbude, Restaurant und Siesta-Couch stets dabei, sodass es Ihnen egal sein kann, wann Sie ankommen. Denken Sie aber auf schmalen und unübersichtlichen Straßen auch daran, dass nicht alle zum Vergnügen unterwegs sind – und bieten Sie, wo immer es geht, die Möglichkeit zum Überholen (auch wenn Sie dazu gelegentlich rechts rausfahren müssen).

Die richtige Zeiteinteilung trägt dazu bei, dass schon die Anreise zum Urlaub gehört. Sie können es sich leisten, einen Tag früher zu starten, denn Sie müssen ja keine Übernachtung bezahlen. Da die Welle der Hotelurlauber samstags losrollt, starten Sie schon am Freitagabend, um ihr eine Nasenlänge voraus zu sein. Auf einem ruhigen Parkplatz verbringen Sie eine erholsame Nacht, starten zeitig am nächsten Morgen, halten kurz beim Bäcker und sitzen schon beim zweiten Frühstück mit frischen Brötchen und Alpenpanorama, wenn die PKW-Urlauber erst losrollen. Berüchtigte Nadelöhre wie notorische Staustellen, Baustellenstrecken, Großstädte, Grenzübergänge etc., passiert man am besten nachts (Wochenenden und Feiertage meiden). Und falls Sie doch in einen Stau geraten: Cool bleiben! Fahren Sie den nächsten Parkplatz an – oder (falls es dort auch zu voll ist) bei der nächsten Abfahrt runter und ins Grüne – und machen Sie ein gemütliches Picknick, eine Siesta, eine Badepause am See oder eine Besichtigung, bis sich die Blechlawine aufgelöst hat.

Doch auch wenn der Verkehr zügig fließt, sind **Pausen** wichtig. Mit dem Wohnmobil steht man nicht unter Druck, zu einer bestimmten Zeit ankommen zu müssen, und kann daher Pausen machen, so wie man es als angenehm empfindet. Und falls man dann doch etwas länger braucht als erwartet,

Tagesetappen

Rechnen Sie bei An- und Abreise mit maximal 8–10 Stunden reiner Fahrzeit und einer Durchschnittsgeschwindigkeit von ca. 80 km/h (Autobahn ohne Stau), dann können Sie pro Tag etwa 600–800 km zurücklegen. Absolute Obergrenze sollten, auch unter günstigen Bedingungen, 1000 km sein.

138wh rh

so macht das nichts: Dann übernachtet man eben kurz vor dem „Ziel" noch einmal. Solche nicht von einem stereotypen Schema, sondern vom eigenen Bedürfnis (oder dem der Kinder!) diktierten Pausen haben den Vorteil, dass man sie eher einhält als jene, für die man stets auf die Uhr schauen muss.

Nach unseren Erfahrungen hat es sich bewährt, früh zu starten, zwischen 9 und 10 Uhr an einem netten Plätzchen ein zweites Frühstück zu machen und sich dann um die Mittagszeit eine lange Pause zu gönnen – auf einem ruhigen schattigen Platz, wo die Kinder spielen können, während der Copilot Küche macht und der Chauffeur einen Spaziergang oder ein Mittagsschläfchen. Auf langen (An-/Abreise-) Strecken machen wir abends zwischen 18 und 20 Uhr eine längere Pause, um dann gemütlich noch einige Stunden zu rollen, wenn der Verkehr nachgelassen hat.

Kinder im Wohnmobil sind nur schwer anzubinden. Aber auch in Wohnmobilen gilt für alle Insassen die

⌃ Raus aus dem Stau, rein in die Pause

223wh jsh

allgemeine Anschnallpflicht. Bestehen Sie darauf, dass das Wohnmobil nur fährt, solange jeder angegurtet ist. Trotzdem ist es immer besser, in gemütlichem Tempo und sehr vorausschauend zu fahren, sodass keine plötzlichen Lenk- oder Bremsmanöver erforderlich werden. Bedenken Sie jedoch, dass alles nichts nützt, wenn ein anderer Verkehrsteilnehmer Sie zu einem raschen Manöver zwingt. Das Risiko lässt sich nur verringern – nicht ausschließen.

Unter „Normalbedingungen" ist ein modernes Wohnmobil auf der Strecke zwar fast ebenso problemlos zu fahren wie ein PKW, aber z. B. bei **Seitenwind** (oder auch in engen Kurven) ändert sich das Verhalten schon spürbar. Besonders bei kurzzeitigem Windschatten (etwa durch einen überholten LKW oder eine Brücke) kann das Wohnmobil durch seine große Angriffsfläche stark versetzt werden. Und in engen Kurven verhält es sich durch den höheren Schwerpunkt anders als ein PKW mit tiefer Straßenlage. Da hilft nur reduziertes Tempo und vorausschauendes Fahren. Auch vor **Bahnübergängen** und vor allem bei den in Frankreich weit verbreiteten **Bodenwellen** zur „Verkehrsberuhigung" unbedingt rechtzeitig das Tempo drosseln, damit Ihr rollendes Zuhause keine Bocksprünge macht, die vor allem Passagiere im Heck (und das Geschirr!) durch die Luft hüpfen lassen. Der längere **Radstand** macht sich erst bemerkbar, wenn Sie eine Abzweigung verpasst haben und wenden müssen. Wie mit dem PKW auf der Straße wenden – das geht nicht! Aber auf wenig befahrenen Landstraßen reicht schon der nächste Hofraum, Parkplatz oder Feldweg. Blinker setzen, kurz dahinter anhalten, rückwärts hineinstoßen und vorwärts nach links wieder in die Gegenrichtung biegen. Auf Straßen mit schnellem Verkehr ist das zu gefährlich. Dann müssen Sie auf einen Parkplatz oder Hof fahren, um das ganze Wendemanöver außerhalb der Straße durchzuführen.

Beim Manövrieren auf engem Raum (z. B. Einparken, Tankstellen) kann ein langer **Hecküberhang** erhebliche Schäden verursachen. Daher sollte man in solchen Situationen bei jedem Lenkeinschlag im Rückspiegel das Heck beobachten und sehr langsam anfahren. Besonders heikel sind wegen eingeschränkter Sicht auch alle **Rückfahrmanöver.** Am besten ist es, vor Fahrtantritt in ein Rückfahr-Videosystem zu investieren und/oder sich stets von jemandem einweisen zu lassen (s. Kap. „Rückfahr-Videosysteme“ S. 207). Auch bei Vorwärtsmanövern auf Parkplätzen, in engen Gassen, an Tankstellen etc. ist der **Alkoven** verstärkt gefährdet (durch Äste, Hausvorsprünge etc.). Da man ihn nicht ganz im Blick hat, muss man daran denken und Sicherheitsabstand einhalten. Noch besser: sich einweisen lassen oder im Zweifelsfalle anhalten und aussteigen, um selbst zu schauen.

Strikt zu beachten sind außerdem **Höhenangaben** (gelegentlich auch Breite) von Brücken und Durchfahrten bzw. bei Alleebäumen und Felsüberhängen. Nach einer Kollision hat das Wohnmobil, selbst bei mäßigem Tempo, kaum mehr als Schrottwert. Befestigen Sie am Armaturenbrett einen Zettel mit Höhe und Breite Ihres Fahrzeugs und denken Sie daran, die **tatsächliche Höhe** einzutragen und zu korrigieren, wenn sie durch eine Dachlast (z. B. Kiste, Kanu o. Ä.) erhöht wird! Oft ist bei Höhenangaben eine Toleranz einkalkuliert, aber darauf sollte man sich keinesfalls blind verlassen!

Fähren

Einige der reizvollsten Ziele sind nur auf dem Wasserweg erreichbar. Dann ist ausnahmsweise auch der Wohnmobil-Reisende an einen festen Termin gebunden, denn in der Ferienzeit sollten längere Fährpassagen unbedingt reserviert werden. Vergleichen Sie die Preise verschiedener Gesellschaften und zu unterschiedlichen Wochentagen (der Unterschied kann erheblich sein – auch von einem Tag zum nächsten!) und ziehen Sie günstige Paketangebote („Pauschalpreis für Womo bis x Meter inkl. y Personen“) in Betracht. Dadurch kann die – während der Hauptreisezeit meist teure – Überfahrt deutlich günstiger werden.

Um Zeitdruck und Stress zu entgehen (und dem Risiko, bei einem Stau das teure Fährticket verfallen zu sehen!), sollte man eine **Zeitreserve** einplanen. Mindestens zwei Stunden vor Abfahrt der Fähre sollte man am Hafen angekommen sein. Läuft alles reibungslos und man kommt einen halben Tag zu früh an, kann man im Hafenort etwas besichtigen oder in der Nähe einen Strand aufsuchen. Steht man unter den ersten in der Warteschlange, kann man in Ruhe noch ein Essen kochen oder eine Kaffeepause machen, sich ausruhen

[<] Die Ausmaße des eigenen Gefährts sollte man bei Durchfahrten stets im Blick behalten

236wh as©Dawid Jankowski

oder die Überfahrt vorbereiten und hat gute Chancen, unter den Ersten zu sein, die mit ihren Fahrzeugen auf die Ferieninsel rollen.

Besonders bei kleineren Fähren sind die **Auffahrrampen** oft unangenehm steil. Trotz der professionellen Einweiser haben uns solche Rampen einmal die Frontverkleidung beschädigt und mehrfach hat der Hecküberhang aufgesetzt. Fahren Sie vorsichtig und im ersten Gang heran – und eher etwas schräg zur Auffahrt. Meist haben die Einweiser Keile zur Hand, mit denen sie den Böschungswinkel brechen können, falls es zu knapp wird. Auch beim Verlassen der Fähre im kleinsten Gang von der Rampe kriechen, damit das Fahrzeug wenig einfedert.

Die **Gasanlage** muss auf der Fähre abgestellt sein (Haupthahn an der Flasche). Daran sollten Sie denken, ehe Sie das Frostfach mit Eiscreme und anderem Gefriergut füllen. Tipps dazu, wie Sie Steak und Stieleis trotzdem unbeschadet auf die Insel bringen, finden Sie im Kasten „Kühltipps“ im Kapitel „Kühlgeräte“. Auf längeren Überfahrten bleibt mancher **im Fahrzeug** (um eine Kabine zu sparen), was eigentlich ebenfalls verboten ist, aber ebenso wenig kontrolliert wird. Sehr angenehm ist es nicht gerade, sondern oft heiß und stickig, und bei schwerem Seegang wird einem da unten vermutlich recht mulmig werden, denn Fahrzeuge können verrutschen und Sie einklemmen, und falls das Schiff kentern sollte, dann gute Nacht! Immer mehr Gesellschaften bieten aber inzwischen auch die Möglichkeit des **„Camping an Deck“**, d. h., dass man sein Wohnmobil auf dem Oberdeck im Freien abstellt, sodass man sich jederzeit auch im Fahrzeug aufhalten kann. Wer einen Platz an der Reling ergattert, hat dazu noch einen erstklassigen Ausblick.

Wenn Sie das **Fahrzeug verlassen** (was zumindest bei Überfahrten am Tag angenehmer ist), sollten Sie vorher alles zusammenpacken, was Sie an Deck brauchen bzw. nicht zurücklassen wollen (Papiere, Geld, Wertsachen, Sonnencreme/-brille, Snack, Buch, Spiele etc.), das Wohnmobil abschließen und sich Nummer oder sonstige **Kennzeichnung des Fahrzeugdecks und Treppenaufgangs** merken oder noch besser aufschreiben. Nichts ist frustrierender als im chaotischen Gedränge bei Ankunft endlich das Fahrzeugdeck erreicht zu haben und dann zu merken, dass es das falsche ist oder dass Sie sich am ganz verkehrten Ende davon befinden!

Vor dem Erreichen des Zielhafens sollte man also frühzeitig den Weg **zurück zum Wohnmobil** suchen (sonst gerät man ins Gedränge der aufbrechenden Passagiere), damit es keine Hektik gibt. Und versuchen Sie, das Deck möglichst nahe bei Ihrem Wohnmobil zu erreichen, denn so eng und verschachtelt, wie die Fahrzeuge verstaut sind, kann man kaum noch dazwischen durchschlüpfen.

Übernachten

Wer zum ersten Mal mit dem Wohnmobil unterwegs ist, fühlt sich oft recht unsicher bei der Frage, wo er damit übernachten kann oder soll. Ist es nicht gefährlich, auf einem öffentlichen Parkplatz zu übernachten? Darf man das überhaupt?

Campingplätze

Es macht nicht viel Sinn, 50–80.000 € für ein möglichst autarkes Wohnmobil zu bezahlen und dann noch einmal jede Nacht 40 € oder noch mehr für einen Campingplatz auszugeben, obwohl man nicht mehr als einen Parkplatz braucht.

In manchen Fällen kann es sinnvoll sein, einen Campingplatz zu benutzen, etwa wenn man längere Zeit am gleichen Ort bleiben will oder eine größere Stadt besichtigen möchte. Aber auch einfach ausgestattete Campingplätze in reizvoller Lage können für Wohnmobilisten attraktiv sein. Aber auf vielen Plätzen sind die Preise zu hoch – gemessen an dem, was man tatsächlich braucht. Mancher Platzbetreiber hat daraus die richtige Konsequenz gezogen und billigere **Wohnmobil-Plätze** außerhalb des eigentlichen Geländes und ohne Zugang zu den Sanitäranlagen geschaffen.

‹ Einige der reizvollsten Ziele sind nur auf dem Wasserweg erreichbar

Wohnmobil-Stellplätze

Erfreulich ist die hohe Anzahl speziell eingerichteter Wohnmobil-Stellplätze. Allein in Deutschland dürften es mittlerweile über 4000 sein. Auch in Frankreich gibt es vielfältige Möglichkeiten besonders in der Bretagne und auf Bauernhöfen oder auf Weingütern. In anderen Ländern (z. B. Kroatien) wurde diese Marktlücke bisher noch nicht erkannt.

Die teils von Gemeinden, teils von Gaststätten, Wohnmobilfirmen oder anderen Privatunternehmern eingerichteten Wohnmobil-Stellplätze sind entweder preisgünstig oder sogar ganz kostenlos. Ihre Ausstattung ist recht verschieden. Teils sind es schlichte Parkplätze, doch oft werden Ver- und Entsorgungsmöglichkeiten und manchmal auch Stromanschlüsse geboten. Auf einigen ist die Zahl der Übernachtungen begrenzt.

Nicht jeder Stellplatz hat eine so imposante Kulisse wie der von Moustiers in der Provence

Praktisch sind Apps mit Stellplatzverzeichnissen, die laufend aktualisiert und ergänzt werden, z. B. promobil Stellplatzradar (kostenlos) oder park4night. Da die Apps guten Netzempfang benötigen, ist eine Kombination mit offline verfügbaren Verzeichnissen aus Buchhandlungen oder aus dem Internet sinnvoll, z. B. die Wohnmobil-Tourguides des Reise Know-How Verlags, der Stellplatz-Atlas von Promobil oder der ADAC-Stellplatzführer (s. Kapitel „Reiseplanung“ Seite 214).

Ein sehr umfassendes, europaweites Stellplatzverzeichnis mit Koordinaten, Anfahrt, Bildern, Filmen, Karten, POI-Walk etc. im Internet bietet das **Wohnmobilportal** www.meinwomo.net.

Verschiedene Stellplatzlisten inkl. Koordinaten kann man auch als POI aus dem Internet laden. Bei speziellen Womo-Navis wie dem CAMPER 770 LMT sind diverse Stellplatz- und Campingplatz-Verzeichnisse bereits vorinstalliert.

Wer ein älteres Wohnmobil besitzt, der sollte vorab darauf achten, ob sich der gewählte Stellplatz in einer **Umweltzone** befindet.

Park- und Rastplätze

Besonders während der An- und Abreise gehören Park- und Rastplätze an Autobahnen zu den bevorzugten Übernachtungsplätzen und in Ferienzeiten geht es dort manchmal zu wie auf dem Campingplatz. Sie sind gewiss nicht eben ruhig – aber man muss nicht lange nach einem Stellplatz suchen, keinen Umweg machen, ist unter Seinesgleichen, fühlt sich sicherer und kann auch die Sanitäranlagen nutzen. Manche Raststätten sind sogar mit Entsorgungsstationen für Wohnmobile ausgestattet und besitzen eigene Parkbereiche für Reisemobile, auf denen es ruhiger ist als zwischen den Brummis.

Folgende **Tipps** sind hilfreich:

- **Parkplätze** sind meist ruhiger als Raststätten (besonders für LKW gesperrte Parkplätze).
- An Raststätten einen ruhigen Winkel suchen, z. B. **Picknick-Bereich.**
- Wo es spezielle **Wohnmobil-Parkplätze** gibt, sollte man diese nutzen.
- Möglichst **nicht im LKW-Bereich** nächtigen: Kühlaggregate und ankommende oder startende Trucks können dort die ganze Nacht durch einen nervigen Lärm machen, der nächste Brummi fährt vielleicht dröhnend bis auf eine Handbreit an Ihr Schlafzimmer heran und am Morgen sind Sie zugeparkt.
- Auf den meisten Raststätten ist das Übernachten sicher und problemlos, aber es gibt auch Regionen, in denen von einer **Raststätten-Übernachtung dringend abzuraten** ist – z. B.:
- **Südfrankreich,** insbesondere an der Küste und im Rhonetal. Hier werden regelmäßig Wohnmobile geknackt und ausgeraubt, nachdem man **die Schläfer mit Gas betäubt** hat (uns ist das auch schon passiert)!
- Ähnliches hört man auch von der **spanischen Küste,** besonders im Bereich von Barcelona.
- Auch **Norditalien,** speziell zwischen Florenz und Rom, soll ähnlich gefährlich sein.

Rastplatz mit Blick über die Verdonschlucht

183wh rh

10 FAQs zum Freistehen

Was das Freistehen anbetrifft, herrscht leider viel Unklarheit. Um die häufigsten Fragen zu beantworten, habe ich mich an das Verkehrsministerium gewandt, aus dessen Antwortschreiben die folgenden Zitate und Hinweise stammen.

Das Gesagte gilt für Deutschland, ist aber auch auf eine ganze Reihe anderer europäischer Länder übertragbar.

Frage 1: Wo darf man im Wohnmobil übernachten?

Überall, wo es nicht verboten ist. „Ein einmaliges Übernachten in Wohnmobilen auf einem öffentlichen Parkplatz oder an anderer Stelle, wo das Parken erlaubt ist, ist zum Zweck der Fahrtunterbrechung zulässig. Es ist jedoch nicht erlaubt, mehrere Tage und Nächte ein Leben wie auf einem Campingplatz zu führen ... Dabei handelt es sich nicht mehr um erlaubtes Parken, sondern um eine erlaubnispflichtige Veranstaltung nach Art. 29 Abs. 2 StVO."

Frage 2: Wie sind die Begriffe „Parken", „Übernachten" und „Campen" verkehrsrechtlich definiert bzw. gegeneinander abgegrenzt?

Die Begriffe „Übernachten" und „Campen" sind verkehrsrechtlich nicht definiert. Wer in seinem Fahrzeug jedoch übernachtet, der parkt nur. Sobald man jedoch anfängt, Campingmöbel ins Freie zu stellen, geht dies über das reine Parken hinaus und ist eine „erlaubnispflichtige Veranstaltung" (s. Frage 1).

Frage 3: Können Gemeinden das Nachtparken auf öffentlichen Parkplätzen verbieten?

Nein. „Nicht die Gemeinden, sondern" nur „die örtlich zuständigen Straßenverkehrsbehörden können Anordnungen für die zeitliche Beschränkung des Parkens auf Parkplätzen treffen. So ist es möglich, die Parkdauer für bestimmte Fahrzeugkategorien zu beschränken – beispielsweise das Abstellen eines Wohnmobils nur in der Zeit von 8 bis

141wh rh

22 Uhr durch ein entsprechendes Zusatzschild zu gestatten. Ist eine Verkehrszeichenanordnung nicht getroffen, besteht für die Gemeinde nicht die Möglichkeit, ein einmaliges Übernachten ... zu verbieten."

Frage 4: Durch welche Zusatzschilder kann das Parken eingeschränkt werden?

Es gibt zwei Möglichkeiten: entweder durch ein „Zusatzschild (Sinnbild) eines Wohnmobils sowie Zeitangabe" (s. o.) oder die Behörde muss „durch Zusatzschild all diejenigen Fahrzeuge aufführen, denen das Parken gestattet sein soll. Grundsätzlich darf das Parken nur dadurch eingeschränkt werden, dass man ausschließlich bestimmten Fahrzeugarten und/ oder zu bestimmten Zeiten das Parken gestattet, nicht durch Zusatzschilder, welche einzelne Fahrzeugarten ausschließen" (s. Frage 5).

Frage 5: Was ist von den bekannten Zusatzschildern mit durchgestrichenem Wohnmobil-Symbol zu halten?

Dies sind keine offiziellen Zusatzschilder, da sie dem in obiger Antwort ausgeführten Grundsatz widersprechen. Der Herr vom Verkehrsministerium war sehr erstaunt, dass solche Zusatzschilder überhaupt existieren. Bei einer telefonischen Rückfrage erklärte er, dass die Kommunen zwar das Recht haben, zusätzliche Schilder zu erfinden, dass er aber eine solche Anordnung – da sie o. g. Grundsatz widerspricht – für sehr zweifelhaft hält und einem eventuellen Bußgeldbescheid gelassen entgegenblicken würde. Natürlich sollte man nicht unnötig provozieren, aber man könnte auf solchen Parkplätzen getrost übernachten. Dies gilt auch für Parkplätze mit Zusatzschildern, die das Parken zu bestimmten Zeiten verbieten, und auch für Plätze mit durchgestrichenem Wohnwagen, denn Wohnmobile sind keine Wohnwagen.

Frage 6: Wo dürfen Wohnmobile parken, wenn auf einem Parkplatz ein Teil mit dem Zusatzschild „LKW" und der übrige mit „PKW" gekennzeichnet ist?

Sie dürfen auf keinem der beiden Bereiche parken, da sie in der Regel als „Sonder-Kfz" zugelassen und daher weder PKW noch LKW sind. Das zulässige Gesamtgewicht spielt hierbei keine Rolle.

Frage 7: Gibt es eine rechtliche Grundlage dafür, auf Parkplätzen, auf denen das Parken 24 Stunden erlaubt ist, das Schlafen im Fahrzeug zu verbieten?

„Diese Frage ist mit Nein zu beantworten". Trotzdem gibt es solche Anordnungen. Werden sie aber ignoriert, kann es passieren, dass dieses Schild bald durch ein anderes ersetzt wird, das nur noch Personenwagen das Parken gestattet.

Frage 8: Mit welcher Begründung darf das Parken eingeschränkt werden?

Das Parken darf nur dann eingeschränkt werden, wenn Sicherheit und Ordnung des Straßenverkehrs dies erforderlich machen, also nicht nur mit einer einfachen Begründung, dass Wohnmobile unerwünscht sind.

Frage 9: Was soll ein übermüdeter Wohnmobilfahrer tun, wenn er keinen Parkplatz ohne Nachtparkverbot oder sonstige Beschränkung findet?

[<] Traumparkplatz an der Nordspitze von Irland

Grundsätzlich bleibt die Möglichkeit, das Wohnmobil „außerhalb eines gekennzeichneten Parkplatzes abzustellen, wo dies nicht ausdrücklich durch andere Rechtsnormen der StVO untersagt ist – beispielsweise am Straßenrand. Sollte es ... keinen Parkraum für den Wohnmobilfahrer geben, der aufgrund von Übermüdung nicht mehr ohne Gefährdung anderer bzw. Gefährdung seines eigenen Lebens weiterfahren kann, müsste er sein Fahrzeug, dann unzulässig, auf einem Parkplatz abstellen. Bei einem gegen ihn eingeleiteten Ordnungswidrigkeitsverfahren dürfte er sich dann wohl mit guten Gründen auf einen rechtfertigenden Notstand berufen können, sodass das gegen ihn eröffnete Ordnungswidrigkeitsverfahren eingestellt werden dürfte".

☐ Ausgewiesener Übernachtungsparkplatz

226wh rh

Frage 10: An wen kann ein Wohnmobilfahrer sich wenden, falls die Parkmöglichkeiten auf unzulässige Weise eingeschränkt werden?

„Gegen ‚unzulässige' verkehrsrechtliche Anordnungen steht der Rechtsweg offen. Im Vorfeld sollte jedoch versucht werden, mit der zuständigen Straßenverkehrsbehörde bzw. deren vorgesetzter Dienststelle eine Klärung des Falles herbeizuführen." Dokumentieren Sie den Fall ggf. durch Fotos und wenden Sie sich an das Staatsministerium des Inneren des jeweiligen Bundeslandes.

Grundregeln der Etikette

Daran, dass Freistehen mancherorts nicht gerne gesehen oder als „wildes Campen" verboten ist, sind wenige schwarze Schafe schuld. Tragen Sie dazu bei, dass der Ruf der Wohnmobilisten besser wird:

- Keinen Müll zurücklassen, sondern eher den von Vorgängern beseitigen
- Kein Abwasser versickern lassen
- Keinesfalls die Chemietoilette einfach in den Wald schütten
- Keine Fahrwege benutzen, die für den öffentlichen Verkehr gesperrt sind
- Keine Wege oder Zufahrten versperren
- Nirgends übernachten, wo man stören könnte
- Nie Bereiche durch Plastikband absperren, wie es manche Egomanen machen
- Waldbrandgefahr beachten und im Zweifelsfall kein offenes Feuer anzünden
- Sich immer ruhig und rücksichtsvoll verhalten
- Stets bedenken, dass man Gast ist
- Wohnmobil-Reisende, die sich nicht so verhalten, höflich darauf hinweisen

Gaststätten und Stadtplätze

Viele Reisende, die auf einem abgelegenen Wanderparkplatz kein Auge zutun würden, weil es dort so dunkel und einsam ist, fühlen sich auf einem Parkplatz in der Stadt sicherer, weil dort Licht ist und andere Menschen sind. Tatsächlich jedoch ist man auf dem abgelegenen Parkplatz nicht nur ungestörter, sondern auch sicherer – schon aus dem Grund, weil dort nachts meist wirklich kein Mensch hinkommt, während in Städten und bei Gaststätten oft allerhand unruhiges Volk unterwegs ist (manchmal auch eine Clique Übermütiger, die Ihnen vielleicht nur einen Streich spielen will und Sie damit doch höllisch erschreckt!). Und besonders dort, wo regelmäßig nachts Wohnmobile stehen, gibt es sehr wahrscheinlich auch Spezialisten, die sich durch Einbrüche ihren Lebensunterhalt verdienen. Auf einen Wanderparkplatz werden sich diese Profis sicher nicht verirren.

Gaststätten-Parkplätze sind meist wenig geeignet, da aufbrechende Gäste Lärm machen und Betrunkene manchmal recht blöde Ideen haben. Ausnahmen sind Parkplätze schön gelegener Ausflugslokale oder Restaurants, die schon früh schließen.

Weiterhin sollten Sie **in der Stadt** Folgendes beachten:

- **Ruhige Wohngebiete** oder die **peripher gelegenen Parkplätze** von Schwimmbädern, Krankenhäusern, Sportplätzen o. Ä. sind vorzuziehen.
- Auf einem größeren Parkplatz in der **Innenstadt** stehen Sie wie auf dem Präsentierteller und müssen damit rechnen, auch von der Polizei gestört zu werden.
- Im **Mittelmeerraum** können sich Straßen und Plätze, die am Nachmittag wie ausgestorben wirken, nach Sonnenuntergang stark beleben!
- Achten Sie auf **Schilder und Hinweistafeln:** Wo Sie abends einen großen Parkplatz finden, kann möglicherweise anderntags ein lärmendes Markttreiben herrschen!
- Informationen über **allgemeine Zufahrtsverbote und Umweltzonen** innerhalb von europäischen Städten bietet der ADAC: www.adac.de/verkehr/abgas-diesel-fahrverbote/fahrverbote/fahrverbote-ausland

Jeder Wohnmobilist weiß ein Lied davon zu singen: Genau dann, wenn man einen **Parkplatz** sucht, ist plötzlich keiner mehr zu finden! Also suchen Sie frühzeitig – und auf jeden Fall deutlich vor Einbruch der Dämmerung, denn in der Dunkelheit ist es schwer, etwas zu finden, und man riskiert unangenehme Überraschungen.

Ideale Plätze **außerhalb von Städten und Campingplätzen** sind z. B.:

- Wanderparkplätze,
- Grillstellen,
- Badeufer an Seen,
- Strand-Parkplätze am Meer (leider oft durch 2-m-Barrieren blockiert),
- Spielplätze in der Natur,
- Liftparkplätze im Sommer,
- Parkplätze von Schlössern, Tierparks, Höhlen und anderen Attraktionen je nach Jahreszeit.

Am besten sollten sie von der Straße nicht einsehbar sein und so liegen, dass man jederzeit (auch nachts) problemlos wieder wegfahren kann. Liegt der Platz in Sichtweite einer Siedlung, so kann es besser sein, wenn man zunächst an anderer Stelle parkt und bei Einbruch der Dunkelheit zurückkehrt, um nicht die Dorfjugend auf sich aufmerksam zu machen. **Innerhalb städtischer Gegenden** kann man folgende Plätze probieren:

- **Sportplatz/Hallenbad,**
- **Freibad, Spielplatz,**
- **Schulen, Behörden** (in Ferien und am Wochenende),
- **Kirche** (nicht am Wochenende),
- **Krankenhaus/Klinik,**
- **Friedhof** (ruhig und immer mit Wasserhahn!),
- **Supermarkt** (aber nicht im Bereich der Warenanlieferung),
- **Wohngebiete** der Peripherie.

Zu Ihrer **Sicherheit** (und um sich sicher zu fühlen) beachten Sie Folgendes:

- Einen Platz wählen, der von der Straße **nicht einsehbar** ist.
- Den Platz **am Tag aussuchen** und bei Dämmerung anfahren.
- Stark **frequentierte Plätze** in Touristengebieten Südeuropas **meiden.**
- Alle **Rollos schließen.**
- So parken, dass man jederzeit, ohne zu wenden, **wegfahren** kann.
- Den Platz möglichst so wählen, dass die **Ausfahrt nicht blockiert** werden kann.
- **Keine Stützen** ausfahren, sondern nur Keile benutzen.
- Evtl. Fahrer- und Beifahrertür mit **Spanngurt** o. Ä. verbinden, sodass sie auch dann nicht zu öffnen sind, wenn das Schloss geknackt wurde.
- **Zündschlüssel** stecken lassen (oder griffbereit legen), Durchgang zum Fahrerhaus freihalten.
- **Alarmschalter** nahe dem Bett anbringen (s. r. „Sicherheit (Einbruch- und Diebstahlschutz“)).

Sicherheit und Ruhe bieten Plätze auf **Privatgrund,** wenn man z. B. einen Bauern fragt. Sie werden kaum je eine Absage kassieren, sondern im Gegenteil eher eine nette Urlaubsbekanntschaft machen. Dort dürfen Sie oft auch in solchen Ländern übernachten, in denen das Freistehen sonst verboten ist, und zudem können Sie oftmals frische Eier, Milch, Obst etc. kaufen.

Solch ein idyllisches Plätzchen bietet heute kaum ein Campingplatz

Sicherheit (Einbruch- und Diebstahlschutz)

Wer das Freistehen scheut, der tut dies meist, weil es ihm zu gefährlich erscheint. Dies ist verständlich, aber unbegründet. Ein wirklich hohes Risiko für Leib und Leben geht man auf Wohnmobilreisen in Europa wohl nirgends ein. Wenn etwas passiert, dann handelt es sich meist um Ruhestörungen (z. B. Ordnungshüter, die nach den Papieren fragen, oder Jugendliche, die Rabatz machen) oder im schlimmsten Fall um Diebstahl aus dem Fahrzeug, aber dies passiert praktisch nur in Touristengebieten und auf stark frequentierten Parkplätzen.

Diebstähle aus bewohnten Fahrzeugen sind schwierig und daher seltener. Größer ist das Risiko, dass aus einem geparkten Wohnmobil Wertgegenstände gestohlen werden. In manchen Ferienzentren am Mittelmeer sollte man sein Wohnmobil am besten keinen Moment unbeaufsichtigt lassen, auch nicht, um nur kurz einmal zu fotografieren oder einzukaufen. Nicht selten wird dort auch mit Tricks gearbeitet, indem man Sie durch eine fingierte Panne ablenkt, während ein Komplize in das Wohnmobil eindringt, oder indem man Sie auf einen angeblichen Schaden an Ihrem Fahrzeug hinweist. Steigen Sie in solchen Fällen nicht aus, verriegeln Sie die Tür (obwohl nur äußerst selten mit offener Gewalt oder Bedrohung gearbeitet wird) und öffnen Sie nur das Fenster einen Spalt – oder fahren Sie ein Stück weiter, um Ihr Fahrzeug selbst von außen zu inspizieren (insbesondere, wenn Sie alleine sind).

Hier einige zusätzliche Tipps zum **Diebstahlschutz** des geparkten Wohnmobils:

- **Wohnaufbau-Tür** durch Einbau eines zusätzlichen Schlosses sichern (z. B. durch eine Außensicherung).
- **Alarmanlage aktivieren** (leider ist falscher Alarm so häufig, dass sich kaum jemand darum kümmert und erfahrene Diebe sich dadurch nicht nervös machen lassen).
- Eine blinkende Alarmanlagen-Attrappe, die man schon für ca. 5 € bekommt, kann den gleichen Zweck erfüllen.
- Wirksamer als eine Alarmsirene ist evtl. ein elektronischer Hund, gekoppelt an einen Bewegungsmelder (für ca. 80 €), der täuschend echt wirkt und nachts im Falle eines Falles per Schalter von Hand aktiviert werden kann.
- Ein **Gaswarngerät** (s. S. 103) warnt vor Gas – egal, ob es aus einer undichten Leitung austritt oder von Übeltätern in das Wohnmobil geleitet wird.
- **Keine Wertgegenstände** im Fahrzeug lassen – und falls doch, dann im fest eingebauten Tresor.
- **Schmuck, teure Uhr** etc. am besten zu Hause lassen.
- **Handschuhfach** geöffnet lassen.
- Als **„Bauernopfer"** kann man an auffälliger Stelle (aber trotzdem nicht von außen sichtbar!) einen alten Geldbeutel mit Banknoten von geringem Wert oder eine defekte Kamera im Fahrzeug zurücklassen.
- Kleine **Hindernisse** können Profis davon abhalten, in das Fahrzeug einzubrechen.

Wenngleich ein **Raubüberfall** auf ein Wohnmobil höchst selten sein dürfte – was tut man, wenn nachts plötzlich jemand an der Aufbautür klopft?

- Alles für eine **rasche Abfahrt** bereit machen.
- Starke **Lampe** oder **Kamerablitz** bereitlegen, um einen potenziellen Eindringling ggf. blenden zu können.
- **Außenbeleuchtung** einschalten und durch einen Fensterspalt schauen.
- Sind die Besucher uniformiert oder geben sie sich als Zivilbeamte aus, so lassen Sie sich die **Polizeimarke** oder den **Ausweis** zeigen.
- Andernfalls versuchen Sie, so rasch und überraschend wie möglich den Motor zu starten und sich aus **dem Staub** zu **machen!**

Ver- und Entsorgung

Egal wie autark Ihr Wohnmobil ist, sofern Sie nicht ein Expeditions-Mobil auf LKW-Basis besitzen, werden spätestens nach 4–5 Tagen irgendwelche Anzeigen in den roten Bereich wandern und Sie darauf aufmerksam machen, dass Sie tunlichst Frischwasser nachfüllen, Abwasser oder Toilette entleeren oder die Zweitbatterie aufladen sollten. Alles in einem Aufwasch kann man z. B. auf einem **Campingplatz** erledigen. Dazu muss man nicht in jedem Fall dort übernachten. Die meisten Plätze bieten auch Durchreisenden die Möglichkeit der Ver- und Entsorgung, allerdings sind die Gebühren dafür sehr verschieden. Vor einigen Jahren habe ich diesbezüglich bei Dutzenden von Plätzen entlang der Alpenstraße angefragt: Zwei verlangten gar keine Gebühr, öfters wurden 5 € berechnet und einige Plätze verlangten sogar satte 10 € – egal, ob es um eine Gesamtversorgung ging oder ob man nur einen Kanister voll Wasser wollte. Das ist natürlich unverschämt und sollte nicht akzeptiert werden.

Dann steuert man lieber eine der zahlreichen **Ver- und Entsorgungsstationen** an, die man an vielen Wohnmobil-Stellplätzen findet, aber auch an manchen Autobahn-Raststätten, bei Wohnmobilhändlern, Camping-Shops usw. sowie in einigen diesbezüglich fortschrittlichen Städten. Dort kann man gegen eine akzeptable Gebühr (in Münzen oder per Kreditkarte bezahlbar) Frischwasser auffüllen und Abwasser sowie Toilette entleeren.

Frischwasser

Ist keine Versorgungsstation zu finden, so gibt es eine Reihe weiterer Möglichkeiten. Um sie nutzen zu können und nicht an einem zu kurzen Schlauch oder einem nicht passenden Anschluss zu scheitern, sollte man mit den richtigen **Hilfsmitteln** gewappnet sein:

- **Wasserschlauch,** (Falt-)Kanister, Eimer, Trichter, Gießkanne o. Ä.
- Wenn der Kanister (z. B. wegen eines Waschbeckens) nicht unter den Wasserhahn passt, hilft ein kurzes Schlauchstück mit einem **Fahrradschlauch-Adapter.**
- Um Wasser ohne Schlauch in den Außenstutzen zu füllen, ist ein großer **Trichter mit einem Schlauchstück** sehr hilfreich.

- Ohne Trichter direkt Wasser tanken kann man mit Hilfe einer **Gießkanne.**
- **Kanister** haben den Vorteil, dass man das Trinkwasser darin separat vom Brauchwasser im Tank aufbewahren kann (man hat zwei getrennte Wassersysteme) – und im Winter an einem warmen Plätzchen.
- **Faltschläuche** sind leicht und platzsparend, aber man muss sie jedes Mal ganz abspulen.
- Bereits am Hahn angeschlossenen Schläuchen, also **fremden Schläuchen,** kann man nicht immer trauen; vielleicht hat der Vorgänger damit seine WC-Kassette ausgespült. Besser ist es, stets den eigenen Schlauch anzuschließen.

Eine der besten und bequemsten Möglichkeiten, Frischwasser aufzufüllen, bieten **Tankstellen.** Sie sind überall zu finden, leicht zugänglich, haben fast immer einen Hahn und meist ist sogar gleich ein Schlauch dran. Höflicherweise fragt man vorher (am besten, wenn man den Treibstoff bezahlt), ob man für einen Euro mehr auch seinen Wassertank füllen darf. Kaum jemand wird „nein" sagen und die Bezahlung wird meist abgelehnt. Ist der Treibstofftank noch voll, kann man trotzdem fragen und bei der Gelegenheit vielleicht einen Imbiss kaufen. Vorbildlich, sauber und meist geschützt in einem Kasten untergebracht sind z.B. die Wasserhähne an schwedischen Tankstellen.

144wh rh

Camper Service – so heißen die Ver-/Entsorgungsstationen in Kroatien

Leitungswasser findet man außerdem an fast allen **Friedhöfen** (zumindest in Deutschland und zur frostfreien Zeit), an manchen **Rastplätzen** und bei öffentlichen **Toiletten.** Letzteres mag nicht sehr appetitlich klingen, aber das Wasser ist das gleiche wie aus jeder Leitung, und manchmal findet man auch einen Außenhahn. Da sich unter den Hähnen fast immer ein Waschbecken befindet, ist ein etwa meterlanges Schlauchstück praktisch, um den Kanister füllen zu können. Im Winter kann man es auch bei **Skilift-Stationen** versuchen.

Vor allem in Mittelmeerländern findet man in vielen Orten oder sogar an der Landstraße **Brunnen** oder gefasste **Quellen,** an denen man seine Wasservorräte ergänzen kann. Meist ist ihr Wasser bedenkenlos genießbar oder sogar besser als Leitungswasser, aber sicherheitshalber kann man es mit einem Chlormittel behandeln (s. Kap. „Befüllen und Beladen“ S. 221). Und falls Sie nicht gleich fündig werden, dann fragen Sie einfach im nächsten Dorf. Wenn kein Brunnen in der Nähe ist, dann wird man Ihnen sicher eine andere Möglichkeit weisen oder einfach den eigenen Wasserhahn anbieten.

Abwasser

Ähnlich rasch, wie der Frischwassertank leer wird, ist der Abwassertank gefüllt und beim Thema „Entsorgung“ stoßen wir auf ein zusätzliches Problem: Während es bei der Versorgung nur um die praktische Frage ging „Wo finde ich?“, muss bei der Entsorgung auch die Frage „Was wird akzeptiert?“ berücksichtigt werden.

Es genügt nicht, wenn unsere Entsorgung die Umwelt nicht belastet. Darüber hinaus darf sie auch nicht den Unmut der Öffentlichkeit erregen. Ansonsten ist damit zu rechnen, dass der Ruf der Wohnmobilisten sehr schnell ruiniert ist und dass die Gemeinden dann zunehmend mit Sperrungen und Verboten reagieren. Auf der sicheren Seite sind Sie, wenn Sie Ihr Abwasser auf einem **Campingplatz** oder bei einer **Entsorgungsstation** entleeren. Als weitere Möglichkeit wird oft empfohlen, direkt eine **Kläranlage** anzufahren, aber dort ist oft kein Mensch anzutreffen, und falls doch, so ist er gewiss nicht auf die Entsorgung von Abwässern von Wohnmobilen vorbereitet.

Naheliegend wäre es, den Inhalt des Abwassertanks einfach in einen **Straßengully** zu entlassen und darauf zu vertrauen, dass er auf dem Weg der Kanalisation von alleine zur Kläranlage finden wird. Darauf kann man sich jedoch nicht immer verlassen! In Deutschland münden zwar die meisten Kanäle in ein Klärwerk, aber es gibt auch reine Regenwasserkanäle oder Mischkanalisationen, aus denen das Wasser ungereinigt in einen Bach oder Fluss gelangt. Und Sie werden dem Gully kaum ansehen, zu welcher Kategorie er gehört. Außerdem benötigt man in Deutschland bekanntlich für alles eine gültige Genehmigung und wenn man sie nicht hat, dann ist das Einleiten von Wasser in die Kanalisation eine „unsachgemäße Abfallbeseitigung“ und kann nach § 326 StGB ein Verfahren und drastische Bußen zur Folge haben!

Ökologisch unbedenklich ist die Entsorgung in **Gullys von Tankstellen, Werkstätten und Raststätten** an

Abwassertipps

Nutzen Sie möglichst jede Gelegenheit, um Ihr Abwasser ordnungsgemäß zu entsorgen, denn erstens ist es zusätzliches Gewicht, das transportiert werden muss (bei größeren Tanks zwei Zentner!), und zweitens kann es bei warmem Wetter innerhalb kürzester Zeit einen wirklich erbärmlichen **Gestank** verbreiten! Wir hatten in unserem Wohnmobil anfangs sogar die Toilette in Verdacht – bis sich das faulende Abwasser als der Schuldige erwies. Die Abwasserleitungen sollten deshalb ein Siphon besitzen (kann man auch nachträglich noch einbauen). Als kurzfristige Lösung kann man auch die Abflüsse der Becken durch Stöpsel verschließen.

Für die Abwasser-Entsorgung sollte man immer ein Paar Arbeits- oder **Gummihandschuhe** an Bord haben.

In manchen Mittelmeerländern (z. B. Kroatien) sind die „Abwasser-Entsorgungsstellen" zum Teil noch immer schwere Schachtdeckel, die ohne Hilfsmittel oft nur schwer anzuheben sind. Zwei **Schacht-Haken** mit Griff können sehr hilfreich sein!

Autobahnen, die mit Sicherheit in eine Kläranlage münden (das rechtliche Problem bleibt aber bestehen). Für die Entsorgung in Gullys (aber auch für einige Entsorgungsstationen und Campingplätze) sollte sich am Ablass-Stutzen ein **Verlängerungsschlauch** befinden bzw. per Bajonettverschluss befestigt werden, damit man ohne große Rangierkünste zuverlässig trifft – und keine stinkende Lache zurücklässt.

Problematischer wird die **Entsorgung im Ausland,** besonders in manchen Ländern Süd- und Osteuropas. Dort enden nicht nur die meisten Gullys, sondern manchmal sogar das Abwassersystem des Campingplatzes im nächsten Bach oder im Meer (z. B. bis vor einigen Jahren bei vielen Plätzen an der Küste Kroatiens, von denen inzwischen aber die meisten Anschluss an ein Klärwerk haben). Dann ist die Situation umgekehrt: Die öffentlich akzeptierte Entsorgung ist ökologisch bedenklich!

In solchen Ländern sollte man sein Abwasser keinesfalls in einen Gully entleeren. Außerdem sollte man mit **Reinigungsmitteln sparsam** umgehen und **biologisch abbaubare Mittel** verwenden. Unter diesen Bedingungen ist eine Entsorgung des Abwassers auf Ödland oder im Straßengraben zumindest ökologisch unbedenklich (biologische Reste werden abgebaut) – und Sie können sicher sein, dass andere Urlauber beim Baden nicht Ihren Speiseresten begegnen!

Toilette

Es ist manchmal kaum zu fassen, wie rasch so eine WC-Kassette gefüllt ist – und damit hat man den heikelsten Punkt der Entsorgungsproblematik erreicht. Auch wenn Bahn und Landwirtschaft tonnenweise Fäkalien großflächig und über Tausende von Kilometern durch die Republik verteilen: Das wollen wir keinesfalls nachmachen!

Tatsächlich gibt es für die Toiletten-Entsorgung eine recht einfache Lösung, wenn man dazu bereit ist, auf die **Chemie** zu verzichten. Die chemischen Zusätze, welche die Geruchsentwicklung in der Kassette verhindern sollen, enthalten oft aggressive Stoffe, um alle Bakterien abzutöten, und wenn diese in zu hoher Konzentration in eine Kläranlage gelangen, dann kann das ganze System umkippen, das ja für den biologischen Abbau eben auf diese Bakterien angewiesen ist! Was man in seiner WC-Kassette produziert, ist dann nicht mehr einfach biologisch abbaubarer Abfall, sondern der reinste **Sondermüll** – und entsprechend schwierig zu entsorgen. Chemie-Toiletten dürfen daher ausschließlich auf Campingplätzen mit entsprechenden Einrichtungen oder in dafür vorgesehenen Entsorgungsstationen entleert werden – nicht einfach in die Toilette!

Doch zum Glück kann man heute auch in der Camping-Toilette ganz auf Chemie verzichten. Dazu braucht man nur eine Toiletten-Entlüftung einzubauen, die üble Gerüche ableitet, vorzugsweise eine sehr effiziente elektrische Entlüftung, die Faulgase per Ventilator aktiv absaugt (z. B. von SOG, www.sog-dahmann.de). Weitere Möglichkeiten, ganz auf Chemie zu verzichten, bieten Trocken- und Verbrennungstoiletten (s. S. 68).

Und wenn sie keine Chemie enthält, dann kann man seine WC-Kassette problemlos in jede **öffentliche Toilette** entleeren. Dadurch erhöht sich die Zahl möglicher Entsorgungsstationen erheblich und es dürfte meist kein Problem sein, eine zu finden: An Raststätten, Tankstellen und Parkplätzen (in Schweden z. B. auch an vielen Badestellen), in Städten, an Markt- und Festplätzen, an Liftstationen bei Stadien und anderen Sportanlagen. Aber bitte: Bemühen Sie sich, ohne Spritzer zu entleeren, und

161wh da

falls doch etwas danebengehen sollte, ist es selbstverständlich, dass man es wieder sauber macht.

Schwierig wird es, wenn man beispielsweise weiß, dass die komplette Camping-**Kanalisation ins Meer** führt. Dann wäre es ökologisch weit sinnvoller, den (chemiefreien!) Toiletteninhalt im Wald zu vergraben, als ihn in die Kanalisation zu schütten (und damit die Badegäste zu beglücken!). Aber das darf man ja nicht laut sagen – und keinesfalls öffentlich empfehlen! Auch wenn es nichts anderes ist als das, was jeder Wanderer macht (im „kleineren Maßstab“) oder jeder Landwirt (in weit größerem Ausmaß). Vernünftig oder nicht – schon aus Gründen unseres Rufes muss man sich öffentlich heftig dagegen aussprechen. Aber nur für den Fall, dass Sie trotz aller Mahnungen zum Spaten greifen sollten, dann machen Sie, mindestens 100 m von Gewässern entfernt, eine ordentliche Grube, sodass nachher nichts zu sehen ist und kein Wanderer versehentlich in die „Falle" treten kann. Nie und auf keinen Fall den Toiletteninhalt einfach in den Graben schütten oder die Natur mit Chemikalien belasten (egal ob nun „Öko" draufsteht oder nicht).

In einen Gully sollte man die Toilette selbst dann nicht entleeren, wenn man keine Chemie verwendet und zudem sicher ist, dass er an eine Kläranlage angeschlossen ist, denn im Gitter und im Auffangkorb bleibt zu vieles hängen, das nachher tagelang zum Himmel stinkt.

Auf keinen Fall darf man eine Chemietoilette in ein Plumpsklo oder eine Latrine entleeren. Darin werden die Fäkalien auf natürliche Weise kompostiert. WC-Chemie würde die dazu erforderlichen Bakterien abtöten.

Sogenannte **„Notfälle"** (z.B. „Die Kassette war randvoll und es war in weitem Umkreis keine Entsorgungsstation zu finden!") dürfen auf keinen Fall als Vorwand gelten, um den Fäkaltank nicht umweltgerecht zu entsorgen oder gar schlicht in den Wald oder den Straßengraben zu schütten. Führen Sie für solche Fälle einen sicher verschließbaren Behälter (z.B. einen mobilen Entsorgungstank) mit, in den Sie in einem solchen Notfall umfüllen können, um länger von den Entsorgungsstationen unabhängig zu bleiben.

◁ Eine Entlüftung der Baureihe SOG II lässt sich flexibel im Fahrzeug unterbringen

Müll

Eigentlich sollte man ja zu diesem Thema keine Worte verlieren müssen – doch leider gibt es noch immer vermüllte Strände, Badeufer und Rastplätze. Manche Urlauber meinen auch, der Ordnung sei Genüge getan, wenn sie ihren Müll in eine Plastiktüte verpacken und am Parkplatz oder der Strandzufahrt deponieren. Nach dem Motto: „Da liegen ja schon mehr solche Beutel – und der Mülldienst wird es schon abholen." Was passiert tatsächlich? Die Beutel zerreißen, faulende Abfälle stinken zum Himmel und der Wind verteilt den Müll über die Landschaft. Schluss damit! Was man voll mitgebracht hat, kann man auch leer wieder wegbringen. Mit dem Wohnmobil sollte das kein Problem darstellen. Auch neben vollen Müllcontainern und an Parkplätzen, wo Halterungen erkennen lassen, dass dort vor kurzem Abfallkörbe hingen, dürfen keine Müllbeutel deponiert werden. Die zuständigen Gemeinden haben diese Behälter entfernt, weil ihnen die Entsorgung zu teuer wurde – der Müll wird dort also nicht mehr abgeholt! Aber es sollte ja auch kein Problem sein, seine Abfälle mitzunehmen und bis zu einer Stelle zu transportieren, wo sie wirklich entsorgt werden.

Noch besser als die beste Müllentsorgung ist es, den Müll schon beim Einkaufen zu vermeiden, indem man sich für entsprechende Produkte mit möglichst wenig Einweg- und Umverpackung entscheidet.

Und last but not least: Selbst wenn es etwas mühsam erscheinen mag – auch im Wohnmobil ist Mülltrennung möglich und sinnvoll.

Schwieriges Gelände

Nicht alle Zufahrten zu Stränden, Badeufern und Picknickplätzen sind asphaltiert. Im Gegenteil, gerade zu den schönsten führen oft recht abenteuerliche Wege. Also sollte man wissen, wie man sich auf unsicherem Grund verhält und was man seinem Fahrzeug zumuten kann. Allrad-Antrieb oder echte Offroad-Fähigkeiten sind selten erforderlich, eher Vorsicht und vorausschauendes Verhalten.

Wenn Sie mit Ihrem Reisemobil nicht ausschließlich an die großen Straßen gefesselt sein wollen, dann denken Sie schon bei der Anschaffung daran: breiter als 2,20 m, höher als 3 m und viel länger als 6 m sollte das Fahrzeug möglichst nicht sein.

„Vor-Sicht"

Viele Wohnmobilisten bleiben an Stellen hängen, die sie eigentlich gar nicht befahren wollten. Das ist auch mir schon passiert, als ich in der Dunkelheit nur den Parkplatz einer Waldgaststätte ansteuern wollte und der anfangs sehr gute Waldweg plötzlich durch Traktoren der Waldarbeiter tief zerfurcht war. Da es steil bergab ging, konnte ich mich auch nicht im Rückwärtsgang aus dem Staub machen. Die Räder drehten durch – und dann saß ich eben fest.

Deshalb sollte man zweifelhafte Wege zunächst in Augenschein nehmen. Bei meist kurzen Zufahrten zu Stränden und Badeplätzen ist das kein Problem, aber ein Fahrrad ist immer hilfreich. Vergewissern Sie sich, ob Sie durchkommen werden oder notfalls noch wenden können. Lieber aussteigen als festsitzen! Und falls es unerwartet kritischer wird, dann legen Sie lieber den Rückwärtsgang ein und tasten sich vorsichtig aus dem Schlamassel heraus (auch wenn Rückwärtsfahren nicht eben Ihr Hobby

Checkliste „Wegbeschaffenheit"

- Ist der Weg breit genug und ohne tief hängende, dicke Äste?
- Überfordern tiefe Fahrspuren Ihre Bodenfreiheit? Kann man notfalls versetzt zu den Spuren fahren?
- Ist es notwendig Steinblöcke wegzuräumen oder tiefe Löcher aufzufüllen?
- Je länger Ihr Fahrzeug ist, desto kritischer sollten Sie Mulden und Bodenwellen beäugen, an denen bei kurzem Radstand der Hecküberhang aufsetzen könnte, bei langem Radstand der Bauch.
- Bergauf sind bei schlechter Traktion Fahrzeuge mit Heckantrieb im Vorteil.
- Vorsicht bei tiefem lockerem Sand – kurze Stellen lassen sich vielleicht mit Schwung überwinden, aber was, wenn Sie mittendrin festsitzen?
- Achten Sie bei Sandwegen (z. B. in Skandinavien) darauf, dass sie im Bereich der Fahrspuren zuverlässig fest sein können, zugleich aber zum Rand hin gefährlich weich und tief!
- Denken Sie daran, dass Sie u. U. den gleichen Weg auch wieder zurückfahren müssen. Hinunter mag es kein Problem sein, aber kommen Sie auch wieder herauf?

ist), als im blinden Vertrauen auf eine kommende Wendemöglichkeit immer tiefer hineinzugeraten.

Zwillingsreifen können die Traktion spürbar verbessern. Das habe ich mit einem US-Mobil im alaskanischen Winter auf verschneiten Busch-Pisten erlebt und mit einem Hymer Starliner auf Sandwegen Mecklenburgs, auf denen mir sonst nur zwei oder drei Allrad-Fahrzeuge begegnet sind.

Staubwege

Es muss nicht der Alaska Highway sein (der übrigens inzwischen weitgehend asphaltiert ist) – auch in Skandinavien sind viele kleinere Verbindungsstraßen nicht asphaltiert und sogar in Mecklenburg und Brandenburg gibt es eine ganze Reihe davon. Solche Wege sind meist problemlos befahrbar, aber oft sehr staubig. Schließen Sie besonders im Heckbereich alles so dicht wie möglich, ggf. auch Abdeckungen für Kühlschrank-Ventilation, Boilerkamin etc., und stellen Sie das Frischluft-Gebläse auf maximal. Das Gebläse saugt die Luft an der Fahrzeugfront an, wo die Luft staubfrei ist, und es erzeugt in der Kabine einen leichten Überdruck, sodass durch die Ritzen im hinteren Teil weniger oder keine staubhaltige Luft eindringt. Das setzt natürlich voraus, dass man allein auf weiter Flur ist und nicht hinter einem anderen Fahrzeug fährt!

Fahren Sie nicht zu schnell und bleiben Sie wachsam, denn auch ein guter Schotterweg kann plötzlich und unerwartet durch z. B. tiefe Traktorenspuren, Moraststellen, ausgewaschene Passagen oder tiefe Sandkuhlen überraschen.

Sandgrund

Ob am Mittelmeer-Strand, am Badesee in Schweden oder auf Nebenstraßen Brandenburgs – Sandgrund begegnet man immer wieder. Seine Beschaffenheit kann jedoch extrem verschieden sein: Dunkler, fester Sand (wie im hinteren Bereich vieler Strände) ist so gut zu befahren wie eine Asphaltstraße. Riskant sind Stellen mit hellem, lockerem Sand, in den man tief einsinken kann.

⊡ Auf solchen Pisten ist man mit dem Allrad-Camper fein heraus

145wh rh

Bevor Sie sich auf solchen Untergrund wagen, sollten Sie ihn genau inspizieren. Wie lang ist die Strecke? Wie tief ist der Sand? Gibt es Anzeichen dafür, dass andere schon festgesteckt haben?

Ist die Strecke nicht zu lang und der Sand nicht zu tief, lässt sie sich vielleicht mit Schwung bewältigen. Abschnitte mit weicherem Sand sollte man in einem kleineren Gang angehen und möglichst nie schalten, da man sonst wegen der Zugkraft-Unterbrechung sofort an Schwung verliert und höchstwahrscheinlich hängen bleibt. Sehen Sie zu, dass alles im Fahrzeug guten Halt hat, nehmen Sie etwas Anlauf und brettern Sie im zweiten Gang mit hoher Drehzahl durch. Lassen Sie wegen einiger Bocksprünge bloß nicht erschrocken das Gas los, sonst würgen Sie den Motor ab. Aber gehen Sie sofort vom Gas, wenn das Fahrzeug festsitzt! Sonst graben Sie sich nur hoffnungslos ein. Falls Sie während der Fahrt überraschend mit weichem Sand konfrontiert sind und nicht vorher anhalten, so schalten Sie sofort zurück, ehe Sie sich auf weichem Grund befinden, sonst haben Sie kaum eine Chance. (Weitere Tipps s. „Selbstbefreiung“ S. 249.)

Morastboden

Denken Sie nicht gleich an Pisten mit knietiefem Morast, um die sowieso jeder vernünftige Wohnmobil-Fahrer einen weiten Bogen macht. Auch der einfache Wald- oder Wiesenweg kann nach einem Regen gefährlich glitschig und weich werden. Seien Sie auf der Hut, testen Sie zu Fuß und kehren Sie um, falls Sie nicht sicher sind. Denn auf schmierigem Untergrund riskiert man nicht nur, dass die Räder durchdrehen, man kann auch nur schlecht bremsen, gerät leicht ins Schleudern und könnte gar im Graben landen.

Lässt es sich nicht vermeiden, so fahren Sie im kleinen Gang und eher langsam (sofern nicht eine kurze Steigung zu bewältigen ist). Und wenn Sie sich zu weit vorgewagt haben oder die Räder durchdrehen, dann halten Sie sofort an und ziehen Sie Ketten auf, die nicht nur auf Schnee, sondern auch auf schmierigem Grund die Traktion erheblich verbessern. Haben Sie die Ketten im Frühjahr aus dem Fahrzeug geräumt, dann können Sie nur versuchen, die Traktion durch Zweige, Geröll etc. zu verbessern, um wieder flott zu werden – oder losgehen und Hilfe holen.

Wasserdurchquerung

Auch wenn Wohnmobile keine Geländewagen sind, bei flachem Wasser (bis max. 30 cm) und gutem Untergrund kann man schon mal eine Durchquerung wagen.

Steigen Sie immer zuerst aus, um **Wassertiefe und Grund-Beschaffenheit** zu Fuß zu überprüfen.

Eine Durchquerung können Sie nur dann riskieren, wenn der Grund des Wasserlaufs an der Stelle fest (Fels, grober Kies), flach und ohne Steinblöcke oder verborgene Löcher ist.

Vergessen Sie keinesfalls, auch die **gegenüberliegende Uferböschung** gründlich zu inspizieren. Das habe ich leider beim ersten Mal vernachlässigt. Die Durchquerung selbst verlief reibungslos, aber auf dem kurzen, steilen Anstieg am anderen Ufer hatte ich nicht mehr genug Schwung und das Kies-Sand-Gemisch dort war deutlich weicher als erwartet. Prompt saß ich vorne fest und hing mit dem Heck in einem Bach!

Da man ohnehin nur sehr flaches Wasser durchfahren kann, besteht jedoch kaum ein Risiko des Aufschwimmens oder eines Schwalls, der die Sicht behindern könnte. Fahren Sie im ersten oder zweiten Gang zügig aber nicht zu schnell ins Wasser und behalten Sie dann das Tempo bei oder beschleunigen eher noch etwas. Keinesfalls im Wasser schalten, da das Fahrzeug sonst wegen der Zugkraft-Unterbrechung sofort Fahrt verliert und leicht hängen bleiben könnte.

Selbstbefreiung

Eines gilt auf Sand, Schnee und Morast gleichermaßen: Sobald die Reifen durchdrehen ohne zu greifen (und der Motor nutzlos aufjault), sofort das Gas zurücknehmen!

Hat man noch Schwung, kann man versuchen, die Reifen bei sehr vorsichtigem Gasgeben wieder greifen zu lassen. Verliert das Fahrzeug aber seinen Schwung und bleibt stehen darf man keinesfalls weiter Gas geben! Sonst hat man sich rasch so tief eingewühlt, dass das Wohnmobil mit dem Bauch aufsitzt.

Unter Umständen und mit etwas Erfahrung und Gefühl kann man sich vielleicht durch raschen Wechsel zwischen Rückwärtsgang und erstem Gang noch freischaukeln, aber grundsätzlich ist es immer besser, zunächst auszusteigen, die Lage zu inspizieren und weitere Schritte zu überlegen.

Je nachdem, wie tief Sie „im Schlamassel" sitzen, gibt es vier unterschiedliche „Schwierigkeitsgrade" (vorausgesetzt, dass der feste Grund nicht weit entfernt ist):

Leicht, nicht tief

- Alle verfügbaren Personen zum **Schieben** mobilisieren.
- **Lenkeinschlag** möglichst geradeaus.
- Bei Heckantrieb eventuell die **Handbremse** leicht anziehen.
- Im **zweiten Gang** möglichst gefühlvoll anfahren.
- Viel **Gas** geben, aber die **Kupplung** sehr gefühlvoll kommen lassen!
- Lieber mehrmals den **Motor abwürgen** als einmal durchdrehen lassen!

Mittelschwer, recht tief

- Vor den Rädern flach ansteigende **Rinnen** freilegen.
- Ist der **Grund** darunter immer noch weich, ggf. mit flachen Steinen, Ästen, Brett, Fußmatte o. Ä. auslegen.
- Weiter wie oben beschrieben.

Schwer, sehr tief

Entweder Sie haben doch etwas gewühlt oder Sie sind sehr plötzlich auf extrem weichen Grund geraten. Letzteres ist mir sogar schon auf einer ansonsten festen und problemlosen schwedischen Sandstraße passiert, als ich beim Zurückstoßen mit den Hinterrädern zu nahe an den Randstreifen geriet und dann plötzlich tief einsackte.

- Das Fahrzeug mit dem **Wagenheber** anheben – nacheinander zumindest die Antriebsräder – und die Löcher mit Steinen o. Ä. füllen. (Damit der Wagenheber nicht wegsackt, muss man evtl. flache Steine, Auffahrkeile o. Ä. unterlegen.)
- Möglichst auch ein **Brett, Auffahrkeile, große flache Steine, Äste** o. Ä. unter die Antriebsräder legen (Brett evtl. gegen Wegrutschen nach hinten verankern).
- Wie ganz oben beschrieben – aber sehr sachte anfahren, sonst fliegen die Unterlagen wie Geschosse nach hinten! Niemand darf direkt hinter den **Antriebsrädern** stehen!

Wüsten-Methode

Eigentlich sollte man mit dem Wohnmobil nicht in die Situation geraten, längere Strecken auf sehr weichem Grund zurücklegen zu müssen. Um sich in einem solchen Ausnahmefall nicht alle paar Meter erneut freibuddeln zu müssen, hilft nur eine Technik der Wüstenfahrer: Reduzieren Sie den Reifendruck auf ca. 0,5 bar. Dadurch vergrößert sich die Auflagefläche, das Fahrzeug sinkt weniger tief ein und die Antriebsräder erhalten bessere Traktion. Natürlich können Sie so keine langen Strecken fahren, sondern müssen den Druck wieder erhöhen, sobald Sie festen Grund erreicht haben. Wüstenfahrer haben dafür einen 12-Volt-Kompressor, denn mit einer kleinen Fußpumpe ist man eine ganze Weile beschäftigt!

196wh as © travel3000

Durch die Winterlandschaft Südtirols

Wintercamping

Manche glauben immer noch, Wintercamping im Wohnmobil sei nur etwas für Verrückte. Stimmt nicht! Viele Reisemobile sind so gebaut und ausgestattet, dass man auch im Winter komfortabel darin wohnen und reisen kann.

Es wäre doch jammerschade, das teure Fahrzeug ein halbes Jahr einzumotten und dann zum Skifahren eine Hütte mieten zu müssen oder vielleicht gar keine Unterkunft mehr zu bekommen. Gerade beim Wintersport ist das Wohnmobil sehr praktisch, um sich etwas aufzuwärmen, kurz einen heißen Kaffee zu trinken, rasch etwas Trockenes anziehen zu können oder auch um eine kleine Siesta zu machen. Besonders mit Kindern war uns die mobile Skihütte direkt am Lift immer sehr willkommen.

Das richtige „Wintermobil"

Wer sein Wohnmobil im Winter nutzen will, sollte bereits bei der Anschaffung einiges beachten, damit der Winterurlaub auch Freude macht.

Weniger geeignet als Wintermobil sind:

- **Kastenwagen,** da die Serienkarosserie mit ihren Metallstreben kaum ausreichende Isolierung ermöglicht;
- sehr **kleine Fahrzeuge,** weil man im Winter mehr Platz braucht;
- **Selbstausgebaute Fahrzeuge ohne Isolierfenster;**
- **Fahrzeuge mit Hubdächern,** da deren seitliche Stoffbahnen nicht ausreichend isolieren;
- **Integrierte,** falls sich ihre riesengroßen Frontscheiben nicht durch **Thermo-Rollläden** o. Ä. gut isolieren lassen.

Für den Wintereinsatz sollte man sich ein **Aufbau-Fahrzeug** anschaffen: entweder ein Alkovenmodell (bei dem man die Fahrerkabine gut vom Wohnteil abtrennen kann), einen Integrierten mit gut isolierbaren Scheiben in der Fahrerkabine (z. B. Thermo-Läden) oder einen Pick-up mit Wohnkabine.

Worauf Sie bei einem Wohnmobil für den **Wintereinsatz** achten sollten:

- gute **Wand-/Decken-Isolierung** (am besten 5 cm Hartschaum) möglichst ohne Kältebrücken;
- gute **Bodenisolierung** (Sandwichkonstruktion) oder doppelter, beheizbarer Boden;
- innen oder im Zwischenboden liegender **Frischwassertank;**
- im Zwischenboden untergebrachter oder beheizbarer **Abwassertank;**
- **Ablass-Schieber** und **Hahn** sollten im beheizbaren Bereich liegen;
- **Wasser- und Abwasserleitungen** sollten gegen Außenwände und Boden isoliert sein und evtl. durch Warmluft-Verteilungsrohre beheizt werden können;
- gute **Hinterlüftung** von Betten sowie Polstern, Schränken etc.;
- **Warmluft-Verteilung** durch Verteilungsrohre im ganzen Fahrzeug inkl. Alkoven;
- isolierte komplette **Abtrennung** der Fahrerkabine bzw. gut **isolierte Abdeckung aller Fenster** in der Fahrerkabine bei Integrierten;
- Platz für **zwei 11-kg-Gasflaschen;**
- Gasflaschen mit **Truma DuoControl CS-System** und **Eis-Ex** (beheizt den Gasregler, damit er nicht vereist);
- für häufiges Wintercamping evtl. eine **Tankflasche** anschaffen;
- Für **Wintercamping** bei starkem Frost ist bei Dieselfahrzeugen eine Filterheizung von Vorteil (leicht nachzurüsten).
- **Isolierte Abdeckung** auf das Kühlschrank-Lüftungsgitter (Kühlschrank darf dann nicht betrieben werden!) und ähnlichen Öffnungen anbringen;
- **Wasserkanister** haben den Vorteil, dass man sie dort platzieren kann, wo sie nicht gefrieren. Wenn man den Abwasserschlauch vom Spül- bzw. Waschbecken löst und in einen Kanister hängt, gibt es keine Probleme mit einfrierenden Leitungen und Tanks.
- Versuchen Sie nicht, das **Abwasser** durch Salz vor dem Einfrieren zu schützen. Dazu müsste man kiloweise Salz in den Tank schütten! Und bei starkem Frost würde es dann trotzdem einfrieren!

- Eine halbleere Fahrzeugbatterie gefriert bei etwa –30 °C, eine fast leere hingegen schon bei –15 °C! In kalten Regionen sollte man daher unbedingt darauf achten, dass die **Starterbatterie** stets aufgeladen ist bzw. nachgeladen wird!
- Als **Anfahrhilfe auf Eis und Schnee** habe ich mir ein **Alu-Blech** von ca. 30 x 100 cm besorgt und mit der Spitze eines Latthammers von beiden Seiten Löcher hineingeschlagen. Auf der Gegenseite entsteht so rund um das Loch ein überstehender Rand, der auf dem glatten Grund nicht verrutscht und den Reifen Halt bietet. Da das Blech zudem relativ dünn ist, lässt es sich besser unter die Räder schieben als ein Brett oder ein Ast.

Unterwegs im Winter

Da im Winter der Energieverbrauch erheblich höher ist, sodass man kaum mehr als zwei Tage ohne externe Versorgung auskommt, wird man eher einen **Campingplatz** ansteuern, insbesondere, wenn man ohnehin mehrere Tage an der gleichen Stelle bleiben will, um Wintersport zu treiben. Dann kann auch ein **Vorzelt** sehr praktisch sein: als Wärmeschleuse, Skiablage und für zusätzlichen Raum. Aber man kann durchaus auch im Winter frei stehen (besonders wenn man Stromerzeuger nutzt) und hie und da findet man auch an **Liftparkplätzen** 230-V-Anschlüsse für Wohnmobile, sodass man dort eine ganze Woche stehen kann.

Parken Sie mit eingelegtem erstem Gang, ziehen Sie die Handbremse nicht an (sie könnte festfrieren) und stellen Sie Ihr Fahrzeug möglichst **auf schneefreiem Grund** oder auf Holzbohlen ab, sonst könnte es durch die abgestrahlte Wärme allmählich einsinken. Auch unter Kurbelstützen legt man besser ein Brett o. Ä., damit sie weder einsinken noch festfrieren können. Ihr Stromkabel sollten Sie ebenfalls nicht direkt auf dem Boden verlegen, damit es bei Temperaturschwankungen nicht festfriert.

Auf dem Parkplatz ist es sinnvoller, sich neben bereits parkenden Wohnmobilen einzureihen (auch wenn man sonst lieber für sich steht), sonst muss bei Schneefällen der **Räumdienst** um jedes Fahrzeug einzeln zirkulieren.

Achten Sie unbedingt darauf, dass Entlüftungen und Heizungskamin offen und nicht von Schnee bedeckt sind, sonst besteht Erstickungsgefahr!

Auch die **Dachhauben** sollte man schneefrei halten, damit sie nicht vereisen. Ist das Dach so gut isoliert, dass der Schnee darauf nicht schmilzt, kann man ihn als zusätzliche Isolierung liegen lassen. Falls er hingegen abtaut, sollte man das **Dach** besser frei räumen, da das wieder gefrierende Schmelzwasser sonst das Fahrzeug mit einem dicken Eispanzer überzieht. Versuchen Sie, diesen vor Abreise oder spätestens nach den ersten Kilometern zu entfernen, denn falls das Eis in tieferen Lagen taut, sich löst und durch den Fahrtwind abgerissen wird, könnte es an anderen Fahrzeugen erhebliche Schäden verursachen.

Sind Sie zum Wintersport in die Berge gefahren, dann achten Sie beim ersten Benutzen der **Toilette** darauf, dass Sie bei geschlossenem Deckel den Schieber öffnen, sonst könnte Ihnen durch den höheren Druck im Inneren der Kassette allerhand entgegenkommen!

Checkliste „Winterausrüstung"

Auch ein wintertaugliches Reisemobil braucht noch **Zusatzausrüstung** und einige **Vorbereitungen,** ehe man damit in den Schnee startet:

- Dünnflüssigeres Winteröl einfüllen
- Eiskratzer, Türschloss-Enteiser, Besen, Schneeschaufel, Arbeitshandschuhe
- Streumittel, Bohlenstücke als Unterlagen
- Starthilfekabel (für Dieselmotoren mind. 25 mm^2 = Dicke des kleinen Fingers).
- Stromkabel und evtl. kleiner Heizlüfter
- Gasvorrat (nur Propan!) und voll aufgeladene Batterien (Eine Flasche mit einem Gewicht von 11-kg kann im Winter unter günstigen Bedingungen eine Woche lang reichen, bei starkem Frost und Wind aber vielleicht nur 2 Tage!)
- Reservebatterien für die Zündung der Gasheizung!
- Gute Winterreifen!
- Schneeketten (das Aufziehen vorher üben!)
- Thermomatten für die Fahrerhaus-Fenster
- Thermovorhang zwischen Wohnraum und Fahrerhaus
- Vorzelt (falls man länger auf einem Platz bleibt, sehr praktisch als Vorraum für Ski etc.)

Falls Ihr Wohnmobil mit der Truma Combi ausgestattet ist (Heizung und Boiler kombiniert), lassen Sie Heizung und Boiler bei Frost ständig eingeschaltet. Sonst könnte es unter Umständen passieren, dass sich bei sinkender Temperatur irgendwann nachts das Winterventil automatisch öffnet und Ihnen der gesamte Wasservorrat davonplätschert!

Bei vielen älteren Modellen kann der Kleiderschrank zugleich als **Trockenschrank** dienen, wenn direkt darunter die Heizung eingebaut ist (bei neuen Fahrzeugen seltener). Hängt man am Abend Handschuhe, Socken oder Unterhemden hinein, sind sie am nächsten Morgen schön trocken und vorgewärmt. Bedenken Sie jedoch, dass sich dann die ganze Feuchtigkeit im Fahrzeuginneren befindet, und durch **Lüften** wieder entfernt werden muss (s. u. Kap. „Lüften").

Heizen und Lüften

Heizen

Wenn draußen klirrender Frost herrscht, werden Sie mehr ans Heizen denken als ans Lüften, doch beides ist wichtig und gehört zusammen. Mit dem Heizen werden Sie keine Probleme haben, sofern Sie eine **Gasheizung** besitzen und für Nachschub gesorgt ist. Bei der Umluft-Heizung sorgt das Zwangsgebläse automatisch für die Wärmeverteilung, bei der Direktheizung sollten Sie den Ventilator gelegentlich einschalten, damit nicht die gesamte Wärme oben unter der Decke hängt, während Sie unten am Boden kalte Füße bekommen. Um die Wärme richtig zu verteilen, muss die Wohnkabine ringsum, hinter den Polstern, auch im Alkoven mit Warmluftkanälen ausgestattet sein. Gebläse brauchen jedoch Strom und zehren daher an der Batterie, falls das Wohnmobil nicht an das 230-V-Netz angeschlossen ist. Noch kritischer wird es bei **Benzin-/Diesel-Heizungen,** die besonders viel Strom verbrauchen (zum Zünden und Vorglühen). Ohne Strom funktioniert nur noch die Direktheizung, während bei den anderen Modellen schlicht gar nichts mehr geht. Also heißt es Strom sparen, eine größere oder zusätzliche Batterie einbauen, eine Solaranlage (oder Brennstoffzelle) installieren oder ans Netz gehen. Bei den Benzin-/Diesel-Heizungen kann man beispielsweise Strom sparen, indem man den Thermostat höher einstellt, sodass die Heizung nicht so oft neu zünden (und vorglühen) muss und dafür dann etwas mehr lüftet.

Wenn Sie einen Stellplatz mit 230-Volt-Anschluss haben, lohnt es sich, einen kleinen **Heizlüfter** mitzunehmen, am besten ein Modell, das auf verschiedenen Stufen zwischen 500 und 2000 Watt betrieben werden kann. Erkundigen Sie sich, wie die Steckdose abgesichert ist, damit nicht wegen einer zu hohen Heizstufe die Sicherung rausfliegt. Um zu wissen, welche Verbraucher Sie anschließen können, multiplizieren Sie die Stromstärke der Sicherung (z. B. 6 A) mit der Spannung (230 V), dann erhalten Sie die Leistung in Watt, welche die Sicherung verträgt (in diesem Beispiel 6 x 230 = 1380 Watt). Oder anders herum: Für eine 2000-Watt-Heizung muss die Steckdose also mindestens mit (2000: 230 =) 9 A abgesichert sein.

Tipp: Wenn Sie am Tag Ihr Wohnmobil so stellen, dass die **Sonne** durch die Scheiben scheint, dann heizt sie Ihre Wohnung kostenlos, weil die Sonnenstrahlen durch die Scheibe eindringen, die Wärmestrahlen aber nicht wieder hinausgelangen können (wie auch im Gewächshaus).

Heizen während der Fahrt

Wenn es richtig kalt ist, reicht die Motorheizung nicht aus, um während der Fahrt den gesamten Wohnraum ausreichend zu wärmen. Dann kann man mit der im Wohnteil eingebauten Gasheizung nachhelfen. Dabei müssen die Vorschriften des Herstellers unbedingt beachtet werden, da u. U. das Heizen während der Fahrt nicht zugelassen ist. Empfehlenswert ist in jedem Fall eine Schlauchbruch-Sicherung gleich hinter dem Druckregler des Gassystems. Außerdem darf sich der Abgaskamin nicht im Luftwirbel von Aufbauten befinden, sonst können die Abgase zurück in den Schornstein gepresst werden und die Zündautomatik könnte durch die Flamme beschädigt werden. Für Fahrzeuge ab Bj. 2007 ist ein **Gasstopp** vorgeschrieben, um während der Fahrt Gasgeräte benutzen zu dürfen (s. Kap. „Gasanlage" S. 88). Alle Neufahrzeuge namhafter Hersteller sind serienmäßig damit ausgestattet. Ältere Fahrzeuge haben in Deutschland einen Bestandsschutz und müssen nicht nachgerüstet werden. Beachten Sie jedoch, dass diese Regelung im Ausland nicht unbedingt gilt. In Frankreich zum Beispiel müssen alle Wohnmobile mit einem Gasstopp ausgestattet sein, der im Falle eines Unfalls die Gasversorgung sofort unterbricht.

Einmotten für den Winterschlaf

Falls Sie für Wintercamping nichts übrig haben und Ihr Reisemobil während der kalten Jahreszeit abmelden oder ein Saisonkennzeichen verwenden, dürfen Sie es den Winter über nicht auf öffentlichen Straßen oder Plätzen abstellen (das kann 40 € und evtl. zudem die Kosten des Abschleppens kosten). Um Schäden zu vermeiden, muss das Wohnmobil aber in jedem Fall richtig auf den Winterschlaf in der Garage oder einem Schuppen vorbereitet werden. Diese kleine **Checkliste** soll Ihnen dabei helfen:

- Fahrzeug und Wohnraum gründlich **reinigen**
- **Frostschutz** in Kühler und Scheibenwaschanlage prüfen
- **Reifendruck** prüfen
- Fahrzeug auf **Stützen** stellen oder alle zwei Monate 50 cm bewegen, damit die Reifen nicht durchstehen
- Batterie über **Automatik-Ladegerät** ans 230-V-Netz anschließen oder abklemmen und im Haus gelegentlich nachladen
- **Treibstofftank** randvoll füllen (Rostschutz)
- **Wassersystem** (Frischwassertank, Boiler, Leitungen) gründlich entleeren, reinigen und desinfizieren – Toilettenspültank nicht vergessen
- Abwasser- und Fäkaltank entleeren und geöffnet lassen
- Alle Wasserhähne und Ablaufventile geöffnet lassen
- Wasserpumpe gründlich entleeren oder ggf. ausbauen
- **Gasflasche** am Hauptventil schließen
- **Polster** im Haus lagern oder zur Hinterlüftung aufrecht stellen
- Schränke, Staukästen, Kühlschrank und Eisfach geöffnet lassen
- Das ganze Fahrzeug wenigstens einmal pro Monat **durchlüften**
- Sich auf den Frühling freuen

Lüften

Auch wenn Sie lieber keine Kaltluft in Ihre Wohnung lassen wollen – um das Lüften werden Sie im Winter nicht herumkommen. Denn durch das Kochen, durch feuchte Kleider, Atemfeuchtigkeit und Transpiration steigt die Feuchtigkeit der warmen Innenluft, und dort, wo sie abkühlt (an Scheiben, Außenwänden, in Staukästen, im Alkoven, hinter Polstern etc.) kondensiert die Feuchtigkeit. Gute Luftumwälzung kann dem ein Stück weit vorbeugen, hat aber ihre Grenzen. Fenster beschlagen, Polster werden klamm und die Nässe setzt sich in Möbeln oder gar in der Wandisolierung fest, sodass Schimmel und Pilzbefall in Holzteilen den Wohnaufbau schwer schädigen können. Deshalb muss auch im Winter immer wieder gelüftet werden, damit die Feuchtigkeit entweicht und durch trockene Luft ersetzt wird. Das kostet zwar Heizenergie, kommt aber dem Wohnklima zugute. Daher sollte man die Dachlüfter zumindest beim Kochen etwas geöffnet lassen, oder die Kabine regelmäßig für ein bis zwei Minuten lang per Durchzug belüften.

Anhang

Sympathischer Womo-Lotse auf einem privaten Stellplatz in der Bretagne

Literaturtipps

- **ADAC Stellplatzführer Deutschland Europa,** ADAC-Verlag. Jährlich aktualisiertes Verzeichnis von rund 4000 gebührenpflichtigen und -freien Wohnmobil-Stellplätzen in 25 Ländern mit zahlreichen Infos zu jedem Stellplatz. Auch als Download inkl. Koordinaten für das Navi erhältlich.
- **John Steinbeck, Die Reise mit Charley.** Auf der Suche nach Amerika, Zsolnay Verlag. Empfehlenswerter literarischer Reisebericht des „Wohnmobil-Urvaters" und Nobelpreisträgers Steinbeck. Voller ironischer Beobachtungen und skurriler Begegnungen, in denen die Vielfalt und Widersprüchlichkeit der USA zu Tage treten. 1960 durchreiste er mit seinem Pudel Charley 34 Staaten, um „dieses Monster-Land neu zu entdecken".
- **Wohnmobil Tourguides.** Die Reihe aus dem Reise Know-How Verlag glänzt mit exakt beschriebenen Touren, ausführlichen Stellplatzbeschreibungen inkl. GPS-Daten und einer Vielzahl von Sehenswürdigkeiten und Naturschönheiten. Bisher sind erschienen: Bodensee, Bretagne, Dänemark, Deutsche Nordseeküste, Französische Atlantikküste, Irland, Kroatien – Küste und Inseln, Mecklenburgische Seenplatte, Niederlande, Nordkap, Nordpolen, Normandie, Ostseeküste Mecklenburg-Vorpommerns, Portugal, Provence, Sardinien, Schwarzwald, Sizilien, Südnorwegen, Südschweden, Südtirol und Gardasee sowie Toskana und Elba.
- **Reise-Kochbuch für Wohnmobil, Camping und Ferienwohnung.** Der Titel aus der Reihe PRAXIS des Reise Know-How Verlags zeigt, wie man auch unter einfachen Bedingungen gut und schmackhaft kochen kann. Mit mehr als 80 reiseerprobten Rezepten.

Nützliche Internetadressen

- **www.camping-club.de**
  Site des Deutschen Campingclubs.
- **www.camping-channel.com**
  Campingplatzverzeichnisse, Händler und Vermieter, Zubehör, Fähren, Routenplanung, Vereine, Verlage, Versicherungen etc.
- **www.wohnmobilreisen-online.de**
  Private Seite für Wohnmobilisten mit Infos über Wohnmobiltouren und alles, was sich so um das Reisen mit dem Wohnmobil dreht.
- **www.reisemobil-union.de**
  Site der Reisemobil-Union mit internen Terminen, Links und Angeboten.
- **www.drm.de**
  Website der Deutschen Reisemobil Vermietungs-GmbH.
- **www.civd.de,**
  www.caravaning-info.de
  Website des Caravaning Industrie Verband Deutschland, früher VDWH.
- **www.meinwomo.net**
  Das Portal von Womo-Fahrern für Womo-Fahrer, u. a. mit einer umfassenden und sehr gut gemachten Stellplatzdatenbank, aus der man sich den eigenen Stellplatzführer zusammenstellen kann.

Wohnmobilhersteller und Importeure

- **AAC Frank Emperle**
  Tel. 04191 8021280,
  https://aac-reisemobile.de
- **Ahorn Wohnmobile**
  (Ahorn, Elnagh, Mirage),
  Tel. 06232 100280,
  www.ahorn-camp.de
- **Arto** (s. Niesmann & Bischoff)
- **Bauer Wohnmobile**
  (Wohnmobilbau und Fachwerkstatt für Zusatz- und Sondereinbauten),
  Tel. 08196 9004608,
  www.bauer-wohnmobile.de
- **Bawemo Barnickel**
  Tel. 09131 60001,
  www.bawemo.de
- **Berger, Fritz**
  (Umfangreiches Zubehör),
  Tel. 09181 330100,
  www.fritz-berger.de
- **Bimobil**
  (Pick-up-Kabinen),
  Tel. 08106 99690,
  www.bimobil.com
- **Bocklet**
  (Reise- und Fernreisemobile sowie Sonderfahrzeuge für den privaten und gewerblichen Einsatz),
  Tel. 0261 802504,
  www.bocklet.eu
- **Bürstner Caravan GmbH**
  Tel. 07851 850,
  www.buerstner.com
- **Burow Mobil**
  Tel. 08233 4500,
  www.burow-reisemobile.de
- **Carado GmbH**
  https://carado.com/de/de
- **Carthago Reisemobilbau**
  Tel. 07525 92000,
  www.carthago.com
- **Chausson-Koch Vertrieb**
  Tel. 04821 68050,
  www.koch-freizeit-fahrzeuge.com
- **Concorde, SKW Fahrzeugbau**
  Tel. 09555 92250,
  www.concorde.eu
- **Dethleffs**
  Tel. 07562 9870,
  www.dethleffs.de
- **Elnagh** (s. Ahorn)
- **Eura Mobil**
  Tel. 06701 2030,
  www.euramobil.de
- **Euro-Liner** (s. Müllers Motorhomes)
- **Der Fehntjer** (Expeditionsfahrzeuge und Sonderkonstruktionen aller Art),
  Tel. 04952 4001,
  www.Der-Fehntjer.de
- **Flair** (s. Niesmann & Bischoff)
- **Frankia Fahrzeugbau Pilote GmbH**
  Tel. 09227 7380,
  www.frankia.com
- **Hehn Mobile**
  (produziert nicht mehr, sondern liefert nur noch Ersatzteile),
  www.hehnmobil.de
- **Hobby Wohnwagenwerk**
  Tel. 04331 6060,
  www.hobby-caravan.de
- **H.R.Z.**
  Tel. 079416 9471400,
  www.hrz-reisemobile.de
- **Hymer AG**
  Tel. 07524 9990,
  www.hymer.com

- **Karmann-Mobil**
  Eura Mobil GmbH,
  Tel. 06701 203800,
  www.karmann-mobil.de
- **Knaus Tabbert GmbH**
  Tel. 8583 211,
  www.tabbert.com
- **Laika Caravans**
  www.laika.it
- **La Strada Fahrzeugbau**
  Tel. 06008 91110,
  www.lastrada-mobile.de
- **LMC Garavan GmbH**
  Tel. 02583 270,
  www.lmc-caravan.de
- **Mirage** (s. Ahorn)
- **Müllers Motorhomes**
  (US-Mobile, Wohnwagen,
  Absetzkabinen u. a.),
  Tel. 06150 134760,
  www.mwom.com
- **Niesmann & Bischoff** (Flair, Arto),
  Tel. 02654 9330,
  www.niesmann-bischoff.com
- **Nordstar Mobile**
  (Pick-up-Kabinen),
  Tel. 02332 5096160,
  https://nordstar.de
- **Ormocar**
  (Reisemobile, Leerkabinen, Ausbau,
  Elektrik, Zubehör),
  Tel. 06392 993375,
  www.ormocar.de
- **Pegaso** (s. Arca)
- **Phoenix Schell Fahrzeugbau KG**
  Tel. 09555 92290,
  www.phoenix-reisemobile.de
- **Pilote** (s. Frankia)
- **Pössl Sport- und Freizeit**
  Tel. 08654 46940,
  www.poessl-mobile.de
- **Rapido, Esterel** und **Itineo Deutschland** (s. Wanner),
  www.rapido-reisemobile.de,
  www.itineo.com
- **Reimo-Reisemobilcenter**
  Tel. 06103 400521,
  www.reimo.com

- **Rimor**
  www.rimor.it
- **RMB Mobilbau**
  (auch Pilote, s. Frankia),
  Tel. 09227 7380,
  www.rmb-reisemobile.de
- **Schwabenmobil**
  Tel. 07946 9471400,
  www.schwabenmobil.de
- **Stauber** (Nachrüst-Slide-out, 4 x 4, Absetzkabinen, Fahrzeugverlängerung und sonstige Spezialumbauten),
  Tel. 02626 7351,
  www.stauber-motorhomes.com
- **Sunlight GmbH**
  Tel. 07561 9097200,
  www.sunlight.de
- **Tischer Freizeitfahrzeuge**
  (Absetzkabinen),
  Tel. 09342 8159,
  www.tischer-pickup.com
- **TSL** (Rockwood, Landsberg),
  Tel. 02254 836280,
  www.tsl-mobile.de

227wh as©myfreizeit.de

- **Vario Mobil,**
  Tel. 05471 95110,
  www.vario-mobil.com/de
- **Volkswagen AG** (California),
  Tel. 0511 7980,
  www.volkswagen-nutzfahrzeuge.de
- **Wanner Freizeit GmbH**
  (Ausbau sowie Vertretung von Rapido, Esterel, Itineo, Eura u. a.),
  Tel. 07021 980200,
  www.wanner-reisemobile.de
- **Weinsberg – Knaus Tabbert GmbH**
  Tel. 08583 211,
  www.weinsberg.com
- **Werz Wohnmobile**
  (Ausbau und Reparatur)
  Tel. 07122 825506,
  www.werz-wohnmobile.de
- **Westfalia**
  Tel. 05242 150,
  www.westfalia-mobil.de
- **Wilk – Knaus Tabbert GmbH**
  Tel. 08583 211,
  www.wilk.de
- **Wochner Reisemobil**
  Tel. 07544 959060,
  www.wochnermobil.de
- **Woelcke**
  (Individuelle Reisemobile und Sonderfahrzeuge),
  Tel. 07033 390994,
  www.woelcke.de
- **Zooom Reisefahrzeuge**
  (Ausbau von Peugot Expert/Traveller, Dacia Dokker und Nissan NV200),
  Tel. 08233 736201,
  www.zooom.biz

Fahrzeuge verschiedener Ausstattung warten auf neue Besitzer

Wohnmobil- und Campingzubehör

- **alca mobil** (Kfz-Zubehör, Sicherheitstechnik), Tel. 033678 6870, www.alcamobil.de
- **Alde Deutschland GmbH** Tel. 09723 911660, https://de.alde.se
- **AL.KO Kober** (Chassis, Achsen), Tel. 08221 970, www.al-ko.com/de
- **AMUMOT** (Stromversorgung), Tel. 01609 4688902
- **AMS GmbH** (Gasalarmanlagen), Tel. 09643 92050, www.ams-messtechnik.de
- **Ardelt Elektronik** (Solar & Elektronik), www.all-electronics.de
- **Berger, Fritz** (Camping- und Caravaningzubehör), Tel. 01805 3300, www.fritz-berger.de
- **BoXmanufaktur** (Leerkabinen), Tel. 04264 406205, http://boxmanufaktur.com
- **Brandrup** (Zelte, Vorzelte), Tel. 08555 40710, www.brandrup.de
- **Büttner Elektronik** (Solaranlagen, Elektronik), Tel. 05973 900370, www.buettner-elektronik.de
- **Camos** (Rückfahrsysteme, Monitore, SAT-Antennen, Navigation), Tel. 04154 70932020, http://camos-europe.com
- **Camping.Profi** (Komplettes Campingzubehör), Tel. 09181 40860, www.camping-profi.de
- **Comet** (Pumpen, Armaturen), Tel. 036082 4360, www.comet-pumpen.de
- **Conrad Electronic** (Großes Elektronik-Angebot u. v. m), www.conrad.de
- **Cramer** (s. Dometic Group)
- **Crystop GmbH** (Satellitentechnik), www.crystop.de
- **Dometic Group** (Kühlgeräte, Klimaanlagen, Kocher von Cramer, Fenster von Seitz u.a.), Tel. 02572 8790, www.waeco.com
- **Elgena** (Warmwasserboiler) Tel. 089 774717, www.elgena.de
- **Exploryx** (Leerkabinen), Tel. 07562 905291, www.exploryx.de
- **Fiedler Reisemobiltechnik** (Motorradträger), Tel. 0471 75875, www.fiedlermobil.de
- **Frankana** (Komplettes Zubehör), www.frankana.de
- **Gasfachfrau** (Gasflaschen, Tankflaschen, Zubehör), Tel. 06762 9034066, www.gasfachfrau.de
- **Goldschmitt** (Federverstärkung, Auflastung), Tel. 06283 2229100, www.goldschmitt.de

- **Herzog** (Zelte und Campingzubehör), www.herzog-freizeit.de
- **Katadyn Deutschland** (Wasserentkeimung, Tankreinigung), Tel. 0041 448392111, www.katadyn.com, www.certisil.com
- **Kathrein** (Satellitenanlagen), Tel. 08031 1840, www.kathrein.com/de
- **Keddo** (Biochemische Produkte), Tel. 02233 932370, www.drkeddo.de
- **Kuhn Autotechnik** (Federverstärkung, Auflastung), Tel. 06532 95300, www.kuhn-autotechnik.de
- **LG Freizeitwelt** (Camping-Zubehör), Tel. 09721 89077, www.freizeitwelt.de
- **Linnepe** (Auflastung, Luftfederung, Fahrzeugstützen, Gasalarm), Tel. 02333 98590, http://linnepe.eu
- **Maxview GmbH** (Antennen, Satellitenempfänger), Tel. 08145 9969980, www.maxview.de
- **Moser Fahrzeugbau** (Leerkabinen), Tel. 06753 4242, www.moser-fahrzeugbau.de
- **Movera** (Wohnmobil- & Camping-Zubehör), Tel. 07524 7000, www.movera.com
- **Nomad Campers** (Leerkabinen), www.nomadcampers.fr
- **Omnistor** (Markisen; s. Thule)
- **ORMOCAR Reisemobile** (Leerkabinen), Tel. 06392 993375, www.ormocar.de
- **Paulchen** (Gepäckträgerbau), Tel. 040 8329590, http://paulchensystem.net
- **Pieper Zubehör** (Umfassendes Spektrum), Tel. 02043 6990, www.pieper-freizeit.de
- **Polyroof Fahrzeugbau** (Hochdächer), Tel. 05502 2574, www.polyroof.de
- **Reimo Reisemobilcenter** (Dächer, Zubehör, Bausätze, umfangreiche Auswahl an Campingzubehör), Tel. 06103 400521, www.reimo.com
- **Reusolar** (Solartechnik), www.reusolar.de
- **Rustikab** (Leerkabinen), Tel. 0831 74609626, www.rustikab.de
- **Sawiko Fahrzeugzubehör** (Lastenträger, Motorradhalterungen), Tel. 05493 99220, www.sawiko.com
- **Seitz** (Wohnmobilfenster), s. Dometic Group
- **SMV-Metall** (Auflastung, Anhängerkupplungen, Motorradträger), Tel. 05471 95830, www.smv.ag
- **SOG** (Entlüftungssysteme), Tel. 02605 952762, www.sog-systeme.de
- **Sunset** (Solartechnik, Zubehör), Tel. 09195 94940, www.sunset-solar.de

- **Tegos GmbH & Co.KG** (Wohnmobiltüren), Tel. 07585 93290102, www.wohnmobil-tuer.de
- **Telma Retarder** (Bremssysteme), Tel. 0711 7870716, http://de.telma.com
- **ten Haaft** (OYSTER Satellitenanlagen), Tel. 07231 585880, www.ten-haaft.com
- **Thetford** (Toiletten, Kühlschränke, Koch- und Küchengeräte), www.thetford-europe.com
- **Thule** (Markisen, Gepäckträger, Zelte u. a.), www.thule.com
- **Truma Gerätetechnik** (Heizungen, Boiler), Tel. 089 46170, www.truma.com
- **VB Airsuspension Deutschland GmbH** (Luftfederungen), Tel. 02331 624740, www.vbairsuspension.de
- **Votronic GmbH** (Electronic-Systeme), Tel. 06641 911730, http://votronic.de
- **WAECO** (Kühlschränke, Elektronik), s. Dometic Group
- **Westfalia** (Elektronik, Werkzeug), Tel. 0180 5303132, www.westfalia.de
- **Wynen Gastechnik** (Gastanks, Tankflaschen), Tel. 02162 356699, www.wynen-gas.de

Produktionsstandort der Firma Truma

229wh tr

Register

241wh rh

Strombedarfsberechnung (vgl. S. 87)

Verbraucher	Anzahl	Leistung	Strom-verbrauch	Lauf-dauer	Tages-bedarf
Rechenformel	(n) x	(W)	:12 (V) = (A)	x (Std.)	=
Gesamtbedarf [Ah/Tag]					

Bild-/ Abbildungsnachweis

Die Kürzel an den Abbildungen stehen für folgende Fotografen und Firmen. Wir bedanken uns für die freundliche Abdruckerlaubnis.

- **Adobe Stock** (as), stock.adobe.com
- **amundo media GmbH** (am), www.amundo-media.de
- **Büttner Elektronik GmbH** (be), www.buettner-elektronik.de
- **Dethleffs GmbH & Co. KG** (de), www2.dethleffs.de
- **Dometic WAECO** (do, wa), www.dometic.de, www.waeco.de
- **Goldschmitt techmobil AG** (go), www.goldschmitt.de
- **Hobby wohnwagenwerk** (hb), www.hobby-caravan.de
- **Honda** (ho), www.honda.de
- **Hymer** (hy), www.hymer.com
- **Jan Gerbach** (jg)
- **Jennifer und Stefan Höh** (jsh)
- **KATHREIN-Werke KG** (ka), www.kathrein.de
- **Knaus Tabbert GmbH** (kn), www.knaustabbert.de
- **Laika Caravans S.p.a.** (lc), www.laika.it
- **Primagas GmbH** (pg), www.primagas.de
- **Rainer Höh** (rh und Umschlag)
- **SFC Energy AG** (sfc), https://www.efoy.com
- **SOG Entlüftungssysteme Dahmann** (da), www.sog-dahmann.de
- **Teleco GmbH** (tl), www.support-telecogroup.com
- **ten Haaft GmbH** (th), www.ten-haaft.de
- **Thomas Buri** (tb)
- **Truma GmbH & Co. KG** (tr), www.truma.com
- **VARIOmobil Fahrzeugbau** (va), www.vario-mobil.com
- **Wynen Gas** (wg), www.wynen-gas.de

Danksagung

Für umfangreiche Informationen, Zuarbeiten und Bildmaterial bedanke ich mich herzlich bei Jennifer und Stefan Höh.

182wh rh

Der Autor

Rainer Höh, 1955 geboren, ist durch seine Bücher und Artikel zu Outdoor-Themen bekannt. Seit Jahrzehnten ist er aber auch für verschiedene Wohnmobil- und Allrad-Zeitschriften tätig. Er hat ein Buch zum Thema „Wohnmobil-Reisen in den USA" verfasst und mit seinem Bruder Peter eine Reihe spezieller Wohnmobil-Tourguides beim Reise Know-How Verlag gestartet. Anfang der 1980er-Jahre, als er eine Familie gründete, suchte er nach Reisemöglichkeiten, um auch mit kleinen Kindern und mehr Komfort flexibel und naturnah reisen zu können. Dabei entdeckte er das Wohnmobil. Zunächst war es ein einfacher VW-Bus. Wenige Jahre später folgte der Selbstausbau eines gebrauchten Peugeot-Kastenwagens mit Serienhochdach und langem Radstand. Als dieser zu klein wurde, folgten ein Alkovenmobil und danach verschiedene Integrierte und Teilintegrierte. Später probierte er dann Wohnmobile verschiedenster Hersteller, Typen und Bauarten. Derzeit (die Kinder sind mittlerweile flügge) ist er im Landrover Defender mit Absetzkabine unterwegs. Auch für den Beruf als Reisejournalist erwies sich die mobile Wohnung rasch als unverzichtbar. Mit seinem eigenen Mobil bereiste der Autor zu allen Jahreszeiten Europa, vom Mittelmeer bis zum Polarkreis, und von Irland bis zum Baltikum. Mit gemieteten Motorhomes und Pick-up-Campern entdeckte er große Teile der USA: von den Wüsten und Canyons des Südwestens über die Wälder und Küsten Neuenglands bis in die polare Region Alaskas.